走向完整的自己

年轻的15堂心理成长课

杨再勇 著

中国科学技术大学出版社

内容简介

成为完整的自己是每个人的终生成长任务。本书以帮助年轻人走向完整的自己为目标，深入讨论了15个与心理健康和发展有关的主题，分别是心理之美、学习与成长、智商与情商、应激与适应、抑郁与焦虑、拖延与效能、成瘾与韧性、自我与人际、孤独与亲密、竞争与合作、封闭与开放、异化与整合、虚无与意义、叙事与生命、习惯与品格。本书适用于所有希望实现自我建构与整合的青年人，也可为关注青年人成长的专业人士提供参考。

图书在版编目(CIP)数据

走向完整的自己：年轻人的15堂心理成长课/杨再勇著. —合肥：中国科学技术大学出版社，2022.5

ISBN 978-7-312-05354-2

Ⅰ.走⋯　Ⅱ.杨⋯　Ⅲ.青年心理学—通俗读物　Ⅳ.B844.2-49

中国版本图书馆 CIP 数据核字(2021)第 268147 号

走向完整的自己：年轻人的15堂心理成长课
ZOUXIANG WANZHENG DE ZIJI: NIANQINGREN DE 15 TANG XINLI CHENGZHANG KE

出版	中国科学技术大学出版社 安徽省合肥市金寨路96号，230026 http://press.ustc.edu.cn https://zgkxjsdxcbs.tmall.com
印刷	合肥华苑印刷包装有限公司
发行	中国科学技术大学出版社
开本	710 mm×1000 mm　1/16
印张	15
字数	301千
版次	2022年5月第1版
印次	2022年5月第1次印刷
定价	46.00元

序

利用壬寅年春节的时间，我拜读了杨再勇博士的这本《走向完整的自己：年轻人的15堂心理成长课》。我想用这是一本心理健康及其调节的"百科全书"来形容阅读之后的感受，因为这本书囊括了青年人在心理发展过程中都会遇到或思考的15个主题，如心理之美、学习与成长、应激与适应、拖延与效能、叙事与生命等，内容全面而翔实，举例生动而鲜活，文笔简洁而流畅。阅读的过程，让我全面复习了心理健康知识，掌握了很多自我成长与自我整合的实用方法。

本书的一个显著特点是富于思想性，每一讲都以问题开篇，引起读者的思考。书中出现最多的文字是"是什么"和"如何"，如第6讲"拖延与效能"，分别探讨了"拖延是什么""如何避免拖延""效能是什么""如何提高效能"等问题。全书包含15讲，每一讲均以一正一反或分层论述的方式，厘清了15个人生发展以及自我整合的重要主题，值得每一位年轻人去阅读，去思考，去觉察，去行动，去提升。

我从事临床心理学教学、科研和临床工作快三十年了，曾经当过十年的精神科医生，后来在大学任教并从事心理咨询与治疗工作。在工作中，见过许许多多陷入心理困扰或者希望在心理上提升以获得幸福人生的年轻人，他们或犹豫徘徊，或郁郁烦忧，或忧心忡忡，或心事重重……很多人问我："赵老师，我是不是病得很严重啊？您见过比我更严重的人吗？"每当被问到这些问题时，我都会微笑着给他们举一些例子，他们听我讲了一些故事之后，往往会轻松释然。正像本书中讲述的一样，每个人在成长的过程中，都会遇到各种困惑和烦忧，这是人生成长过程的必然。化蛹成蝶，走向心理成长和心理成熟的过程，是需要心灵历练和不断努力的。当你陷入烦恼的时候，不妨查阅杨再勇博士的这本"百科全书"，看看"冲突是什么""如何化解冲突""如何达成合作"等等，阅读之后，选择一种最适合自己的方法去践行，在行动中觉察自我，理解自我，调节自我，从而不断走向整合和成长。

心灵的成长和成熟是终生的修炼，本书的另一个特色是每一讲后面都有精心挑选的推荐书目，读者可以更深刻去阅读这些书籍，引发进一步的思考和行动。

愿本书与你一路同行，伴你在心灵成长的过程中遇见自己。

赵静波

南方医科大学心理健康教育与咨询中心

2022 年 2 月

前　言

"知人者智,自知者明;胜人者有力,自胜者强。"(《道德经》第33章),老子强调知人知己,他认为强者是不断自我超越的人。儒家强调"修齐治平",把修身看成人生的第一要务。修身是提升自身修养、发展自己、成为自己的过程。对于个人来说,成为自己,是最重要的发展任务之一。要成为什么样的自己?如何成为自己?这是每个人都要面对的生命之问。

回答"成为我自己"这个生命之问,心理学是最核心、最重要的学科。心理学涉及人文科学、自然科学,也涉及社会科学,涉及人、也涉及物,涉及我们成长和发展的整个过程。

每个人对心理学都有自己的判断和期待。对于心理学,你抱着什么样的期待呢?你希望从心理学中获得什么?

很多人在接触心理学之前,对心理学抱有美好甚至不切实际的期待。比如,有人问我:"你是学心理学的,你知道我在想什么吗?"我告诉他:"我确实不知道你在想什么,但是你如果跟我一起学习心理学的话,你可以更好地看懂自己、了解自己。"

这是心理学的主要作用之一,可以帮助我们更多地了解自己。心理学会讨论关于人、人与人之间如何交流的问题,讨论关于成长和发展的知识、概念和理论。如果你对自我成长和自我探索有强烈的意愿,那么欢迎你走进心理学的世界。

我们之中可能有人正面临着一些困难,想通过学习心理学解决问题,甚至希望能达到立竿见影的效果。"冰冻三尺非一日之寒",虽然我们可以分享很多关于自我调节的基本方法和技巧,讨论心理健康的相关概念和知识,但要达到立竿见影甚至像吃了灵丹妙药的效果,是不切实际的。通过自我调节来改变自己的成长和发展,是一个长期的过程。如果你想要自我改变,不仅需要付出更多的努力,同时还需要坚持更长的时间,这样才可能达到比较理想的状态。

关于本书,我想是有这样几个目的:第一,学习心理健康的基本知识,包括基本概念、基本理论和基本方法。这些基本知识可以帮助我们思考和理解遇到的一些问题,进而促进我们获得改变的领悟。第二,提升心理调节技能和素养。这些技能和素养建立在概念和理论的基础之上,但更注重实际调节和改变的效果。掌握了这些调节的方法,也就获得了一些自我改变的途径。第三,提升助人自助的能力。

如果你对人感兴趣,想了解更多关于人脑的功能、人的情感和行为表现的规律等,心理学会对你有所帮助。在工作、学习和生活中,心理学有助于你与人交流、处理冲突、带领团队、经营家庭、抚养子女。心理学也有助于你提升工作品质。

需要说明的是,本书不追求对心理科学研究前沿知识的掌握和分享,会更多地探讨一些永恒的问题,一些可能一千年前我们祖先就在思考的问题,比如"我是谁""我从哪里来""我到哪里去",一千年以后,我们的后代还会继续思考这些问题,因为每个人的成长和发展其实都要面对这些问题。当然,我们主要用心理学的方法和视野来讨论这些问题。比如在讨论"我是谁"这个问题时,我们会具体讨论原生家庭、依恋关系、重要他人、生活风格等,这些都是经典的心理学概念。

这本书不仅仅是一本心理成长的常识读本,也是一部心理学的科普著作。书中所有的概念和理论都不难懂,但难在行动和执行。把书中所分享的概念和理论运用在我们的工作、学习和生活中,并对我们的成长和发展发挥促进作用,不是每个人都可以做到的。这些知识和理论只是手段或途径,促进我们的成长和发展才是目的。这需要花费时间和精力,直面自己的问题进行深度的探索。

成长没有捷径,唯有通过大量的阅读、自我探索和实践修炼方能实现成长。阅读是一个人的精神发育史,是心理层面的自我对话,是思想的营养来源。

自我探索和自我对话,是在思想层面抽离出一个观察自己的"自我","我"既作为自己的主体,也作为被自己的思想所观察的客体,这就是自我对话。"我"跟"我",处于并行的状态。自我对话、自我观察、自我觉察,是我们成长和发展的重要基础。

本书讨论的很多理论,可用来分析和总结自己,反思自己过去的成长经历、重要成长节点、重大发展变化、重要决定及其有效性、合理性,还可以反思我们对别人的影响和别人对我们的影响,这个反思过程可以帮助我们进行深度的自我整合。

自我整合是一个自我建构的过程,是我们作为行动主体不断自我探索、自我规划和自我完善的过程。这其中包括身体层面的强健、智力层面的提升、精神层面的向善,也包括情感层面的充盈。这也是心理学的最终目的,或者说是我们成长和发展的最终目的。最终,你要成为你自己,成为可以自我理解、自我掌握、自我整合的个体,成为更完整的自己。

本书获得了教育部人文社会科学研究专项任务(16JD-SZ1007)的资助。

杨再勇
2022年1月

目　　录

前言 / i

第1讲

心理之美 / 1

1.1　心理是什么　/3
1.2　心理的结构是什么　/3
1.3　心理的功能是什么　/10
1.4　什么样的心理是健全的　/12

第2讲

学习与成长 / 15

2.1　学习是什么　/16
2.2　如何提升学习力　/23
2.3　成长是什么　/26
2.4　如何持续成长　/28

第3讲

智商与情商 / 33

3.1　智商是什么　/34
3.2　如何提升智慧　/36
3.3　情商是什么　/38
3.4　如何提高情商　/40

应激与适应/45

4.1　应激是什么　/46
4.2　如何应对应激和压力　/51
4.3　主动适应是什么　/54
4.4　如何做主动适应的人　/56

抑郁与焦虑/59

5.1　抑郁是什么　/60
5.2　如何应对抑郁　/63
5.3　焦虑是什么　/68
5.4　如何面对焦虑　/70

拖延与效能/73

6.1　拖延是什么　/74
6.2　如何避免拖延　/76
6.3　效能是什么　/77
6.4　如何提高效能　/78

成瘾与韧性/87

7.1　成瘾是什么　/89
7.2　如何应对成瘾　/92
7.3　韧性是什么　/94
7.4　如何提高韧性　/98

目 录

第8讲

自我与人际/101

8.1 自我是什么 /102
8.2 如何发展自我 /106
8.3 人际关系是什么 /109
8.4 如何发展人际关系 /110

第9讲

孤独与亲密/117

9.1 孤独是什么 /118
9.2 如何应对孤独 /120
9.3 亲密关系是什么 /122
9.4 如何在关系中修炼自己 /124

第10讲

冲突与合作/131

10.1 冲突是什么 /132
10.2 如何化解冲突 /137
10.3 合作是什么 /139
10.4 如何达成合作 /142

第11讲

封闭与开放/149

11.1 封闭是什么 /150
11.2 如何避免自我封闭 /155
11.3 自我开放是什么 /157
11.4 如何实现自我开放 /160

异化与整合/165

12.1 异化是什么 /166
12.2 如何避免异化 /170
12.3 自我整合是什么 /173
12.4 如何自我整合 /175

虚无与意义/185

13.1 虚无是什么 /186
13.2 如何避免虚无 /190
13.3 意义是什么 /194
13.4 如何实现意义 /196

叙事与生命/201

14.1 叙事是什么 /203
14.2 如何展开生命叙事 /206
14.3 生命是什么 /209
14.4 如何展开和丰富生命 /210

XV
第15讲

习惯与品格/215

15.1 习惯是什么 /216
15.2 如何养成好习惯 /217
15.3 品格是什么 /220
15.4 如何养成积极品格 /222

结语 在不确定性中书写自己 /224

后记 /227

Chapter 1
第 1 讲

心理之美

心理是什么?

人类心理活动对我们的成长和发展有什么用?

健康、健全的心理到底是什么样的?

心理是人之为人的"操作系统",心理成熟标志着人的成熟,也标志着人由动物性向人性的发展变化。心理健全的人,身体健康、智力正常、情绪稳定、人格健全、自我评价客观、社会适应良好、人际关系和谐,生心年龄一致。心理健全的人,是不断自我建构与整合的人,也是不断消解小我、超越自我的人。

心理是人之为人的根本，是真、善、美的发源地，是人性奥秘的生动呈现，也是洞察力、想象力和创造力之源。

美国心理学家肯尼斯在20世纪50年代研究了青少年儿童的肤色偏好。他想知道白人儿童和黑人儿童对于白皮肤和黑皮肤的偏好是什么？他们的偏好有没有不同？如果儿童对肤色的偏好代表肤色认同的话，这种偏好是否进一步影响种族认同？

肯尼斯通过一个模拟实验来验证这些想法：他找来一些不同肤色的玩具娃娃，有白色、黑色、黄色三种，并分别让白人儿童和黑人儿童选出他们喜欢和讨厌的玩具娃娃是什么。最初的研究发现，16个黑人儿童中有10个选择了喜欢白皮肤的玩具娃娃，同时16个黑人儿童中有11个选择了比较讨厌黑皮肤的玩具娃娃。这说明黑人儿童对于黑色肤色是不太喜欢的，他们更喜欢白色肤色。可以推测，实验中这些黑人儿童的自我认同是混乱的。

试想，如果未来在他们对于自己的种族不认同时，又不断遭遇种族歧视，是否会引发社会风险？2020年2月25日，美国黑人弗洛伊德被警察"跪杀"事件引发大规模游行示威，冲突持续了好几个月。可以说，种族认同、种族歧视和种族冲突，是人类社会面临的永恒问题。

试想，如果一个国家的年轻一代对国家、对民族不认同，如果这个国家培养的下一代中有人成为白眼狼甚至掘墓人，那么这个国家如何能够发展？这个民族如何能够延续？

1954年，美国教育界发生了一起影响深远的事件——布朗案件。当时一位名为布朗的黑人工程师，想把他的孩子送到离家不远的一所公立学校上学。小布朗是黑人，而这所公立学校只接受白人上学，所以拒绝了小布朗。布朗把这所学校告到了法院，几经上诉，最后告到美国最高法院，引起了美国社会极大的关注。

肯尼斯作为专家证人，呈现了他之前关于儿童肤色偏好的研究结果，并把样本扩大到300多名儿童，重复验证了他的实验，也跟最初的实验结果是一致的。在众多社会人士包括心理学家在内的努力推动下，1954年5月17日的早晨，大法官沃伦宣判："在公立学校中只依种族而把孩子们相隔离，是否剥夺了处于小团体的孩子们获得平等教育的机会？我认为确实如此。"

从那之后，黑人儿童才获得了跟白人儿童基本平等的受教育权。但这只是法律上的改变，人们实际观念和行动的改变，需要更长的时间。马丁·路德·金发表 I have a dream 这篇知名的演讲时，离《布朗法案》颁布已经过了大约十年。

对于中国，心理学的研究和实践也将大大促进社会和个人的发展。2020年，新型冠状病毒肺炎（以下简称"新冠"）肆虐中国，四千多人死亡，九万多人感染，武汉封城两个多月，这对人们是史无前例的考验。疫情不仅对整个经济社会造成了极大的破坏，对人们的健康和家庭生活也造成了极大的威胁和困扰。

疫情最严重时，全国两亿多大、中、小学生"停课不停学"，在家学习如何保证学习效果？疫情发生以来,长期居家隔离造成情绪烦躁、沟通缺乏、亲子冲突加剧,甚至引发了很多悲剧事件。对于这些问题,心理学可以有所作为。世界卫生组织总干事谭德赛表示,疫情期间缺乏社交活动对许多人的心理健康产生深远影响,造成恐惧和焦虑。

1.1 心理是什么

心理(mind)是人之为人的"操作系统",它是人脑对客观事物的主观反映。人脑是心理的器官,心理是人脑的功能。心理功能具有主观性,同样是面临疫情,不同的人脑的反应也各有不同。李文亮医生被称为新冠疫情"吹哨人",2019年12月底他在微信群里发出"确诊了7例SARS"的警告,尽管他的消息不够准确,但他的预警是灾难来临前英雄的呐喊。也有不少人跟李文亮一样,最先知道疫情发生的可能,但并没有预警灾难的来临。

也有人以不同的方式努力过,比如说香港大学的管轶教授。2020年1月21日管轶教授去了武汉,22号从武汉离开。他离开之后,接受媒体采访时说:"这一次疫情可能比SARS更严重,可能是SARS的10倍起跳。"这一言论当时遭到了很多人的批评甚至口诛笔伐,说他是"逃兵"。后来疫情变得很严重,人们又对管轶教授当初发出的警告报以赞许。

心理反应具有主观性,会受到个人价值观、社会舆论等因素的影响。这种主观性让社会变得更加丰富和多元,但有时它也会降低我们判断的正确性和有效性。

心理的定义有三个关键词:人脑、客观事物和主观反映。人脑是我们的基本器官,它是心理活动的基础,影响着我们对客观事物的反应。例如2019年香港修例风波及后续一系列暴力事件,反映了部分香港青年对大陆的盲目认知和偏见。

也正是因为我们对于外界的客观事物有主观的反映,我们才拥有不同的人格特点和不同的审美。就如有人欣赏芭蕾,但有人不喜欢;有人喜欢足球,有人喜欢篮球,有人喜欢游泳;有人喜欢C罗,有人喜欢梅西,梅西是足球场上的艺术家,脚法灵动飘逸,充满创造性,令人炫目,C罗是足球场上的斗士,脚法大开大合,尽显霸气,令人叫绝。"萝卜白菜,各有所爱",这也是我们价值观个性化的表现。

1.2 心理的结构是什么

为了方便理解我们的心理活动,以及心理活动发生发展的规律,心理学家根据心理活动从动态到相对稳定的变动性对心理活动进行了进一步的细分,把心理分为心理过程、心理状态和心理特征三个部分。心理过程又分为认知过程、情感过程和意志过程。心理特征又分为个性心理倾向和个性心理特征。

最动态性的部分包括三个方面:认知、情感和意志,也是心理活动的三个基本方面。阅读时,你的认知活动会被充分调动,你的视觉、听觉、记忆、思维、想象等认知活动可能同时发生。当我们讲到疫情,提到李文亮医生、管轶教授、钟南山院士这些英雄人物时,我们会被感动,这是情绪活动。在居家隔离的过程中,我们要控制自己上街的欲望,控制自己离家外出的冲动,调整自己因为被困在家里而无法保证工作、学习效率的焦虑,这是意志活动。

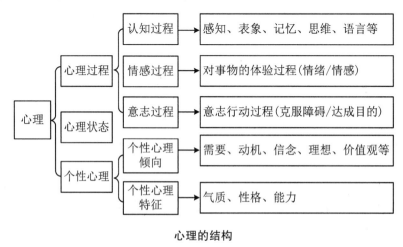

心理的结构

我们都经历过在听课的过程中犯累、犯困,或者想要暂时离开,做一些其他有趣的事,但是你还是努力地把注意力保持在课堂上,保持听课状态、关注课件传递的信息,这是注意力和意志活动。

个性心理实际上是心理活动的稳定特点,不是心理活动本身。比如说在学习的过程中,不同的人的表现是不一样的,有人习惯通过听课来学习,有人习惯通过看书来自学,有人非常勤奋努力,勤学、好问、慎思、明辨,也有人可能不太擅长课堂学习,而更愿意通过操作、动作、实践、行动进行学习,这反映了我们学习的偏好。这些个人身上所表现出来的稳定的特点,属于个性心理的范畴。在人际交往中,有人助人为乐、与人为善,有人自私自利、自以为是,这些也表现了人的个性心理特点。

1. 心理过程

心理过程就是人的心理活动的动态变化过程,具有即时性、动态性、变化性,包括认知过程、情感过程和意志过程(简称知、情、意)。

(1) 认知过程

认知过程也叫认识过程,是以信息加工和处理为主要任务的心理活动,包括感觉、知觉、注意、记忆、思维、想象、言语等。认知活动无时无刻不在发挥作用,以至于我们"用而不知",常常觉察不到它在活动。

感觉是人脑对客观事物的个别属性的认识。比如,苹果的形状、大小、色泽、气味等各个属性的信息通过感觉器官的官能作用,转化成信息进入大脑,大脑获得外界信息的过程就是感觉过程。感觉是认知活动的基础,看电影、听音乐、吃东西、闻气味,都以感觉活动为基础。基本感觉包括视觉、听觉、嗅觉、味觉、触觉。

知觉是人脑对于客观事物的各个属性的综合认识。比如,大脑通过比对认识对象的颜色、形状、大小、气味之后,辨认出认识对象是苹果、梨等等过程就是知觉过程。感觉是知觉的基础,知觉是对感觉信息进一步的综合加工。没有感觉作为基础,知觉就没有加工的原材料,没有知觉功能,感觉信息就不会被我们综合理解,没有被感觉综合加工并且被理解的感觉,信息对于大脑来说只是无意义的生化信号。

注意是人脑对于心理活动对象的选择和集中。选择就是在众多的刺激中识别目标刺激,而集中则是心理活动持续聚焦在某一对象上。注意不是独立的认知活动,它是对认知活动的协调。注意把我们的认知活动精准有效地聚焦在当前的任务上。大部分的认知活动都需要注意的主动协调。就如同上课,我们需要把精力从课堂以外的地方转移到课堂中,聚焦在教师和黑板上,这是选择;同时,我们还要把听觉、视觉等感官活动保持在课堂教学活动上,这是集中。

记忆是人脑对于相关信息的识记、保持和再现。记忆把我们的经历整合成一个整体,把碎片化的过程联系起来,把过去的信息保存在脑海中以便随时为我们所用。记忆把美好的经历保存下来让我们获得幸福感,把痛苦的经历保存下来让我们增长经验和教训,把概念、知识、理论、技能保存下来,让我们能够提升工作能力,获得美好生活。考试时,你把你所记住的知识写出来,这就是你的记忆信息在你的大脑储存、编码、提取的过程。请回想一下我们所经历的一些非常美好的、幸福的瞬间,或印象深刻的画面,对这些经历你一定记忆犹新吧?因为记忆,我们可以反复感受曾经经历过的美好,因为记忆,我们才可能长期处于稳定的、有意义的人际关系中。

思维是人脑对客观事物的本质属性的抽象和概括。思维帮助我们超越事物的表象,看到事物的本质,帮助我们理解事物之间的相互联系,帮助我们做决策和判断以及解决问题。你可以思考人有什么特征?成功的人有什么特征?我们为什么要学习?

想象的基础是表象。表象是当客观事物没有作用于感觉器官时,它的感性形象存在于人脑中的现象。想象是对于表象的操作和加工,是组合和创造新形象的过程,想象是创造力的"翅膀",也是艺术活动和审美活动的必要条件。艺术欣赏活动,涉及感觉、表象,还能调动记忆、思维、想象和情感。看小说时我们会想象故事场景,看3D电影时三维画面给我们强烈的视觉冲击。你可以想象成龙或李连杰剃光头的样子,你也可以想象自己春风得意、幸福快乐的样子。这是我们的想象力,是人脑操作和加工表象的心理活动。

言语是运用语言的心理过程,语言是言语的载体,是人沟通交流的符号系统,是人与外界互动的桥梁。我们通过言语活动接收思想、情感,加工、表达信息,去跟人沟通交流,影响他人、激励他人,进行组织领导、计划分配等工作,还可以进行文学创作。某种程度上,我们用语言表现自己,也用语言塑造自己。

(2) 情感过程

认识过程是我们工作、学习、生活的基础,情感过程则是我们对于事物的体验和态度。

当你进入新的校园时,你从哪个门进来,你见到了谁,你在大学认识的第一个人是谁,你喜不喜欢大学里的人,你比较喜欢哪个老师的课,你比较喜欢看什么样的小说、听什么样的音乐,这些都涉及你的情感和态度。

情感过程是情绪体验、情绪加工、情绪感知、情绪表达、情绪感染、情绪调节等心理活动的综合,它的基础是情绪体验。情绪体验是心理对于客观事物的态度表现,如高兴或不高兴、满意或不满意等。

情绪活动具有信号功能、适应功能和反馈功能。当我们焦虑或恐惧时,情绪是一种提示压力或危险的信号,提醒我们做好应对准备。当我们的焦虑或恐惧逐渐降低直至消失时,就表示危险刺激也消失了,或者我们适应了环境带来的挑战和压力。当其他人对我们表达感恩、不满、欣赏或愤怒时,这就是一种有效的反馈,以便我们及时调整自己的心理活动和行为,继续保持有效的互动和交往。

情感过程对于认知过程发挥着一种类似于渲染的作用,这种渲染的基础就是情绪。我们会带着高兴、不高兴、满意、不满意、愉快、无奈、愤怒等各种不同的情绪参与到社会生活中,一方面这些情绪让我们对于自己正在参与的活动有了更加准确的感知和判断,同时这些情绪通过我们的语言、行动等方式表达出来,也便于他人与我们交往互动。

(3) 意志过程

意志活动是克服困难、达成目标的心理过程,反映意志力、决心和勇气。很多成语反映意志活动品质的果断性、持久性等特征,如锲而不舍、水滴石穿,反映了意志活动的持久性,"富贵不能淫,贫贱不能移,威武不能屈"反映意志活动的果断性。

意志过程帮助我们确定目标、制订计划、克服困难和达成目标。意志是人的主体性、主动性的表现,是人的主观能动性的基础,也是人的独立思想、独立人格的基础。独立意志是个人道德修养的基础,也是个人维护法治秩序的基础。

每个人都有意志,这是我们独立性的前提。大多数人都想要成为独特的自己,大多数人的选择也是各不相同的,这种"想要"和"选择"的能力,就建立在意志的基础之上。

2. 个性心理

个性心理又包括个性心理倾向和个性心理特征两个主要部分。

(1) 个性心理倾向

个性心理倾向包括需要、动机、理想、信念、兴趣、爱好、价值观等。一个人如果没有理想信念,就如同无根的芦苇和随波逐流的浮萍,没有目标,没有方向,没有立场。

需要是人心理、生理的一种缺乏状态。满足需要是维持生存和身心和谐的根本。马斯洛认为人有生理需要、安全需要、尊重的需要、爱和归属的需要以及自我实现的需要,这就是著名的需要层次理论。他认为人的需要的发展是从低级的生理需要向高级的自我实现的需要逐渐发展的过程;如果低层次的需要没有得到满足,那么高层次的需要就不会成为当前的主要需要。马斯洛后来又丰富了他的理论,认为在自我实现的需要之前还有两个需要,那就是求知的需要和审美的需要。

马斯洛需要层次理论

动机是力求满足需要的心理倾向,具有动力性和指向性。动机对于人的行为具有维持和调节作用。如果你在沙漠中走了三天,没有喝到一滴水,那这时你想喝水的愿望一定非常非常强烈,这种强烈的喝水的愿望就是动机,而你的体内严重缺水的客观状态就是需要。如果这时你突然看见前面不远的地方有一个小湖,你会迫不及待地冲过去喝水,完全不顾这个湖水是否干净、是否有病毒或细菌。或者如果你的前方有人，你也会欣喜地跑过去找他讨水喝，假如他有水但拒绝了你，你可能会提出高价购买，甚至不惜武力争夺。

理想是人对于美好愿望的想象和设想。理想是照亮我们前进的灯塔，是人生的指路明灯，也是人的价值追求的体现。理想往往可以反映人性中最美好的一面，也反映我们现实生活中的情感需求，还反映我们对于未来的责任感、使命感和价值观。

价值观是个体对于事物的重要性和价值性的判断标准。价值观为个人提供方向，是与人相处的价值准绳，是人与人之间个体差异的根本体现之一，也是很多矛盾和冲突的来源。价值观的形成与个人经历和社会环境有密切关系。那些美好幸福的经历，会逐渐内化为我们的价值观和我们对于生活的期望，而那些痛苦无助的经历，也会反向促进我们价值观的形成，形成"不能怎么样"的否定性价值观念。价值观与人生观和世界观联系在一起，共同构成了人生哲学的全部，构成了为人处世的根本信念和根本准则，构成了对宇宙人生的根本看法和根本态度。

个性心理倾向还包含兴趣和爱好。通俗地理解，兴趣爱好就是能够给我们带来愉悦感的日常活动，比如逛街、吃美食、听音乐、看电影、运动等。健康的兴趣爱好，对我们的身心健康和自我整合具有很高的促进价值。当有一天我们逐渐老去，或者我们的亲人朋友不在身边时，兴趣爱好就是我们最好的"伴侣"。对于兴趣爱好的培养是一种自我投资，它不跟你"讨价还价"，只要你"爱"它，它就会一直"爱"你。当工作忙碌、不需要它时，你可以把它搁置一边，当需要调节身心、提升状态时，它随时都可以陪伴你。

(2) 个性心理特征

个性心理特征是人的心理结构中最稳定的部分，它反映了个体心理活动的一般性特点，也反映了人与人之间基本的人格差异或个性差异，是人的独特性的体现。这种独特性之中蕴含着连续性和稳定性，也就是说一个人的个性心理特征一旦形成，是不容易改变的。这种稳定性带来了人际关系交往中的稳定，是信任感、忠诚感、归属感得以产生的重要心理基础。

个性心理特征主要包括气质、性格、能力三个部分。

气质是什么？在心理学意义上，气质是指神经活动的强度、紧张性和灵活性。在心理活动中，有人相对外向，有人相对内向，这说明他们的心理活动指向的对象有倾向性区别，一种是朝外的，一种是朝内的。有的人思考非常快但不一定深刻，有的人思考会比较慢一些但可能会比较深刻。

古希腊著名医生、心理学家希波克拉底假设人不同体液的组合，导致了人有不同的气质类型，分别是多血质、胆汁质、黏液质和抑郁质。

多血质是神经心理活动反应速度快、强度大、比较稳定的气质类型。《红楼梦》中，薛宝钗、林黛玉、贾宝玉的气质各有不同，其中薛宝钗的气质是多血质，她活泼、开朗、外向、善于人际交往，甚至有点圆滑世故，讨人喜欢。

胆汁质是神经心理活动反应速度快、强度大，但稳定性不够的一种类型。鲁智深、李逵、张飞就是典型的胆汁质。胆汁质是力量和勇气的代表，是行动力和执行力的象征。《西游记》中孙悟空就属于典型的胆汁质，他嫉恶如仇，充满正义，经常路见不平，拔刀相助，性格冲动鲁莽。

黏液质的神经性活动特点是反应速度慢、强度不大，但比较平衡稳定。《西游记》中沙和尚就是这种类型，他心理稳定，情绪波动不大，一旦认定了目标就会执着追求，心态平和，任劳任怨。

抑郁质是神经心理活动反应速度慢、强度不大、比较不平衡的气质类型。林黛玉是典型的抑郁质，黛玉葬花是《红楼梦》中最知名的片段之一，林黛玉细腻敏感、消极悲观、柔弱但固执，寄人篱下所以总是小心翼翼，才有了后来触景生情、黛玉葬花的悲切场景。

性格是习惯化了的行为和态度倾向，自私自利、与人为善、勤学好问、好吃懒做、公平公正、自以为是，这些都是性格的反映。简单理解，性格就是一种行为习惯，它是一种不断重复的自动化行为，这种通过心理和行为反复表现出来的一贯性的个性特点就是性格。

俗话说："心理决定行动，行动决定习惯，习惯决定性格，性格决定命运。"习惯对我们的学习生活有着深刻的影响。学习习惯好的人在校园会适应更快，学习成绩会更好；爱锻炼的人身体素质比较好，比较少生病，未来可能也比较长寿；积极向上、助人为乐的人，会比较受人欢迎，拥有良好的人际关系，当他遇到困难和挫折时，也会有更多人愿意帮助他。

气质和性格既相互联系，又相互区别。气质是性格的基础，而性格对于气质又有反作用。气质由先天遗传因素即神经活动的特点决定，而性格受后天环境和个人的自我修养影响更大。气质没有好坏之分，而性格有好坏之分。比如，多血质的人相对更容易与人建立联系，但每一种气质的人都可以拥有良好的人际关系。又比如胆汁质的人相对急躁，经过后天的培养和自我修养，胆汁质的人也有细心和柔情的一面，这种粗中有细的表现也挺打动人的。而黏液质的人情绪稳定，少与人发生冲突，但黏液质的人中也有自私自利、自我中心的。

能力是解决问题达成目标的内在心理素养。观察力、记忆力、思维能力、想象力、语言表达能力等是基本能力，这些能力几乎在所有的学习生活中都发挥着重要作用。在各项学习生活工作中都需要的能力也被称为一般性能力，它是发展能力的核心内容。还有很多能力是具体或者是特殊领域的能力，如跑步、骑自行车、洗衣服、做饭、唱歌等，这些能力可以帮助我们在某一领域取得成功，但它不是所有领域都需要的基本能力。

心理学家是为了让我们理解人的心理活动，作了以上的区分。实际上，在某一具体的心理活动中，比如看电影，会同时调用我们认知、情感和意志过程，我们的行动也或多或少地反映了我们的个性心理倾向和个性心理特征。

1.3 心理的功能是什么

心理活动的功能是什么？这是我们日常生活中不曾思考的问题。由于很多心理活动是自动发生的，我们并不觉察到，因而心理活动对于我们的价值是什么，很多人并不了解。

可能你觉得这个问题过于抽象，无从回答，我们可以从一些基本观点和基本假设开始，来思考这个问题。

1. 认知活动激发见识

假设我们的认知能力缺失了，我们的学习、生活、工作会受到什么影响？假设我们看不见，也听不见，无法保持注意力，不能思考，记不住我们所经历过的事情，无法想象我们期待的美好画面，无法展望未来，这是一种什么状态呢？很多人都说这跟植物人没有区别了。

如果我们的认知功能紊乱，比如出现幻觉妄想、思维混乱、记忆错乱、无法言语，那我们的学习、工作和生活肯定会受到巨大影响。幻觉、妄想、思维奔逸、记忆错乱，是精神分裂症的核心症状，是认知功能紊乱的极端状况。所以，认知活动是我们学习生活的根本基础，通过认知活动我们获得和掌握外界信息，对这些信息进行加工处理之后，我们才能进一步决定合适的行动。

心理学家贝克斯顿、赫伦和斯科特做过一个感觉剥夺实验，他们把自愿参与实验的被试"关"在一个不能接触任何外界信息的狭小空间里，没有任何娱乐的设施，也无法接触外界，没有声音，没有光线，有空气，定时提供饮水和食物，会通过一定的方式处理排泄需求。假设你是参与实验的志愿者，你能在这个极端幽闭的空间里待多久？心理学家通过实验发现，一般人只能待两三天，两三天以后就受不了了，会出现自言自语、幻觉、妄想等精神症状。所以，当我们失去跟外界的一切联系，认知功能被关闭时，我们的心理会发生糟糕的变化，甚至会功能紊乱。

我们的认知活动，包括感觉、知觉、注意、记忆、思维、想象、言语等，帮助我们认识并理解外界。

2. 情感活动丰富体验

假设我们的情绪功能紊乱了，体会不到快乐，也体会不到痛苦，没有敬畏，没有恐惧,没有道德感,没有理智感,也没有美感,那么我们的生活还有什么快乐和意义可言呢?我们还能体会作为人的幸福和快乐吗?我们还能保持正常的人际交往吗?跟一个与你没有任何情感交流的人相处会是怎样的感受?假如我们常常经历不明原因的严重焦虑或抑郁,那我们的学习、生活、工作又将如何?

情感功能是我们对于事物的态度和体验,它具有提供动力、适应和反馈的功能。因为有正常的情绪情感功能,我们才能感受生活的美好、工作的价值、人情的冷暖。遇到高兴的事情我们高兴,遇到难过的事情我们难过,这是正常的情绪反应。如果遇到高兴的事你高兴不起来,遇到难过的事你却不感到难过;或者,遇到一点点开心的事,你却非常开心,遇到一点点难过的事,你却特别难过,说明你的情绪反应特别强烈,情绪功能紊乱了。如果躁狂和抑郁交替发作,这就是一种双向障碍。情绪情感功能的紊乱,会给我们带来很大的困扰。

3. 意志活动促进选择

如果一个人意志功能受损,无法自我控制,做事严重拖延,成瘾,那么他的生活会怎么样?盗窃癖、暴露癖、偷窥癖等,都是因为不能控制自己,是一种扭曲的心理需求的表现。我们的日常生活中,严重依赖他人、生活不能自理和不能自我控制、不能制定目标和行动计划、茫然没有方向,都是意志功能受损的表现意志活动,本质上是不断选择的过程,选择合适的目标和合适的行动,也选择放弃不合适的目标和终止不合适的行动。

意志为心理活动提供目标和方向,能调节认知活动、情感活动的方向、强度、速度和灵活性。意志能力,是认知活动和情感活动保持协调和平衡的内在基础。成瘾与意志功能受损密切相关,如酒精成瘾、毒品成瘾、网络成瘾、游戏成瘾,都会极大地削弱我们的意志力。有人开玩笑说"沉迷学习,无法自拔",这种所谓的"成瘾",是值得鼓励的、可以控制的积极行为,真正意义上的成瘾是消极的、不受控制的。

4. 人格呈现个性风格

人格是人的高级心理功能,让我们与动物有所区别,让每一个人都与众不同。一个稳定的人格类型,在不同的情境和条件下,作为一个整体是稳定的、连贯的、一致的。

想象一下,如果一个人缺乏理想信念,缺乏明确的价值判断,不分善恶、不辨是非,那么他的生活会怎么样?你愿意跟这样的人交朋友吗?或者说这样的人,有机会获得高质量的人际关系和社会地位吗?

如果一个人没有明确的价值判断,人云亦云,不知道什么对自己重要,什么对自己不重要,甚至不清楚自己想要的是什么,他会快乐和幸福吗?

如果一个人性格古怪,言行真假难辨,见人说人话,见鬼说鬼话,人前一个样,人后一个样,甚至几天不见你就感觉他变了一个人,那这个人多半是人格紊乱了,甚至是多种人格。

心理是人脑对客观事物的主观反应,如果我们的心理功能紊乱,就会影响到我们正确、有效地与外界互动,影响我们的人际关系。心理的基本功能在于我们可以获得信息、加工信息,帮助我们理解和判断外界是怎样的,帮助我们用正确、合适、有效、促进成长和发展的方式与外界互动。

总之,心理功能的发展过程,就是人成为人的过程。

1.4 什么样的心理是健全的

什么样的心理是健全的?这个问题涉及人与人之间的关系,也涉及人与自然、人与自我、人与社会、人与国家、人与民族等不同层面的关系。

在我们发展成为独立自主的个体并成为社会群体中的成员时,我们扮演各种角色,承担各种责任,我们的认知、情感和意志活动会充分参与进来,我们的理想、信念、兴趣、爱好、价值观也会深刻影响我们的人际关系。在人的社会化过程中,我们的气质、性格、能力也会充分地表现出来。我们会给他人一定的印象:这个人是有担当的或没有担当的,这个人是值得交往的或不值得交往的,等等。

心理之美就在于它有无限的可能性,有好的可能性,也有坏的可能性,有积极健康的心理状态,也有不积极、不健康的心理状态。人的成长过程是一个不断自我建构和自我发展的过程,因为人有智慧、有创造性、有独立意志,因而每个人的个性特点和心理模式都不一样。

每个人都是独特的个体,每个人也都拥有独特的美。整个社会由各种各样独一无二的人构成,这个社会是多元的,充满各种可能性,这是由人性的丰富所带来的社会多元之美。

如果以我们的常识来作判断,什么样的心理算是健康的?什么样的心理是不健康的?健康的心理跟我们的认知、情感、意志过程到底有没有关系?跟我们的个性心理倾向、个性心理特征到底有没有关系?

在人与人相互交往的过程中,心理因素发挥着重要作用,我们时时刻刻都在调动我们的认知活动、情感活动和意志活动,与人发生动态的交互作用。在此过程中,我们的个性心理会影响我们与人互动的方式。因此,心理是否健全,必须从人的心理成长及人的社会关系综合考虑。

浙江大学马建青教授提出了大学生心理健康的八项标准:智力正常;情绪稳定;意志坚定;人格健全;自我评价客观;人际关系和谐;社会适应良好;生理年龄和

心理年龄相符合。

智力正常,智力是认知活动水平和认知活动效率的体现,是我们解决问题能力的体现。智力是描述人的聪明程度的概念,反映认知水平的高低。智力正常即认知客观、有效,也反映我们的观察力、洞察力、注意力、记忆力、思维能力、语言表达能力满足一般性工作生活的需要。

情绪稳定这项标准主要指我们的情绪功能是否稳定、是否和谐,情商高不高,有没有觉察自我情绪的能力,能不能调试自己的情绪,能不能自我激励,有没有感同身受的同理心,有没有影响他人的人际交往能力。

意志坚定,反映我们设定目标、克服困难、完成任务的心理品质。我们的目标是否坚定;计划是否周详;是否有面对困难的勇气;是否有百折不挠的毅力。

人格健全,反映人的认知、情绪、意志方面稳定的心理品质。人格是人的心理活动的一般性特征的总和,是人的心理活动的风貌和气象。人格健全就是人格的认知层面、情感层面、意志层面协调平衡。

自我评价客观,这项标准就是人能不能客观地看待和评价自己。有没有骄傲自大;有没有妄自菲薄;有没有人云亦云;有没有独立思考。《道德经》中说:"知人者智,自知者明,胜人者有力,自胜者强。"自我评价客观就是一种有自知之明的状态,是一种内心澄明通透的状态。

人际关系和谐,这项标准就是我们能否建立稳定、持续、良好的人际关系。心理决定行为,所以高质量的人际关系往往反映健康和谐的心理状态。努力尝试建立积极人际关系的过程,也是促进身心健康和构建自我的过程,积极的人际关系本身对于身心健康也有促进作用。

社会适应良好,这项标准就是我们能否扮演好社会角色,承担好社会责任,平衡好社会关系;能否应对新环境、新人群、新角色的挑战,能否通过适应新挑战促进自我向完善的方向发展。

生理年龄跟心理年龄相符合,这项标准就是我们的身心活动是否具有一致性。心理年龄比生理年龄小,就显得幼稚;心理年龄比生理年龄大,就显得过于成熟。过犹不及,幼稚和过于成熟都是不和谐的状态。心理年龄与心理年龄相符合,意味着心理发展是生理特点的正确表达。

自我建构与整合就是"成为我自己"的过程。在成年以前,我们的心理活动受到父母、老师、同伴的影响比较大。当我们思想变得成熟之后,对自己应该有更多的了解,对我们的心理和行动应该有更多的掌控,对自己要成为什么样的人应该有更大的主动权。

推荐阅读书目

1. (美)菲利普·津巴多.心理学与生活.人民出版社,2016.
2. (美)罗杰·霍克.改变心理学的40项研究.人民邮电出版社,2020.

Chapter 2
第 2 讲

学习与成长

学习,与心理健康与发展有何关系呢?学习对于心理健康与发展有何价值呢?如果学习能够促进心理健康状态的发生和变化,那么又该如何学习呢?

学习是心理能力的集中体现,也是人"成为自己"的根本途径。学习能力是大自然对人类进化的最大馈赠,也是一个人的成功之基和快乐之本。

《论语》开篇第一句"学而时习之,不亦说乎,有朋自远方来,不亦说乎,人不知而不愠,不亦君子乎?"是整部论语的思想精髓,讨论的就是学习和发展的问题。傅佩荣先生对这句话的翻译是:

学了做人处事的道理,并在适当的时候印证练习,不也觉得高兴吗?志同道合的朋友从远方来相聚,不也感到快乐吗?别人不了解你,而你也不生气,不也是君子的风度吗?

学习的最终结果应该沉淀下来,体现在我们自身的修养上。君子的修养,指人格完整、与人为善、心态平和、心存理想、心存善念的状态。

我们为什么要学习?通过什么学习?怎样学习?学习是要达到什么样的目的?怎么样学才算是学得好?怎么样是学得不好?有什么资源和方法可以帮助我们提升学习效率?

回归到人类心理结构和心理健康的标准层面上,对照心理健康的八项标准,即智力正常、情绪稳定、意志坚定、人格健全、自我评价客观、社会适应良好、人际关系和谐、生理年龄跟心理年龄相符合,这些标准所对应的心理健康状态是通过学习能够达到的吗?

一般认为,学习与成长跟人的智力有关,也就是越聪明越容易学得好。但学习的成果不应仅仅是智力层面的成长,还反映在情绪理解、情绪调适、自我激励、人际关系、问题解决等方面,也应该反映在心理健康层面。

2.1 学习是什么

学习是什么?以心理学家的定义,学习是基于经验而导致的行为或者行为潜能发生相对一致的变化的过程。

例如,婴儿刚出生的喝奶行为,算不算学习?当婴儿的嘴唇触碰到了母亲的乳头,他会做吸吮的动作,这是本能反应。因为吸吮不是一个通过经验而掌握的行为,只是基于本能而自然做出的动作,所以吃奶对于婴儿来说不算学习。

以课堂学习为例,听课时我们力求理解并记住所学习的知识,课后做练习或整理笔记巩固学习成果,之后在考试或实际工作中把这些知识运用起来,这个过程就是学习。在这个过程中,我们的思想认识、动作技能发生了相对持久的变化,这个变化是基于自己的学习和训练而发生的。

学习包含哪些内容和层面?知识、技能、思想方法、情绪、情感、理想、信念、态度、价值观、道德、品性等等,是如何习得的?它们的习得过程有什么不同?

我们最熟悉的学习是知识层面的学习。例如,我们学过很多概念、公式、定律、计算公式、方程组等,这些是我们比较熟悉的知识学习。但对于态度学习、技能学习,我们可能了解不多。通过反复练习和动作的不断呈现,提升熟练程度直至变得自动化,这是动作行为学习和技能学习,也是日常生活中非常重要的学习内容。

1. 认知与知识学习

根据学习的内容与结果不用,学习可分为知识学习、技能学习、心理学习等,其中知识学习属于认知学习的范畴。认知学习是以认知能力为载体并以提升认知能力为目标的学习类型。直观地说,认知学习依赖感觉、知觉、注意、记忆、思维、想象、言语等认知活动。可以说认知学习是所有学习的基础,其中最重要的是批判性思维、辩证思维、写作能力和表达能力的训练和提升。

在认知层面上,知识学习是一个不断积累和建构的过程,就好比盖房子,知识体系也需要一个单元、一个单元的不断积累,同时还要有结构良好的框架设计和实用美观的功能设计。

在脑细胞的层面上,学习表现为两个细胞之间传递效率的增加和兴奋程度的相互影响。当脑细胞 A 的一个轴突和脑细胞 B 很接近时,足以对脑细胞 B 产生影响,并且持久地、不断地参与了对脑细胞 B 的兴奋,那么这两个细胞或其中之一会发生某种生长或新陈代谢变化,以至于 A 作为 B 兴奋的细胞之一,它的兴奋也加强了。简单地说,相近的两个细胞,如果一个被激活,另外一个也会被激活。

如果这种激活和传递反复出现,那么它们的传递效力会增加。因为反复的练习会让我们学习的过程在大脑的层面上沉淀下来,脑细胞之间的连接会变得稳固,彼此可以发生影响,一些细胞会被专门化,比如说"祖母细胞"就是专门负责认识我们的祖母。如果祖母细胞被破坏了,我们对于祖母的认识就会发生错乱。

心理学家布鲁姆认为人的学习分为六个层次,分别是知道、理解、运用、分析、综合、评价。知道即了解,表现为记住或部分记住所学内容,理解即领会,通常表现为能运用自己的语言描述所学知识。运用就是学以致用,知行合一。运用之后,我们对所学知识会有更进一步的领悟,可以通过概念及概念之间的相互联系,进行分类、分析、归纳、综合、演绎等高层次的学习。最后是评价,即确认这个知识点在知识体系中还有没有价值、在实践中是否有价值、值不值得我继续去学习。评价的过程也是学习不断深入的过程。你的学习是否是浅尝辄止?你的学习是否只是为了应付考试?是否停留在知道的层面,没有进入到领会、应用、分析、综合和评价的层面?你有没有不断地问问题?

想想我们大学阶段的学习,你在听课之前有没有预习?有没有自己做练习或测试?有没有带着问题去听课?有没有判断自己什么地方掌握得好、什么地方掌握得不好,以便在课堂上比较有区分地专注于要解决的问题或还未掌握的部分?在课堂上你有没有走神?有没有坐前三排?有没有记笔记?走神时你有没有觉察到?有没有能力调节走神的状态?意识到自己走神是一种我们称为元认知的能力,即认知自己的认知活动的能力。提升元认知的能力,有助于我们监控自身的认知活动,保持注意力。

问问题的过程是进行分析和总结的过程,问问题本身也是一种重要的学习方式。把问题表达出来,让别人听明白,需要我们对知识进行加工和概括。表达问题,有助于获得帮助并得到反馈和提示。

练习是巩固学习效果、掌握相关技能的重要手段。对大学生而言,最重要的练习是完成作业。而对于年轻的职场人士来说,一般是以实际工作来达到练习的效果。有时候我们会拖延,大学中流行一种说法,"Deadline(任务期限)是第一生产力",对于职场人士来说,何尝不是如此呢?

通常,我们急急忙忙完成的任务质量往往不高。我们绝大多数人都错误估计了完成任务所需要的时间。比如我们估计需要一个小时可以完成某个任务,实际上往往可能需要两至三个小时才能完成。错误估计导致我们经常会超过任务期限,或者在任务期限之前非常匆忙地完成了一个自己都不满意的任务。

我们不妨反思一下自己是怎么做的。有没有为所面临的任务预留足够的时间?当遇到困难和问题时,我们可以向谁求助,与谁交流讨论?就像大学期间的学习,很多知识点不都是老师教的,而是自学的。在职场上,也没有人能教会我们所有应该掌握的知识和技能,真正的学习和成长得靠自己举一反三、融会贯通。

"师父领进门,修行在个人",这句话中所蕴含的古老智慧在今天看来仍然适用。科技人才的学习和成长离不开实验室的训练,查看文献资料,研究仪器设备操作,改进工艺和流程,在实践探索中的不断迭代和改进。而人文社会科学人才的学习和成长,离不开对于人和社会的观察,离不开在工作生活中的不断摸索和反思总结,离不开理论概念与个人感悟之间的融会贯通。

评价,即你要自己有判断,知道什么知识点重要、什么知识点不重要。更重要的是,能够了解我们现在所学知识或技能在整个知识体系或能力体系中的地位和价值。对于一项具体的工作或者任务来说,我们需要清晰地知道自己应该具备什么知识或能力。这种清晰的认识,会帮助我们明确自己的长处和短板,也能帮助我们找到改进工作的方向。

我们需要反思,我们在学习过程中,是否完整地完成了上述讨论的学习层次。我们的学习是蜻蜓点水、浅尝辄止,还是学以致用、不断创新呢?

2. 情感与态度学习

情感和态度学习可能是最容易被忽略,但这个主题对于我们来说太重要了,它关系着我们一生的幸福,也关系着群体和团队的配合与协作。

人生最重要的悲欢离合、大起大落、大喜大悲、大爱大美,都与我们的情感有关。一个没有感受力的人,无法体会生活之美。一个情感贫乏的人,领略不了人生百味中的酸甜苦辣和精微奥妙。

或许有人疑问,情绪不是自然而然发生的吗,还需要学习吗?当然需要。《中庸》有言:"喜怒哀乐之未发,谓之中;发而皆中节;谓之和",意思是喜怒哀乐不表达出来,是本源的状态,合乎节度地表达出来,是和谐的状态。"发而皆中节"的状态就需要不断学习和磨炼才能达到。更通俗点说,表达情绪要有所克制,要合乎情境和礼节。如果我们任由情绪毫无节制地宣泄出来,就失控了,甚至会面临着沦为情绪奴隶的风险。情感教育与情感学习涉及情绪感知、情绪识别、情绪表达、情绪调控、同理心等,也涉及道德感、理智感、美感等范畴,这些都是最重要的人生课题。如果意识不到它们的重要性,忽略了这方面的学习和成长,损失是难以估量的,甚至是难以弥补的。由于第3讲"智商与情商"中还会讨论这个问题,在此先不赘述。

在我们的学习和成长中,发展出理智感、美感和道德感,是帮助我们成为和谐完整的自己的重要方面。

理智感可以理解为一种智慧的快乐,是一种运用智慧解决问题的幸福,也是对自身的认知能力及智慧的自我肯定。我们可以谦虚地认为,自己是一个不够聪明的人,但几乎没有人愿意承认自己是"笨蛋"。当我们的聪明才智能够帮助我们解决复杂问题时,我们会感到发自内心的愉悦。当科学探索帮助我们不断了解未知世界时候,我们的好奇心得到了满足。这些基于理智而产生的幸福快乐的情感,就是理智感。对于普通人来说,可能科学研究有些触不可及,但理智感并不是科学研究的专利,理智感是每一个力求探索未知、积极向上的人的福利。一个善于总结的人,会在学习中体会到快乐,会在工作中发现规律,也在实践中提升自己。发现问题和解决问题是科学研究的基本思维,也是日常工作和生活的基本思维。一个善于读书的人,更容易体会到读书的快乐,因为书籍中包含的浩瀚无穷的知识,远远超越我们肉眼所及的世界。阅读、实践、总结、观察、反思、交流、讨论、写作,这些方式都可以帮助我们体会到理智感,进而帮助我们成为"聪明"的人。

美感在我们的成长发展过程中也不可或缺。我们通过音乐感受韵律之美,通过绘画感受色彩之美,通过运动感受力量之美,通过思考感受理智之美。我们希望自己也是美的,不但表现在形体上,也表现在思想、情感和灵魂上。美感就是一种与美好事物的和谐共鸣,在产生美的共鸣的那一刻,我们感到自己也变得美了,变得积极向上了。我们因为美而看到希望,也可以因为美而获得面对苦难的力量与勇气。谁不想追求美呢?谁会拒绝美呢?心理尚未开化的婴儿,对于美也有本能的趋向,更何况心灵丰富的成年人呢?美是一种感受,但它更应该成为一种我们创造自己的能力。2020年初,新型冠状病毒肺炎肆虐全中国,当人们面临灾难产生无尽恐慌时,最美逆行者给了我们力量和勇气。那么最美逆行者的美体现在什么地方呢?是迎难而上、不怕牺牲,更是一种人性之美,他们传播了人间的大爱,也传递了美好的希望。这种美是超越艺术和道德的,也是最质朴、最纯真的,是人性的律动,也是自然的音符。当一位平凡的医护人员被称为"最美逆行者"时,当他们为危险的事情找到意义和价值时，他们也在不断地进行自我探索、自我重构与自我整合。当我们与自然之美、人性之美和艺术之美产生共鸣时，我们也在不断地走向完整的自己。

道德感的作用无需多言。道德很重要，这是一个理性的判断。一个人在行为层面上是否真的是一个道德的人，往往不取决于他的道德感，而取决于他的羞耻感和罪恶感。当一个人觉得他的言行不容于世或引发的他人评价伤害自尊时，就会产生羞耻感。我们常常用"厚颜无耻"来形容一个人没有道德，说的就是这个人脸皮极厚、没有羞耻感，可见道德感缺失是一件可怕的事情。相比"厚颜无耻""罪大恶极"，没有敬畏之心和恐惧之心，更加可怕。第二次世界大战时期，纳粹分子对于奥斯维辛集中营中 150 多万死难者没有悲悯和同情，也没有敬畏和恐惧，那时人性的光芒被完全遮蔽了，人类进入到了最黑暗的时刻。中国传统文化历来重视礼义廉耻的教育，在"君君臣臣父父子子"的伦理关系中，道德教育是自然展开的。遗憾的是，以知识为中心的现代教育，割裂了礼义廉耻道德教育的自然渗透，割裂了品格教育对于人格成长的帮助。值得警惕的是，有些道德教育被彻底边缘化，知识中心和功利主义的教育遮蔽了我们的真情实感，异化了我们的道德修养。这时换一个角度思考，可以追问：我们有道德感吗？

思想态度怎么学习？"近朱者赤，近墨者黑"，思想态度的学习往往通过潜移默化的方式完成。你是否愿意主动接受一些美好事物的熏陶？你有没有听音乐、逛博物馆、看展览的审美追求？你是否被一些事情感动过？是否经常做公益？是否不断写日记反思自己的生活、学习和工作情况？这些是知识技能以外的学习，也是我们需要思考和拓展的学习对象。

3. 行为与技能习得

(1) 条件反射

俄国心理学家、生理学家巴甫洛夫关于条件反射的研究，为学习领域做出了开拓性的贡献，他还因为消化腺的研究获得了 1905 年的诺贝尔生理学奖。但是他最为知名的贡献，是对行为和心理层面的条件反射的研究。

我们很多自动化的行为和自动化的思维，其实都跟条件反射有关。在巴甫洛夫关于条件反射的研究中，他把条件反射的建立过程分为三个阶段。

第一阶段是自然状态。食物可以导致狗分泌唾液，不需要其他的附加条件，食物是唾液分泌的无条件刺激。音叉发出声音不会导致狗分泌唾液，所以音叉发出的声音对于狗分泌唾液是中性刺激。

第二阶段是建立联结阶段。让中性刺激与无条件刺激发生联系，先摇铃铛或者先敲音叉，然后给狗食物，狗得到食物会分泌唾液。让狗形成一个联结，铃铛声或者音叉声响起来,就意味着食物会出现。

第三是阶段条件反射阶段。不呈现食物,只摇铃铛或敲音叉,这个声音本身就可以导致狗分泌唾液。原本铃铛声或音叉声是一个不会导致狗分泌唾液的中性刺激,因为与可以导致狗分泌唾液的食物这个无条件刺激形成了稳定联结,所以就变成可以触发狗分泌唾液的条件刺激。中性刺激跟无条件刺激之间,一前一后、紧密的联结,让狗发生了条件反射。

有些人会习惯性的季节性感冒,阴雨绵绵时心情会变得糟糕,这些自动化的反应都或多或少与条件反射有些联系。有的学生走进学校就会产生厌学情绪,有的学生本来思维活跃但是被老师点名回答问题时脑子却一片空白,可以说条件反射在生活中无处不在。甚至有农场利用条件反射的原理,建立了"狼害怕羊"的反应(利用注射药物的羊肉让狼呕吐),从而减少狼群对羊的攻击。

条件反射不仅影响学习、生活,还影响心理健康。因为条件反射的发生是自动的,所以我们常常意识不到它的影响。总结我们工作、生活中的自动化行为和自动化思维,反思我们的成长和发展是否受到了这些自动化行为和思维的影响就变成了每一个人学习和成长中非常重要的课题。

我们很多的思想和行为是条件反射。反思一下你的行为,你是否正经历一些自动发生、不受控制的情绪困扰?你是否有一些自动产生的行为反应?甚至季节性感冒也有可能是条件反射,这似乎有些玄乎,但事实上它是有规律的季节性环境因素促发了免疫力降低的结果。二战时,德国纳粹曾经在集中营里做过一个非常残忍的实验。纳粹分子给俘虏蒙上眼睛,然后在他们的手上划一刀,制造了血液一滴一滴滴到地上的假象,这些俘虏听到的"滴血声",无比焦虑、无助、恐惧,直至死去。其中有一些人是真的被割腕了,由于失血过多而死,另外一些人实际上并没有真的被割腕,只是在他手臂上绑了一个小的水管,水顺着管往外滴,使他们感觉好像血在一滴一滴往外流。这些没有真正被割腕而死去的俘虏,在被解剖之后发现,他们死亡的症状跟失血过多而死的症状是类似的。

对于流血过多而死的巨大焦虑和恐惧,让他们的身体发生了休克反应,可以被看作是极端的条件反射。这说明我们的心理活动对身体状况其实有非常大的影响。

条件反射是一种自动化的学习,它虽然不是高层次的学习,但普遍存在。非常复杂的、高水平的认知活动,比如说道德感、理智感、美感,就很难通过条件反射的方式来建立。人大量的思想和行为,多与条件反射有关。值得反思的是,我们的想法中是否有一些是本能的、直接的、条件反射式的反应?

(2) 操作性条件反射

心理学家桑代克用猫做了一个迷笼实验,他把猫关在笼子里,由于缺少食物,饥饿导致的驱动力驱使着猫在笼子里四处乱窜。偶然的一次经历,它触碰到了一个开关,笼子打开了,猫可以走出去吃到食物。猫不断尝试,触碰开关,吃到食物,这个结果强化了触碰开关的行为。

我们不断尝试,如果其中某一个行为得到了好的结果,有积极的效果,那么我们就会把这个行为固化下来,同时去除那些无效行为。我们的很多学习,都是不断尝试完成的,尤其是做实验的人,需要不断尝试、不断调整实验操作方式,才有可能得到理想的实验结果。

斯金纳发展了操作性条件反射理论。这里的操作是指一种心理对于行为的操作。他把老鼠关在斯金纳箱里,老鼠同样因为饥饿四处乱窜,它偶然触碰到某一个按钮而得到了食物。之后老鼠就会反复触碰这个按钮,希望得到食物。斯金纳研究的操作性条件反射,指个体为了获得积极正面的结果操纵自己的行为,反复实施。

很多动物训练都是基于这个实验原理进行的,对于猴子、海狮、大象来说,也会为了获得食物而不断做出"正确的行为"。对于它们的错误行为不断地给予惩罚,逐渐地,那些错误的行为就会减少或消除,而正确的行为会因为奖励而增强。

操作性条件反射被广泛运用于行为训练。很多父母教育孩子,也都非常依赖操作性条件反射,常常告诉孩子"你努力学习考满分,就给你奖励"。

4. 模仿与观察学习

观察学习是社会层面上广泛存在的一种学习方式。我们不断地观察我们身边优秀的人,然后模仿他们的方法和思考方式。

这种模仿往往比较有效。心理学家班杜拉曾经做过这样一个实验:他找了一群儿童作为实验的被试,分为两组在房间里给他们看电视,一组观看没有暴力行为的影片,另外一组观看包含暴力行为的影片。看完影片之后,实验者让这些儿童在房间里自由玩耍,结果发现看过包含暴力行为影片的儿童会模仿曾经在影片里出现的那些攻击行为,比如撕扯、攻击、踩躏、踢打布娃娃。如果留心观察我们身边的儿童,我们会发现父母的言行对他们有着潜移默化的影响,父母说过的话、做过的事,都会在儿童的语言或行为层面上有所呈现。所以,榜样示范是一种直接有效的教育方式,起着潜移默化的作用。

"杀鸡儆猴",有没有效果呢?是有效果的,因为"杀鸡"的警示方式会让观察者感到害怕,受到"替代性惩罚",会消除某种错误行为。观察我们身边那些优秀的伙伴,他们的积极行为会对我们有榜样作用,甚至激励作用。比如说我们崇拜的偶像,他们所从事的事情如果与我们相关的话,对我们是有激励作用的。就算榜样所从事的事与我们关系不大,那么可能在行为层面上对我们的激励作用少一些,但在精神层面上的坚持不懈、热爱生活、专注、与人为善等,一样对我们有激励和影响。

不妨回忆一下,在我们成长的经历中,榜样对我们的影响到底有多大?哪些人、哪些事对你有影响？在什么层面上对你有影响？你是否热爱科学、勤奋学习、认真负责、体谅他人、性格平和？我们往往都会受到来自父母以及周围的一些重要他人的影响。

2.2 如何提升学习力

学习是大脑不断地获取外界信息、加工处理外界信息，然后获得新领悟、增长新能力的过程。

1. 科学用脑

盖吉原来是一位优秀的铁路工人，受伤之前勤奋、自律、人际关系和谐、很受欢迎，是工地上一位受人尊重的管理者。因为一场意外的生产事故，他受了非常严重的外伤，一根钢筋从他的额头左侧向左眼下方穿过。幸运的是，重伤没有要他的命，他活了下来。但他的性格发生了很大变化，变得懒惰、怠工、情绪化、自私，原来出色的工作业绩也变得平平甚至非常糟糕。盖吉受伤的部位在额叶，这个脑区靠近额头所以被称为额叶。额叶是大脑皮质中最后发展出来的，是人的高级神经中枢，负责决策、判断、自我控制等高级神经功能，也是人格的中枢部位。盖吉的受伤，使他对人的综合理解发生了偏差，导致了他的生活和工作都受到很大的影响。

学习是人脑最重要的功能之一，同时也是非常消耗脑力的心理活动。人脑重1.4千克，占人体重量的1/40，但是它的能量消耗是人体能量消耗的20%以上。如何维护大脑的健康状态，提升我们的学习效率，这既关系到学习效率本身，也影响到我们的健康和发展。

在《大脑自由》（也译作《大脑规则》）一书中，介绍了十二条促进大脑活动和发展的规则。

第一，越运动大脑越聪明。运动对于提升学习效率，改善用脑状况会很有帮助。

第二，大脑一直在进化。虽然大脑也一直在衰老，但与人体的其他细胞相比，脑细胞的进化特性让人惊喜。越学习，脑细胞越"强壮"。

第三，每个人的大脑都不同。因而每个人的个性、禀赋、特长甚至兴趣爱好也不同。了解自己大脑运作的特性，掌握自身的特长并有意识地加以发展。少与他人横向比较，多与自己纵向对比，持续发展自我。

第四，大脑不关注无聊的事。在我们的学习过程中，如果感觉到很枯燥、很无聊，你需要变换一下你的学习方式。如果坐着觉得不行，可以站着、走着，甚至运动之后再学习。如果通过听觉的方式效果不佳,可以试试去观察、去行动等等,要不断地变化你的学习方式。

第五,短期记忆取决于最初的几秒。所以保持注意力,保持对于眼前信息的不断分析和思考、重复和加工非常重要。对于长时记忆来说,要有规律地重复,把我们所学到的知识运用到具体的任务中去。重复性的运用会加深我们的长时记忆。

第六,睡得好大脑才运转得好。心理学家研究发现,人在睡眠时,会继续对我们白天学过的知识进行加工。如果我们的睡眠被剥夺了,学习效率和学习效果都会下降。睡眠对于我们的信息加工和学习有促进作用,睡眠过程中大脑会自动完成某种层面的学习和信息加工。

第七,压力会损伤大脑。所以,如果有压力,要学会去调试,把压力对身心健康的影响降到最低。

第八,大脑喜欢多重感觉的世界。人有五感,视觉、听觉、触觉、味觉、嗅觉,大脑不喜欢单一感觉来源的信息。而且,单一感觉来源的信息会让大脑活动过于集中在某些区域,容易引发疲劳。多重感觉综合运用的大脑活动,有助于综合学习,也有助于降低大脑负担、提高大脑工作效率。

第九,视觉是最有冲击力的器官。人脑获得的信息中,80%来自视觉。所以说视觉是最有冲击力的感觉,一点都不为过。我们感受最强烈的审美活动,情绪波动最大的强烈刺激,都与视觉有关。因此,通过可视化的方式促进学习,是科学用脑的基本要求。

第十,大脑也有性别差异。所以对于男同胞和女同胞来说,你需要了解和理解你的认知活动和大脑活动的特点,扬长避短。通常,男性更擅长逻辑思维,女性更擅长感性思维;男性偏分析,女性偏综合;男性重证据,女性重直觉。当然,这种区分也不是绝对的,最重要的还是要理解自己大脑活动的特点,尊重差异,发挥特长。

第十一,我们是天生的探险家。大脑喜欢新异的刺激,喜欢新鲜事物。有新奇信息,大脑就有新鲜的"营养"。就像我们人体需要新鲜的蔬菜和水果一样,大脑要新鲜的知识和信息来更新整个系统功能。

2. 确认学习偏好

对自己的学习偏好和惯用方式进行思考和总结,是提升学习效能的重要方法。你是倾向于从整体先建立一个大的知识框架,然后在此基础之上去学习,还是倾向于从细微处入手,先就某一个具体的知识点学习,再不断扩展知识网络呢?每个人的学习方式是不一样的。前者是自上而下型(偏场依存型),先看到概貌,然后再往下深入具体细节;后者是自下而上型(偏场独立型),先感性地接受一具体的知识点,然后不断地概括和丰富,再慢慢形成一个全貌的、整体的理解。这两种学习偏好没有好坏,也没有对错之分,只要你能坚持,能达到理想的学习结果,可有异曲同

好没有好坏,也没有对错之分,只要你能坚持,能达到理想的学习结果,可有异曲同工之妙。

另一个偏好是感觉模式的偏好。你更擅长通过"看"来学习,还是通过"听"来学习?或是擅长通过实际行动还是通过感觉经验来学习?

有些人更擅长听觉类型的学习,视觉方式的学习对这种类型的人来说有挑战性。听觉型的学习者,看书更容易犯困和疲劳,但通过与人讨论和交流来促进学习对他们比较有效。同时,能力是不断发展的,视觉学习能力、听觉学习能力、感觉学习能力都可以通过训练得到提升。

学习与盖房子有些类似,都是一个不断建构的过程。学习建构的是知识基础和知识框架,在广义上,学习也是不断建构情感、人格、人生观、世界观和价值观的过程。建构的基础是发展和变化的可能性,而它的本质是主动设计、主动体验和主动构造。

通过阅读展开学习,是概念层面的建构;通过项目或活动展开学习,是经验层面的建构;通过行动、探究、发现、体验、观察、模仿、项目研究、任务驱动、团队讨论、辩论、教授他人、发明创造等方式,都可以促进学习。学习方式是多种多样的,我们要找到适合自己的方式学习,并发展自己。

3. 刻意练习

艾利克森在《刻意练习》中专门讨论了这个话题,有兴趣的读者可以找到来看一看。简单来讲,这是一种在相对短的时间之内,训练和掌握某种能力的重要方法。那些最顶尖的运动员,他们都是通过刻意练习的方式来提升水平的。通常教练会把整套连贯动作分解为许多基本动作,再有计划、有目的地训练基本动作。当基本动作的学习达到一定的熟练程度后,再把基本动作整合为完整的动作集合。刻意练习的关键,是要有经验丰富的教练帮助学习者有目标、有计划、有步骤地完成训练过程,并不断提供反馈和纠正意见,直到学习者熟练掌握并自我反馈和自我纠正。然后通过反复模拟实战、以赛代练等方式激发学习者的动机和潜能。

通过反复训练,每一次训练之后反复观看录像,进行分析和总结,再逐渐修正和提高,这个过程其实非常耗费精力,也很枯燥乏味。很多运动员一身伤病,但他们有毅力,反复训练,刻意练习。运动员的淘汰率很高,能在这条职业竞技的道路上走到最后,拿到全国冠军甚至世界冠军的运动员都是极其优秀的。向他们学习刻意练习的方法,有助于提高我们的学习能力。他们是如何忍受反复练习中的枯燥、乏味、痛苦、疲惫和挑战的,如何坚持下来,如何完成比赛,这些都值得我们参考和借鉴。

2.3 成长是什么

发展是学习的自然结果，不学习，则无发展。什么对人类发展最重要？

1. 追寻根本价值

假设你将在一个荒岛上度过余生，就像《鲁滨孙漂流记》或电影《荒岛余生》所描述的那样，你会怎么做？你有没有在荒岛上生存的能力？假设把你放在一座森林里生活十天，你能活下去吗？能不能找到食物？能不能保证自己安全？

假设在荒岛上你可以带十本书，你会带哪十本？如果只能带一本，那你会带哪一本？

很多中国人会选《论语》《道德经》或《易经》，当然，也有人选唐诗宋词。《论语》和《道德经》相对易读，也是中国文化中最重要的两个基本文化命脉。对于西方人来说，他们可能会带《圣经》《古兰经》或莎士比亚的作品，对于美国人来说，他们甚至可能会带《高效能人士的七个习惯》。

这些书各自从某些侧面回答了人的成长和发展，乃至整个宇宙、人生的根本问题。我是谁？我从哪里来？我到哪里去？怎么跟自己相处？怎么跟他人相处？

对这些关乎"存在"的理解和回答，决定着我们要往哪里去。想明白对你来说最重要的一本书，你也就明白了你要往哪里去，明白了学习的方向，明白了学习对你来说的意义到底是什么。

2. 坚信终身发展

对我们来说，如何提升我们的学习效率呢？学如逆水行舟，不进则退。对我们来说，如何学习？到底要从哪些方面去成长？如何才能实现我们所期待的成长？

在《高效能人士的七个习惯》这本书里，第七个习惯是不断更新，也可以通俗地理解为终身学习。俗话说："活到老学到老"，我更相信"学到老，活不老"。

想想那些最优秀的大学者、大思想家、大文学家，他们往往都比较长寿。季羡林、钱学森、钱伟长、费孝通都活到了近百岁，他们一生都在学习和研究。钱学森虽然去世了，但他留下的"钱学森之问"仍然激励着很多年轻学者和教育家。

厦门大学的潘懋元先生是国内高等教育研究的开创者，现已年过百岁，仍在工作，带博士生，每年发表学术论文，关注双一流大学的建设、双一流学科的建设、世界一流研究型大学等课题。

人的成长和发展,是持续一生的。大脑是最不容易衰老的器官,而且越使用越活跃。老年人希望生活比较有情调、有滋味,晚年生活有质量,就得参与一些有益身心、用脑健脑的活动。晚年时,老年人不仅要有自己的情感活动和社交活动,还要参与活跃心理的智力活动。买菜、跳广场舞、上街喝茶,保持正常的身体活动,对老年人来说,某种程度上也是学习和发展。

3. 促进心理发展

《如何阅读一本书》是一本关于如何学习、如何阅读的书。这本书认为,阅读是最重要的学习和成长方式之一,"人的身体状况会越来越恶化,而我们的头脑却能无限制成长和发展下去……心理就跟肌肉一样,如果不能正常运用就会萎缩……如果我们没有内在的生命力,我们的智力、品德和心灵就会停止成长。当我们停止成长时,也就迈向了死亡"。这本书还认为,"好的阅读(学习),也就是主动的阅读,不只是对阅读本身有作用,也不只是对我们的工作或事业有帮助,更能帮助我们的心理保持活力与成长。"

学习和成长的成果是怎么产生的?你是如何成为你自己的?哪些人、哪些事、哪些书对你产生了影响?产生了什么样的影响?这些影响是如何发生的?有成就的思想家、企业家、科学家等,他们是如何学习的?

钱伟长是中国近代力学的奠基人,但他高考时,历史和语文都考了满分,而物理却只有5分。钱伟长考上清华大学后,思想发生了变化,决心科学报国,他决定转学物理。他找到物理系主任,申请转到物理系去,系主任看他数理成绩太差,没有同意。钱伟长苦苦哀求,不断坚持,终于打动了物理系主任,同意他先旁听物理课程,如果期末能考及格,就可以转到物理系学习。钱先生旁听了一学期,物理考了70多分,顺利转到了物理系,并成为了知名物理学家。可见,除了钱伟长聪明好学外,理想和目标也是影响他学习方向和学习成果的重要因素。

彼得·德鲁克是管理学之父。他每隔三年,就会拓展一个新的学习领域,每隔三年他就会成为一个新领域的专家。

在人的成长中,心理的成长是最复杂、最困难、也是回报率最高的。如果说身体是人的硬件,那么心理就是人的软件。社会在不断地发展变化,每个人自身的社会角色和生活形态,随着年龄的增长也在不断发生变化,因此心理的成长发展就成了每个人需要持续关注的事。如果一个人的心理停止了成长,那么一个人的生命或生活也就停滞了。几乎人类的所有活动,都伴随着心理活动的发生和发展。或者说,心理功能的思想性、智慧性、创造性、和谐性、自主性、完整性等特征,直接影响到人工作、生活的方方面面。计算机系统的软件需要不断升级更新换代,那么作为人的灵魂的心理系统,又怎么能停滞不前呢?

2.4 如何持续成长

效率和效果,是学习的永恒问题。如何成为某领域的专家？罗伯特·西蒙说要通过10年的持续付出,还有人认为至少要有10000个小时的积累。最新的一些研究认为要刻意地练习,即刻意反复训练关于某领域的基本动作。大学生要成为学习的"专家",就要了解学习的规律、树立学习的目标并持续行动。而职场的年轻人,要想在某个领域站稳脚跟,除了不断提升和成长外,并无捷径可走。

这是些具体的学习目标,涉及我们的健康、毅力、认知、情感、人际关系、社会责任等,涉及我们的综合发展。

在学习过程中,了解学习的基本规律,遵循规律去学习,学起来就可以事半功倍。如果我们不尊重、不了解,甚至是违背学习的规律,那我们的学习可能就会事倍功半。遭遇学业问题甚至退学的人,往往都因为学习基本态度不端正、学习基本方法不正确或学习动力不足,而影响了学习状态。

1. 明确成长方向

史蒂芬·柯维说:"成长或者学习最重要",反映在人存在的四个基本层面,即身体、心理、情感和精神。

第一是身体,它是人的物质载体,用唯物主义的观点来说,没有存在就没有思维,没有身体就没有思维。身体影响心理健康状况,大脑则决定思想健康状况。

第二是心理,狭义的理解为智能。心理主要是指心理活动,包括认知活动、情感活动和意志活动等。它的核心是思维能力和解决问题的能力。勤奋投入工作,保持持续学习,我们的心理活动可以保持在相对比较高的水平上。那些大科学家投身于自己热爱的事业,持续地学习,这本身对于身心健康是很有助益的,是一件幸福的事情。当然,获得这样的机会,需要付出很多的努力。

第三是情感或人际。只有工作是不够的,我们需要在情感层面上丰富自己,需要体验幸福感、价值感和满足感,需要有人关心、关怀、接纳、信任自己。这是我们在情感层面的需求,人永远都渴望爱,也希望有一个爱的对象。建立稳定的婚姻关系、养育下一代,有一个持续稳定甚至愿意为之付出生命的爱的对象,会让我们的情感变得充盈和幸福,让我们的人生有更加完整的可能性。

第四是社会和精神层面。我们要承担社会责任,扮演社会角色,与人交往,在个人分工与合作的过程中创造价值。有了分工和合作,个人的机会成本、交易成本、生产成本会降低,整个社会的成本也会降低。通过交换、互动来促进彼此的发展和成长,这是经济学的观点,也是整个社会发展的基本哲学。另外,人需要有理想和信念,有超越个人和小群体局限的普遍追求,如真、善、美、公平、正义,精神层面的发展和成长,让人有方向,更有力量,更有韧性。

2. 建立成长性思维

智力测验的开创者、法国心理学家比奈曾说过:"小时候最聪明的人长大后不一定是最聪明的人。"这是什么原因造成的呢?

影响人成长和发展的因素纷繁复杂。斯坦福大学心理学家卡罗尔·德韦克的研究认为,成长性思维是影响人成长和发展的一个非常关键的因素。思维是我们对事物的看法,是一种基本信念。成长性思维反映了我们对于成长和发展的认识。

在成长性思维的概念中,"能力是可以通过学习不断发展和提升的"(卡罗尔·德韦克)。这是一种特别简单的信念,却深深地影响了人们对于自己、对于他人的看法,影响了人们的行动。另外一种与之相反的观点认为,"能力是固定不变的,而且人们需要不断地去证明"。后一种观点是一种画地为牢、固步自封的观点。在我们的经验中,一个人永远无法预测另一个人未来的发展,当然我们也很难真正预测自己未来的发展。唯有不断行动,不断努力,不断探索,我们才可能知道自己的上限在哪里,自己的可能性有多少。

具有成长性思维的人,相信人性的丰富性,相信发展的可能性,更相信人自身的创造性。创造本身就是一种对于不确定结果的追寻和探索,这种追寻源于对未来的美好期待,源于对自己和未来的信心,更源于对人性的信任甚至迷恋。

并不是说相信和行动一定会让我们的能力得到一种确定性的发展,很多时候这种自我肯定的训练和持续不断的行动可能得不到任何回报。人们会因此受到打击,甚至失去自信。但如果因此而自暴自弃、放弃行动,除了可以免除可能因为行动得不到期待的结果而产生的失落感,并没有产生额外的任何好处。免除失落感并不能带来成就感和幸福感,但很多人因此待在自己的舒适区里,不去探索,不去行动,也就放弃了通过行动获得快乐和成就的可能性。

探索是向未知出发,不断探索的过程洋溢着创造之美,这个过程不仅呈现了人性的丰富,也呈现了自然的奥妙。而能力的发展和成就的获得,就像是一件艺术品,给人带来快乐和享受。

行动应该遵循主体性的原则,也就是说,我们的行动应该基于自己的需要。当我们的需要和行动正好也被他人和社会所需要时,自我与他人、自我与社会之间就达成了某种平衡,而这种平衡状态也更容易让我们获得快乐感和成就感,更能促进我们真正的成长。有人天生喜欢发明创造,而这种发明创造如果刚好也被其他公司、被社会所需要,那么他就有机会从事一份自己特别喜欢的职业,进而开创属于自己的事业。比如一个喜欢并有能力设计汽车的人,会很享受在汽车制造公司工作的状态,这种享受绝不是因为向他人证明了自己的能力,本质上这种享受源于自己的需要,简单说就是一种纯粹的喜欢。

不喜欢不是我们拒绝探索、停止行动的理由。很多时候我们的不喜欢是因为害怕失败、害怕挫折。因为害怕考试失败而放弃学习,害怕比赛失利而放弃比赛,害怕被公司炒鱿鱼或者求职被拒而放弃工作,这样的事随处可见。

其实在具有成长性思维的人看来,"没有成长才是失败,也就是说,失败仅仅意味着你没有充分体现你自身的价值,或没有完全发挥自身的潜能"(卡罗尔·德韦克)。

3. 坚定成长行动

成长最终依托于行动与探索而实现。本质上人的成长就是自我成长,是驱动的成长,也是自我意识和自我调控能力的发展。

寻求自我觉察。成长的前提是觉察,觉察自己的身体特征,觉察自己的智力水平、情绪特点,确立自己的理想信念和价值观,确立自己的人生方向和终极追求。一个信念坚定、目标明确的人,能承受生活的磨炼,能承担社会的责任。一个没有理想信念,也没有坚定方向的人,就像是无根的芦苇或是飘散的浮萍,经不起风吹雨打,更难以承受惊涛骇浪。

探索自我潜能。讨论潜能,不是要讨论心灵鸡汤,更不是讨论成功学,而是要讨论我们成长和发展的可能性,讨论变不可能为可能,也讨论变未知为智慧。某种程度上,成长性思维是一种坚定的信念,它执着甚至固执地认为生命充满了可能性,而成长就是实现这种可能性。对于很多事情,在行动之前我们并不知道它最终的结果,甚至我们对结果充满了犹豫和怀疑。但这些犹豫和怀疑不能成为阻碍我们行动的理由,我们如果因此而放弃行动,某种程度上是在放弃自己,是在放弃成为理想中的我的可能性。

扩展自我疆域。不断探索自我潜能,其结果是我们的疆域不断扩大,我们的眼界不断发展,而我们的能力也不断提升。这是一种不断超越自我的状态,它能带给我们快乐,还能带给我们机会,可能还会带给我们地位和荣耀。这种地位和荣耀不一定是来自他人的肯定,本质上地位和荣耀应该是一种自我肯定和自我满足,是从普通自我向精神自我蜕变的过程。这种蜕变又不断地激励我们拓展自我疆域,从而达到一种持续的正向激励。

从这个意义上看,成长是一个精神过程,也是一种自我的抉择。一个选择不断丰富自己、不断探索自己的人,生命力是旺盛的,精神是坚韧的,社会性是多元的。

推荐阅读书目

1. 李笑来. 把时间当作朋友. 电子工业出版社,2013.
2. (美)莫提默·J.艾德勒,查尔斯·范多伦. 如何阅读一本书. 商务印书馆,2014.
3. (美)约翰·梅迪纳. 让大脑自由. 浙江人民出版社,2015.
4. (美)丹尼尔·平克. 全新思维. 浙江人民出版社,2013.
5. (美)丹尼尔·卡尼曼. 思考:快与慢. 中信出版社,2012.
6. (美)卡罗尔·德韦克. 终身成长. 江西人民出版社,2017.

Chapter 3
第 3 讲

智商与情商

什么是情商？怎样控制情绪？怎样提高情商？怎样才算是真正的高情商？

智商对成就的贡献有多大？爱因斯坦说，天才是99%的汗水加1%的灵感，但他也承认，如果没有这1%的灵感，那99%的努力也无从发挥作用。

大概是受戈尔曼启发，很多学者相继发展出"逆商""灵商""财商"等概念，意图把智商以外的其他因素说清楚。

如果二者不能兼得，你希望自己智商更高，还是情商更高呢？发展智商和情商有没有冲突？在时间和资源有限的情况下，你更愿意在哪一方面投入更多的时间和精力，以获得你想要的发展？如何促进二者的协调发展？

3.1 智商是什么

智商是什么？它由哪些要素组成呢？我们很容易确认智力是存在的，可又说不清楚它是什么，它如何存在。可以说，智力因素或认知因素是所有心理活动和行为表现的基础。

试想，如果没有智力因素的存在，我们如何完成学习？如果没有智力作为基础，我们如何解决工作、生活中的问题？再具体一些，如果我们没有感知觉，没有记忆力，我们如何记住课堂上老师教授的知识，如何记住我们周围的人，如何与他人互动，如何能准确操控身边的工具？如何没有想象力，我们如何能够欣赏文学作品，如何能够感受音乐和舞蹈之美？如果没有思维能力，牛顿如何能发现万有引力，爱因斯坦如何能发明相对论，而人类又如何能实现诸如"神舟升空""嫦娥奔月"这样的伟大工程？如果没有语言能力，我们如何表达思想和情感，如何沟通和交流？

简而言之，智力是人的认知能力的总称，是问题解决的基础。而智商是心理学家为测量智力水平而发展出的概念，它是衡量大脑工作能力的量化指标。

某种程度上，智力代表了人的理性能力。一直以来，理性都是哲学家最重要的思考对象。苏格拉底说："认识你自己。"这句话刻在古希腊德尔菲神庙上，警醒着人类。亚里士多德说："智慧源于好奇。"笛卡尔说："我思故我在，我在故上帝在。"苏格拉底、亚里士多德、笛卡尔都在赞美人的理性，赞美理性之于"人之为人"的存在价值。如果人类没有理性，还能成为人吗？

康德说："有两种东西，我对它们的思考越是深沉和持久，它们在我心灵中唤起的惊奇和敬畏就会日新月异，不断增长，这就是我头上的星空和心中的道德定律。"头上的星空是人的理性之所向，代表着人类对于无限的宇宙和未来的向往，代表着人类不断探索未知的天性。而心中的道德定律，关乎人的关系与幸福，关乎社会的秩序和繁荣，关乎人在精神层面超越动物而为人的精神信仰。亚里士多德说："人是理性的动物。"可以说，没有理性，就没有人。

但能否因此否定感性呢？康德所说的"心中的道德定律"远不是人的理性所能解释的。道德与价值、习俗、情感有关，有理性的道德决策，也有舍己救人式的冲动性的道德抉择。道德认识、道德情感也会因人而异、因时而异、因地而异。想象一下，人类拥有远超越动物的理性，卓越的认知能力、问题解决能力和创造力，但如果没有与之匹配的道德素养，那么人类社会将是怎样的景象？

智力具体包括哪些要素呢？哈佛大学心理学家霍华德·加德纳曾提出多元智能理论。加德纳通过研究医学文献综述和脑损伤病人的能力缺失，先后总结提出了人类的九种智力类型。

第一种是逻辑数学智力，这是操纵抽象符号的能力，比如说科学家、计算机程序员在逻辑数学智力上比较擅长。

第二种是语言智力，这是运用语言表达思想的能力，比如新闻记者律师往往在这方面比较擅长。

第三种是自然智力，这是仔细观察自然环境中各方面细节的能力，比如森林防护员的自然智力上比较突出。

第四种是音乐智力，这是一种创造和理解音乐的能力，比如说音像师、音乐家的音乐智力比较突出。

第五种是空间智力，这是空间想象和空间处理的能力，建筑师、外科医生都很需要这种能力。

第六种是身体运动智力，这是一种计划、理解和控制运动前后关系的能力。运动员、舞蹈者往往这种能力比较突出。

第七种是人际智力，这是理解他人和社会关系的能力。政治家、教师往往需要这种能力。

第八种是内省智力，这是理解我们自身的能力。咨询师、秘书比较需要这种能力。

第九种是存在智力，这是处理关于存在的抽象问题的能力，比如哲学家思考"人是什么""何以为人"等有关人类存在的问题就很需要这种能力。

请想一想，你是否同时具备几种智力？也许你并不认同，其实每个人都拥有着几种智力，只是有高有低、或多或少而已。对于每一种智力，你是否能列举2～3个代表人物？反思一下自己，你最突出的是哪一种智力呢？

智力是预测学生学业表现的核心因素。往往，聪明的学生学习相对更好。但是，除了智力，还有很多其他因素影响学业的表现，如抗压能力、勤苦程度、学习习惯等。

在我们身边，总有那么一些人聪明过人，甚至到令人嫉妒的程度。其实，大可不必羡慕别人的才华，更没有必要嫉贤妒能。"天生我材必有用"，每个人的存在自有其优势所在。找到自己相对突出的智力类型，发挥所长，自然能增加我们成功的概率。

3.2 如何提升智慧

2002年2月23日,国内某顶尖学府机电系大四学生刘某用硫酸将北京动物园的五只熊烧伤,其中一头黑熊双目失明。"高材生为何会犯如此低级的错误?""从书上看到熊的嗅觉特别灵敏,……想试验一下熊对硫酸有什么反应,但没想到后果这么严重……很后悔,没想到事情闹得这么大。"刘某父母离异,从小跟妈妈生活在一起,对生活中的事知之甚少,甚至不知道父亲的名字,不知道母亲在哪个单位。

能考上国内顶尖学府,刘某一定智商超群,难道他想不到硫酸会对熊造成的伤害吗?难道他想不到,如果自己被硫酸泼洒导致失明,一生会怎么度过吗?也许在考试中,他能很准确地回答出有关硫酸的问题。但在生活中,他没有把这些有关硫酸的知识,与它可能对生命造成的伤害联系在一起。很显然,刘某智商很高,但智商以外的基本素养却没有发展好。

可见,高智商不代表高智慧。甚至在生活中,有很多"聪明而愚蠢的人",这看起来很矛盾,却形象地描述了一群能解决书本问题但缺乏生活智慧的人。

智力就是人的认知活动水平,而人的认知活动方式很大程度上影响了人的健康和发展。其核心影响主要通过影响个人的自我觉察水平和思维方式实现。

自我觉察是对自身状态和状态变化的感知和判断。有自我觉察能力的人,相对更明白、更通透。自我觉察也是心理健康与发展的基础,它为人的心理调节机制提供信息和变化信号。试想如果我们对自身的身心状态全然不知,又谈何调整呢?

1. 调整非理性信念

心理学家阿尔伯特·艾利斯提出了情绪 ABC 理论,他认为是人的信念(belief)影响了人的情绪(consequence),而不是事件本身(activating event)。比如,同样是面对走路这件事,有人觉得既可以锻炼身体又可以欣赏风景,但有人觉得走路很累。由于心里的想法和信念有差异,不同的人面对走路这同一件事的情绪也不一样。艾利斯总结了三种典型的非理性信念。

绝对化。凡事过犹不及。绝对化的状态本身就不是常态。根据统计学知识,万事万物大多遵循正态分布的规律。极端的好和极端的坏,都是小概率事件。人的心理状态本身也是一种过渡形态,少有绝对的健康和绝对的不健康。人的心理状态也是发展变化的,它不是"非黑即白"的过程,而是"黑"和"白"之间的混合过渡状态。

过分概括。这是一种以偏概全的认知偏差,类似于盲人摸象。过分概括甚至会导致不自觉的人身攻击。比如孩子某一次考试考得不理想,家长情急之下可能会说:"你怎么这么笨呢?"很显然,仅仅凭一次试考不理想,就概括说这个孩子很笨,是很不理性的。

糟糕至极。这是一种非常消极的认知偏差,总是把事情想得很糟糕,总是把自己的负面情绪无限放大。我们总会遇到一些困难和挫折,如果经常把遇到困难和挫折的后果总结为"完了完了,我这辈子没有希望了",那我们的精神世界是灰暗的,心理状态是糟糕的。这种灾难化的思想,也常常出现在抑郁症患者身上。

非理性信念的核心特征是缺乏客观辩证的思维方式和实事求是的现实精神。盲目、偏激、固执、绝对化、灾难化的认知方式,不仅影响我们的学习工作效果,还会极大降低我们的满意度和幸福感,甚至危害我们的健康。

负面的认知方式和思维方式是思想的"肿瘤",是心理健康的内在杀手。而开放、创造、客观、积极的认知方式,就如同健康的生活方式之于身体健康,对心理健康发挥着深刻而持久的塑造作用。

2. 激发心理活力

保持好奇心与探索精神。好奇是人类的天性,探索是拓展自己精神世界和活动疆域的手段。好奇心帮助我们用动态发展的眼光看事物,发现事物发展的生命力和动力。探索精神让我们保持心态的开放,保留对各种可能性的开放态度。生命是一场通向未知的旅行,有好奇心和不断探索的精神,会让我们看到更多美丽的风景。

发挥想象力与创造性。好奇和探索往往基于当下,而想象与创造却超越了当下,指向未来。想象是对过去的心理表象的重组和再造。想象可以让我们触摸到还没有发生的事、可能发生的事和我们向往的事。基于美好想象的创造是呈现自己生命潜力的过程,也是书写自己生命故事的过程。

整合记忆与回归真实。记忆是我们对过去经历的储存和提取的认知活动。我们的经历是真实发生的,是客观存在的。但我们对于这些经历的记忆却可能是主观的、模糊的、不断建构变化的,甚至是虚幻和不真实的。最真实的记忆就是把每天发生的事不偏不倚、不带个人主观色彩地记录下来。

积极运用语言建构认知。语言是心灵的操作系统,语言也是教化和驯化人类的手段。我们通过语言表征和表述自己的行动和心理状态,表征和认知世界,也通过语言在自我与他者之间建立互通的桥梁。我们通过语言描述和表征自己时,语言本身也在不断地塑造和建构我们自己。学习什么样的语言、运用什么样的语言在一定程度上决定了我们的存在和本质。

3.3 情商是什么

情商是什么？八面玲珑、老练圆滑、精于世故算不算情商高？古有韩信受胯下之辱而隐忍不发，终成一代名将；刘备在赵云于乱军包围之中救出阿斗后假装要摔死阿斗，以显示对赵云的器重，俘获了赵云一生的忠心。韩信和刘备，又算不算情商高绝之人呢？

《中庸》有云："喜怒哀乐之未发，谓之中，发而皆中节，谓之和；中也者，天下之大本也；和也者，天下之达道也。致中和，天地位焉，万物育焉。"

林语堂先生把这句话翻译如下：

"喜怒哀乐的情感还没有发动之时，心是平静而无所偏倚的，这叫做'中'；如果情感发出来都合乎节度，没有过于不及，叫做'和'；中，是天下万事万物的大本；和，是天下共行的大道。人如能把中和的道理推而及之，那么，天地一切都各得其所，万物也各遂其生了。"

亚里士多德也曾在《伦理学》中说："任何人都会生气——这很简单。但是选择正确的对象，以正确的程度，在正确的时间，处于正确的目的，通过正确的方式生气——这却不简单。"这种"合乎节度"的情绪表达方式，是个人良好修养的重要体现，也是俗称情商高的重要表现。

在日常生活中，很多人把情商高理解为善于笼络他人。诚然，情商高的人，有可能快速掌握和熟练运用笼络他人的方法和手段，但笼络他人不属于情商的范畴。

1. 情商的基本要素

丹尼尔·戈尔曼认为情商的基本要素包括五个方面：认识自己、情绪调适、自我激励、同理心和人际关系。

认识自己。这是情绪智力的基石，也是智力活动指向自己的具体运用，是个体对自身内在心理状态持续的觉察和关注，尤其是对自身情绪状态的发生和变化保持持续的觉知。戈尔曼认为，自我观察发挥到极致，可以让个体冷静地意识到自身激烈狂暴的情感。这是《中庸》中和亚里士多德所描述的"有节度地表达情绪"的前提。自我认识和自我觉察，有助于防止我们迷失于情绪之中和避免被情绪淹没甚至吞噬。

情绪调适。人的情绪丰富多彩，有可能如狂风暴雨，也可能风平浪静。没有波澜、没有激情的人生，索然无味。但狂暴变换的情绪，会吞噬我们，让我们迷失自己。情商高的人，会调适情绪，用"发而皆中节"的方式表达情绪。如果把情绪比喻为弓和弦,狂暴的情绪如同满弓不可持久,弦易断,弓易折。而平淡的情绪则犹如不开弓的状态,无指向,无能量,可休养生息,但弱而无力。

自我激励。面对挫折、困境和失败,如何处理因此而产生的情绪,如何排除这些情绪对后续行动的负面影响,如何将这些情绪转化为内在动力,是一项修炼终身的任务。孟子说:"天将降大任于斯人也,必先苦其心志,劳其筋骨,饿其体肤,空乏其身,行拂乱其所为。"人在有所成就之前,往往要经历心意的烦乱,身体的劳累、饥饿,精神的空虚和行为的混乱。

同理心。即设身处地、将心比心地感受他人情绪的能力。没有同理心,会极大影响我们的生活和人际互动,甚至很多深层次的冲突和犯罪也与缺乏同理心有关。罪犯感受不到自己的犯罪行为给他人带来的痛苦,也体会不到、理解不了别人的幸福和喜悦。孟子说人皆有"恻隐之心",这是"仁"的起源。古人云"己所不欲,勿施于人",就是要理解别人的情绪、需要和动机,并依此调节自身的行为,以达到更好的互动效果。

人际互动。马克思认为,人的本质"在其现实性上,是一切社会关系的总和"。人天生就是人际关系中发展和成长起来的。从母婴依恋到与儿时的同伴、青春期的朋友、人生的伴侣交往,再到生儿育女、赡养父母,无不显示人在关系中呈现和成为自己。

2. 情绪如何影响健康和发展

情绪如何影响我们的健康成长呢?来自于亲密的敌人。在我们的成长过程中,最严重最深刻的伤害往往来自家庭,来自于我们的亲人。一个跟我们的关系并不亲密的人,往往也没有机会在感情上和思想上伤害我们。人身、财产上的伤害,如遭遇抢劫,有非常大的偶然性,可以算是意外。家庭和亲人给我们带来的影响是持续的,父母过度的焦虑、尖锐的批评、蔑视,无节制的打骂甚至虐待,都可能给我们在心理上带来巨大的伤害。这种无节制的负面情绪的传递会极大地破坏亲人之间的关系,影响到下一代的身心健康和发展。为什么会出现这种情况?亲人之间,不应该是相亲相爱的吗?有谁会故意伤害家人吗?在冷静理智的情况下,我们都希望家庭能和睦、幸福,为什么很多人做不到呢?很多人意识不到自己为什么会生气,为什么会愤怒,或者为什么会有强烈的防卫性和攻击性。其实,在无节制地表达强烈的负面情绪时,我们自身也会受到伤害。

人体的免疫系统像人脑一样具有学习能力(Robert·Ader)。焦虑反复发作表明应激水平高,会削弱免疫功能,引发多种疾病。长期处于焦虑和压力状态的人,有相当一部分会受到肠胃问题的困扰。心理学家曾用老鼠做实验,把它们放在可以通电的地板上,随机、不定时地对老鼠实施电击。可以想象,这种不规律、无法预测的痛苦,带给老鼠极大的焦虑。不少老鼠逐渐衰竭而死,解剖发现,相当一部分老鼠患了胃溃疡和胃穿孔。敌对情绪强的人过早死亡的概率会提升7倍,压制愤怒会使血压升高。一项横跨20年、涉及人数超过37000人的研究表明,社会孤立,即感到没有人可以分享自己的私密感受或进行亲密接触,会使个体患病或死亡的可能性增加一倍。

把烦恼的想法说出来,有助于减轻压力,增进健康。如果有烦恼而无法表达,有心事但无人倾诉,将会对我们的心理健康造成很大的影响。倾诉和表达烦恼,本身就具有识别情绪、捕捉情绪和调节情绪的功能。如果我们把焦虑、烦恼等负面情绪想象成一只会攻击我们的小怪兽,如果我们看不见它、不了解它,但又时不时受到它的攻击和伤害,我们遭遇的痛苦大于伤害本身。如果我们看得见负面情绪这只"小怪兽",我们了解它,也知道它从哪里来、为什么来,知道它会对我们做什么,我们才有机会运用我们的智慧和创造力应对它、捕捉它、俘获它,甚至驯化它,乃至把它转化为对我们有帮助的积极力量。说出烦恼的过程,本身也是认识烦恼、确认烦恼、捕捉烦恼和驯化烦恼的过程。而且,与同伴倾诉我们的烦恼,会增强我们和同伴的联系,让彼此感觉到被需要、被信任,这也促进了人际关系的发展。

良好的人际关系是缓解压力的关键,与你朝夕相处的人对你的健康至关重要。这段人际关系对你越重要,它对你健康的影响就越大。甚至,健康的人际关系,对我们的寿命也有积极影响。而不良的人际关系,会给我们带来伤害。当你有压力时,你会想到与谁倾诉?当你无法承担时,你会向谁求助?当你孤独无助时,你希望得到谁的陪伴?当你开心快乐时,你希望与谁分享?最自然形成的良好人际关系是亲子关系,为人父母者,都希望能与孩子分享自己的快乐。但父母往往不愿意孩子承受自己遭遇的压力和痛苦,只想把最美事物都给孩子。爱人是心理体验上更深刻、更复杂的人际关系,我们希望彼此分担痛苦、相互分享快乐,遇到困难时相互扶持,获得进步时彼此祝贺。

3.4 如何提高情商

清华大学吴库维教授认为:

智商高、情商也高的人,春风得意。智商不高、情商高的人,贵人相助。智商高、情商不高的人,怀才不遇。智商不高、情商也不高的人,一事无成。

如何提高情商呢?

1. 如何提高自我认识能力

记录行动日志。研究表明,每天写日记有助于心理健康。日志是对个人每天行动的基本记录,可以帮助我们把每天行动的过程、要素、结果、情绪体验等记录下来,把遇到的问题和行动的成效记录下来,本身具有整体、总结、反思的价值。回顾个人日志,可以帮助我们把琐碎的生活与个人理想整合起来,把碎片化的活动与系统性的行动整合起来,把行为层面的混沌与思想层面的自觉整合起来,从而达到提升自我认识能力的目的。

自我反思。曾子曰:"吾日三省吾身,与人谋而不忠乎,与朋友交而不信乎,传不习乎?"我有没有尽忠职守、信守承诺、知行合一? 我每天的行动是什么,目标是什么,情绪体验和感受是什么,我的情绪对我有什么影响? 反思这些问题,就是把自己作为观察和思考的对象,在现状与目标之间寻找差距,在过程与结果之间促进成效,在自我与他人之间增强联系,在情绪与理智之间协调平衡。

情绪描述。情绪是一种主观感受,它可能热烈、感性、细微、冲动、混沌、模糊,但它也能带来动力、幸福和团结。作为产生情绪的主体,我们有时候并不觉察它、了解它、掌握它,而只是模糊甚至隐约地感受它的存在。你是否能每天描述出自己的 10 种情绪感受,是否能每天描述周围人的 10 种情绪感受? 我们情绪词汇的丰富程度,决定了我们描述情绪的细微程度和精准程度,而情绪觉察的细微性和精准性,决定了我们与人互动的适应性和有效性。

2. 如何提高情绪调适能力

积极重构。你有没有足够的资源储备让自己变得开心快乐? 比如,你是否掌握 20 种让自己开心快乐的方法? 见到喜欢的人,抽到幸运大奖,做了一个美梦,这些可能会让你开心快乐一阵子,但这些效果不持久,也不受你控制。你无法决定自己什么时候中奖,也无法决定自己喜欢的人总能给你带来快乐,也许他喜欢的人不是你,也许有一天他会离你而去。唯有你自己掌握受自己控制、可以重复完成的方法,你才真正掌握了快乐的钥匙。

运动宣泄。你是否养成一两项稳定的运动爱好? 运动在哪些方面给了你积极影响? 生命在于运动,你的生命力是否因为自己的运动爱好而有所增强? 压抑无助时,运动可以让你增强能量,为你赋能;焦虑不安时,运动可以让你放松下来;烦躁愤怒时,运动可以让你宣泄情绪。

情绪放松。你是如何应对压力的? 如何让自己放松下来? 你常用的放松方式是什么? 看电影、看书、听音乐、休息、跟朋友聊天,都可以达到放松的效果。但当情绪紧张超过一定限度时,这些常用方法的效果就不明显了。这时,可以试试肌肉放松法和呼吸调节法。肌肉放松法的基本操作是:深吸一口气,然后用尽全力绷紧全身肌肉,均匀呼气的同时慢慢放松全身肌肉,如此反复几次。肌肉放松法操作简单,对身心状态的调节效果比较直接而有效。肌肉放松法的原理与运动宣泄法很类似,都是通过肌肉紧张与放松的变化调节身体状态,进而改善情绪状态。呼吸调节法是缓解情绪紧张最常用、也最基础的方法。深吸气,让空气充满肺部,身体会自然紧绷,均匀缓慢地吐气,身体自然放松。一呼一吸之间,肌肉一张一弛,所以,深呼吸本身可以促进身体的紧张和松弛之间的平衡。深呼吸还有两大好处,一是提高血氧水平,以利于促进大脑活动水平的提高;二是调节心跳,让心跳恢复正常水平,从而达到放松情绪的效果。深呼吸的时候,不妨闭上眼睛,放松全身,缓慢均匀地吸气、吐气,再想象一些令自己开心快乐的场景或经历,让自己身体的疲劳得到自然缓解,让压力自然释放,让情绪自然舒张,让意识自由流动,进而达到轻松平和的状态。

3. 如何提高自我激励能力

目标定位。遇到困难和挫折时,通常我们会有什么样的情绪体验?这种情绪对我们有何影响?难过、后悔、遗憾是否有助于我们克服困难和解决问题?你是否在面对困难时经常想放弃?你是否过于执着而让自己反复受挫?你如何在"坚持就是胜利"和"退一步海阔天空"之间达成平衡?如何处理自己面对巨大困难时的回避和害怕情绪?面对这些,目标是一个很好的激励因素和判断标准。艾默生说:"当一个人目标清楚的时候,全世界都会为他让路。"虽然有些夸张,但也不无道理。目标明确、意志坚定,确实是我们实现人生理想的积极因素。如果目标清楚,对现状、条件、资源和自我有清晰的认识,我们就能预见实现目标的路径和遇到的困难,对于因此而产生的困难和挫折导致我们的情绪波动有心理准备。在这种情况下,当困难和挫折真正来临时,我们就不会惊慌失措,更不会盲目逃避。目标,还能为我们提供行动的动力和调节行动的判断标准。如果目标对于我们很重要,那么不管遇到多大的困难,我们也不会轻易放弃,总要想尽办法克服困难、解决问题,韧性也因此而产生。如果目标对我们来说无关紧要,而解决问题的成本又比较高,那我们也没必要执着地做一件辛苦却成效不大的事。

延迟满足。斯坦福大学心理学家米歇尔曾请一群儿童参与研究,在实验中给了他们一些棉花糖果并且告诉他们,如果他们能够忍住先不吃这些糖果,在叔叔阿姨(实验者)回来之后,会再奖励他们一些。然后,实验者离开,通过单向玻璃观察这些儿童在实验室中的表现。有的儿童立刻就把糖果吃掉了,有的儿童忍了一会儿最终放弃抵抗也把糖吃掉了,只有更少的儿童能够淡定地把糖果放在口袋里并跟其他的小朋友玩耍。实验者完成观察之后,进行了20年的跟踪研究。20年之后,这些儿童的表现各有不同,那些当年忍受住了诱惑的儿童成年之后,在社会适应、学业表现、人际关系方面都表现得更好。米歇尔根据棉花糖实验发展出延迟满足的概念,即为了实现更长远的目标而主动抵制眼前的诱惑、延迟满足需要的控制能力。也可以把延迟满足理解为一种用未来的回报抵制当下的诱惑并激励自己坚持下去的心理能力。你是否有过连续几天不吃东西的经历?你是否曾为了某个未来的目标忍受了眼前的诱惑？你倾向于活在当下、及时行乐，还是放眼未来而牺牲一部分当下的享受？延迟满足是一种为了未来更重要的目标，而主动抵制当下的享受的行为选择。如果我们的需求不能得到满足，我们会感到紧张、不安和缺失，这种感受会驱使我们采取行动。比如，你每天上午都准时吃早饭，而某一天因为某个特殊的原因你没吃到早饭，你会有强烈的饥饿感，这种感觉会不断提醒你寻找食物。推迟对即刻需求的满足，一方面是对自身的目标、行动、成本、收益的综合权衡和自我确认，另一方面也是对自我控制能力的主动挑战和主动磨炼。

愿景驱动。你的梦想是什么？你想成为什么样的人？你希望过什么样的生活，从事什么样的职业？你希望周围的人如何评价你？你希望你的一生给这个社会留下什么？我们对未来总有这样或那样的期待和想象，总有一些理想的画面或场景浮上心头，这就是愿景。愿景激励着我们去行动、去奋斗。

4. 如何提高同理心

角色扮演。人生如戏，你的人生剧本中都有哪些角色？你是其中的主角吗？哪些人对你的人生剧本产生过深远的影响？他们是如何影响你的？如果你是"他们"，你会用什么样的方式影响你的人生剧本？你是否是别人的人生剧本中的重要角色？又是如何影响他们的？跳出现实情境，以一个个角色的视角去看人际关系中的你，会让你对角色、期望、行动、情绪有更清晰的认识和理解。在心理或行动上，主动去扮演你周围人的角色，会帮助你理解他们的所思所想，理解他们的感受和期待。孔子曰："己所不欲，勿施于人。"这是一种心存理解、自我克制的态度，而求同存异、投其所好，更能达成共识、求得理解。

敏感训练。你是否能敏锐觉察到自己的情绪变化？你是否能准确感知别人的情绪变化？在一个团体中，你是否能准确判断团体整体的人际关系状况如何？谁与谁关系比较密切，谁与谁关系比较疏远？你是否主动与别人讨论过你对他的看法，同时请他反馈以便你修正自己的看法？你是否对自己的看法和可能的偏见有警觉性？这些反映着你对人、对事的敏感性，影响着我们人际互动的准确性。误会，往往是源于彼此的理解出现偏差，彼此可能并没有意识到存在误会的可能性，以至于误会越陷越深。首先，我们要意识到每个人的个性和价值观不同，因而每个人对事物的理解也会有所不同，个人理解带有主观性和个人色彩是很正常的事情。其次，我们要有求同存异的意识，暂时悬置个人理解，主动了解他人的想法和感受，也寻求他人对自己的看法和感受的反馈，进而彼此调整和修正自己的看法。在此过程中，敏感性也会逐渐提高。

同理沟通。看到衣衫褴褛的老人沿街乞讨，你是否心生怜悯？看到年幼的孩子因为新型冠状病毒肺炎疫情而被隔离在家孤独无助时，你是否于心不忍甚至心如刀割？看到孩子摔倒受伤，你是否心生恻隐之心，是否感到有责任去扶起这个孩子？父母渐渐老去，你是否能想老人之所想，急老人之所急？如果你的回答都是肯定的，说明你的同理心很强。同理心倾听，就是在与人沟通的过程中，设身处地、感同身受地听对方说，理解对方的想法，情绪上做到"同频共振"。可以试着简洁总结对方表达的意思，简单重复对方说过的话，跟对方确认自己理解的是不是对方想表达的，说出对方的情况，情绪上靠近对方的状态，这些都会让对方感觉到自己被理解、被接纳、被尊重，进而产生亲近感和信任感。

关于人际关系，在"自我与人际"一讲中我们将深入讨论，在此先不赘述。

总之，提升情商，就是通过行动日志法、自我反思法和情绪描述法提升自我认识能力；通过积极重构法、运动宣泄法、情绪放松法提升情绪调适能力；通过目标定位法、延迟满足法、愿景驱动法提升自我激励能力；通过角色扮演法、敏感训练法、同理沟通法提升同理心。

推荐阅读书目

1. （美）丹尼尔·戈尔曼.情商.中信出版社,2018.
2. （美）霍华德·加德纳.智能的结构.浙江人民出版社,2013.
3. （美）尼尔·布朗,斯图尔特·基利.学会提问.机械工业出版社,2019.
4. （美）罗伯特·斯腾伯格.成功智力.华东师范大学出版社,1999.

··· Chapter 4 ···
第 4 讲

应激与适应

你经历过压力最大的事情是什么？压力给你的身心造成了什么样的影响？你是如何应对压力的？应对压力、适应变化，是生活的常态，是心理健康的人都会面对的挑战，也是心理成长和发展的必经之路。

每到一个新的环境,每面临一个新的变化或挑战,我们都需要在内在或外在做出一些调整,以适应新的环境和变化。

比如说你刚进入大学,接触一个新事物,或者交一个新朋友,都需要做出一些改变。如果进入职场,如何应对工作的压力?如何适应不同领导的要求?如果你即将步入婚姻,你如何确定另一半是"对的人"?如果你要跳槽换工作,或者你正经历失恋,你如何应对生命中的这些变化?相比意料之中或计划之内的变化,那些意料之外的变化给你带来的挑战有何不同?

当工作生活遭遇变化,甚至灾难和悲剧,比如亲历汶川地震、新冠肺炎、重大车祸、亲人意外亡故等,我们会经历哪些身心变化?又如何适应这些变故呢?

这就是我们要讨论的问题——应激与适应。它跟智力、情绪变化有关系,跟意志品质也有关系。应激与适应主要对应情绪稳定和意志坚定这两个心理健康的标准。意志坚定是自主决定、排除困难、解决问题、实现目标的心理品质。良好的适应,促进情绪稳定和意志品质的形成。适应状况不佳,则可能加剧情绪波动、削弱意志品质。

4.1 应激是什么

应激(stress)是一种反应模式,当刺激事件打破了有机体的平衡和负载能力,或者超过了个体的能力范畴,就会表现为压力。应激是一种需要持续做出改变和调整以适应刺激事件的状态。应激是一种心理反应,而压力既是给个体带来刺激作用的外在客观事物,也可以指个体内在的一种感受和反应。不管我们是意气风发的学生,还是初入职场的年轻人,压力都是客观存在的,因为我们正进入没进入过的情境、正经历没经历过的事情。很多时候,压力和挑战对于我们同样也是机会,或是考取理想大学、或开启新的征程、或提升处事能力、或实现自身价值。

1. 变化与应激

当我们面临外在威胁时,比如突然遇到一只老虎或狮子,它对我们来说是潜在的危险,这时你作何决定?是冲过去战斗、逃跑,还是找一个地方躲起来?不管你采取哪一种方式,战斗、逃跑或躲起来,这都是一种心理和行为层面的应对反应。在应对行为的背后,需要做出心理上的调整和行为上的改变,也会伴随思想认识的变化和情绪的波动。这些变化和波动在心理上是一种消耗,会影响我们的健康。

当我们面临外界刺激时,我们到底应该做出什么样的反应?是画地为牢,还是主动适应?思想上,人们常给自己划定一个安全、舒适的区域,圈定自己的活动范围,甚至固步自封。在这个区域之外,对他们来说是不熟悉的、有挑战的,甚至是不安全的,为了规避风险,因而很多人会选择回避、无视的策略,原地踏步。

这种未知的风险,也许并不是实际存在的,它可能是我们头脑中的主观认识,甚至是自己想象和建构的。这种思想上的固步自封、退缩不前,是一种画地为牢的状态,它反映了应激状态对我们的思想和行为造成了冲击和改变。

同样是面对逆境,有些人的行为反应,给我们传递出一种挑战自我、勇攀高峰的精神信念。如果没有爬上悬崖峭壁,你永远不知道自己能不能征服它。如果站在山脚下,你永远无法真正体验身处巅峰的感受,也无法欣赏登高望远的风景。很多事情,我们经历过、尝试过、体验过,才知道它会发生什么。

安定平稳,从来都不是持续出现的,变化才是永恒不变的。不断调整自己,适应变化,才是应有的生活态度。如何让自己有勇气去挑战?这取决于你自己,你如果真的觉得挑战对你来说是有价值的,是有必要的,你的价值观会赋予你主动挑战的勇气。

回顾我们的成长经历,会发现人的一生会经历很多变化。每一次重大的人生经历,对我们来说都是挑战,都面临着适应。从母体分离后,我们要适应新的环境,学会自主呼吸,学会自己吸吮以获得营养。学走路、学奔跑、学说话,跟朋友玩游戏、与父母暂时分离、处理冲突,我们要不断改变自己以适应这些变化,这些变化也不断地塑造着我们。

进入青春期,强烈的自我决定意识,让我们与父母师长产生很多冲突,同伴关系有更强烈的需要,对异性和人生未来也充满了向往。

寻找亲密的伴侣,恋爱、结婚,寻找理想的职业,适应中年危机,适应老年退休生活,这些人生主旋律谁也回避不了。

当我们老去时体能衰退,身体机能老化,记忆力减退,思维能力退化,经济状况和社会地位也会下降。这一系列的变化,对于老年人是一个越来越严重的问题,他们需要不断适应。

人生的发展就是一个不断进入新环境、接受新角色、完成新任务的过程。在此过程中,我们的身体、心理、情感和精神也会经历一系列的冲击,发生或多或少的改变。很多孩子都认为自己是可以改变世界的那个人,而长大之后,他才逐渐接受自己是一个普通人的事实。

有人一开始一心扑在事业上,慢慢发现家庭也很重要;有人一生都在追求安全感,慢慢才发现安全感其实是自己给自己的;有人不想要孩子,想过丁克生活,慢慢会发现抚养孩子会给自己带来一种幸福完整的快乐;有人在年轻时想着要赚非常多的钱,慢慢会发现财富也不一定能给自己带来幸福快乐。不同的人生阶段,人们对于意义的认识也不一样。

以上这些变化往往是自然发生的,虽然对我们造成了一定影响甚至冲击,但是我们总归是有思想准备的。而有一些变化,是我们始料未及的,如地震、海啸、火山爆发、车祸、重病，这些事件的发生往往在我们意料之外，是突如其来的。人们从来没有真正准备好去应对这些灾难，当它们来临时，我们也只能走一步看一步，在艰难前行中摸索解决问题的办法，在不断适应和探索中坚持前进的希望。

生活突如其来的改变和打击，会夺走我们生命中很多珍贵的东西，甚至会让我们失去家人和朋友。但很多人不会因此沉沦，在逆境中磨炼了自己，结下了善缘。人类有适应挑战、向往美好的天性。

强烈应激状态往往伴随着一系列的躯体和心理反应。躯体层面上表现为交感神经系统的兴奋，包括瞳孔扩大、抑制唾液分泌、心率加快、支气管舒张、抑制胃蠕动和胃酸分泌、促进糖原转化为葡萄糖、刺激肾上腺素和去甲肾上腺素分泌、抑制膀胱收缩。这些变化是原始的、本能的，是千万年以来祖先的生存模式在我们身上的体现，那就是让我们做出战斗或逃跑的准备。

副交感神经系统的反应则与交感神经系统相反，具体包括瞳孔缩小、刺激唾液分泌、心率减慢、支气管收缩、刺激胃蠕动和胃酸分泌、刺激胆汁分泌、膀胱收缩。交感神经系统和副交感神经系统，就如同汽车的油门和刹车，交感神经系统类似于油门，它的作用是让我们兴奋起来，以应对可能发生的各种危险做战斗和逃跑的准备，而副交感神经系统类似于刹车，作用是让我们平静下来，让紧绷的神经得到放松，疲惫的身心得到休息，让混沌无序的状态归于平静。

交感神经系统和副交感神经系统平衡有序地交替工作，是我们保持身心健康、保持正常学习生活状态的基础。因而，对于压力和应激状态的调节，最基本的原则就是调节交感神经系统和副交感神经系统交替、协调、平衡地工作。

随着躯体的反应和对应激情境的认知判断，我们会产生一系列的情绪反应。包括紧张、焦虑、恐惧、害怕、无助、绝望、愤怒等等，这些情绪对我们本身是一种警示信号，也为我们的行动提供动力。

某种程度上，在应激反应中，躯体反应和情绪反应都是为我们的行动做准备的。躯体层面的生理变化，为我们的应激反应提供了物理准备，而情绪层面的各种体验，为我们的应激反应提供了行动方向。具体的行为反应包括战斗、逃跑、退缩、保守、进取、攻击等，其中战斗和逃跑是两种最基本的行为反应。

在应激反应中，生理反应、情绪反应和行为反应是一个整体，这三者同时发生、相互影响。虽然我们在理性层面上对它们进行了区分，但在实际发生的过程中，它们是相互交织的整体，无法分离，也不会独立发生。

2. 应激对健康有何影响

如果长时间处于紧张状态，我们就需要放松下来，需要休息和调整。如果一个人想用百米冲刺的速度跑马拉松，可能完成吗？应激是一种高度消耗的状态，对我们的身体有极高的要求，或者说它对我们的健康可能会是很大的威胁。

心理学家霍姆斯(Holmes)1967年完成了一项关于应激的经典研究,这项研究迄今仍是心身医学的基础理论之一。他列出了我们经历过的一些应激事件,比如说亲人亡故、结婚、离婚、父母离异、家庭成员重大伤病、意外怀孕、被解雇等,这些事件会给我们带来压力,需要我们在心理层面作出一些调整才能适应。研究中,他请被试为这些事件打分,评估需要作出调整的程度。

社会再适应评定量表

等级	生活事件	均分	等级	生活事件	均分
1	丧偶	100	23	子女离开家庭	29
2	离婚	73	24	官司缠身	29
3	分居	65	25	突出的个人成就	28
4	坐牢	63	26	妻子开始或停止工作	26
5	家庭成员去世	63	27	新生入学或毕业离校	26
6	个人受伤或患病	53	28	生活条件的改变	25
7	结婚	50	29	个人习惯的改变	24
8	失业	47	30	得罪了老板	23
9	夫妻破镜重圆	45	31	工作时间或条件的改变	20
10	退休	45	32	搬家	20
11	家庭成员健康状况的变化	44	33	转学	20
12	怀孕	40	34	消遣方式的改变	19
13	性功能障碍	39	35	宗教活动的变化	19
14	家庭又添新成员	39	36	社交活动的改变	18
15	改变买卖行当	39	37	抵押或贷款不足1万美元	17
16	经济状况的改变	38	38	睡眠习惯的改变	16
17	密友的去世	37	39	家庭聚会人数的变化	15
18	跳槽从事新的行当	36	40	饮食习惯的改变	15
19	与配偶争吵次数多改变	35	41	假期	13
20	抵押贷款超过1万美元	31	42	圣诞节	12
21	抵押权或贷款权被取消	30	43	轻微触犯法律	11
22	工作责任的改变	29			

资料来源:(美)罗杰·霍克.改变心理学的40项研究[M].人民邮电出版社,2003:239.

霍姆斯假设被解雇时我们需要作出的心理调整度是50分,并以此为参照标准,请被试评估面对其他事件时需要作出的心理调整程度,在0～100间评分。经过大样本的调查,他编制出了生活事件量表,罗列出了常见生活事件的应激指数。如下表所示,我们需要作出调整程度最大的事件是亲密家庭成员的死亡,其次是离婚。

结婚也会让很多人有应激反应,它的应激指数是58,一方面结婚会让人有精神压力,因为谁也不能确定婚姻会百分百幸福;另一方面婚姻意味着新生活的开始,彼此需要做出妥协和调整,也可能意味着更大的经济压力和责任。

这些应激指数对我们有什么影响呢?霍尔姆斯通过追踪研究发现,如果我们的应激指数累计在150~300之间,那么我们有50%的可能性在未来两年内出现严重的健康问题。这个研究很好地证明了心理状态对于身体健康的影响。后续的研究发现,压力往往通过损害免疫系统进而影响健康。不妨自己对照一下,看看上面所列的这些问题,你有没有经历过或正在经历,把你半年内所经历的所有应激事件的应激指数累加,有没有超过150?如果超过了150,那就意味着你有50%的可能未来会面临严重的健康问题。为了避免这种情况出现,你需要做点什么,才能保持自己的身体健康。

许多疾病与压力和人的心理有关,精神疾病本身在疾病总体中就占有很大的比重,约为17%~20%。另外,很多躯体类的疾病也与压力和心理因素密切相关,冠心病、心脏病、消化类疾病、癌症、慢性疼痛等都与应激反应直接相关。

压力或持续的应激状态还会直接导致一些心身疾病,包括一般适应症候群(GAS)、创伤后应激障碍(PTSD)和急性应激障碍(ASD)。

一般适应症候群(general adaptation syndrome,GAS)指持续的心理压力或应激反应,导致免疫力持续下降的状态。它包括三个阶段:报警阶段、抵抗阶段和疲惫阶段。报警阶段是指刺激激发了具体的生理、心理和行为反应,唤醒了身心反应为行动作准备。抵抗阶段是持续地投入身心资源以应对外界刺激的过程,如果应激状态持续时间足够长,或者刺激强度足够大,应激者的身心资源将被耗尽,从而进入疲惫期。在应激过程中肾上腺素急剧分泌,类似于百米冲刺的速度应对外界刺激。如果这种状态持续发生,肾上腺素的持续分泌会伤害巨噬细胞对癌细胞的杀伤能力,从而降低我们的免疫力,增加我们被感染的机率。慢性或持续的应激,会导致一般适应症候群,是身心失调的根本原因。我们经历的新型冠状病毒肺炎疫情,足以引发很多人的一般适应症候群反应。很多人在隔离期间长时间待在家里,活动受限,无法外出游玩,无法吃到想吃的美食,再加上各种不确定状况,不理想的工作、学习环境和学习效果,都会引发持续的焦虑和无力感。

创伤后应激障碍(post-traumatic stress disorder,PTSD)是指个体经历、目睹或遭遇一个或多个涉及自身或他人的实际死亡,或受到死亡的威胁,或严重的受伤,或躯体完整性受到威胁后,所导致的个体延迟出现和持续存在的一类精神障碍(沈渔邨)。创伤后应激障碍的具体表现包括创伤性重复体验、回避和麻木、警觉性增高。其中警觉性增高是最常见的反应,"一朝被蛇咬,十年怕井绳",描述的就是警惕性增强、恐怖回避的反应。而对个人造成伤害影响最大的,是重复体验性症状,指创伤的记忆、体验通过人的思维和梦境等方式,反复出现在患者的意识中,这种出现不受患者的控制,给患者带来极大的痛苦。导致创伤后应激障碍的原因有战争、重大自然灾害、意外事故、亲人亡故、暴力犯罪、严重的躯体疾病等。30 年之后,1976 年唐山大地震的幸存孤儿中,创伤后应激障碍的比例仍然高达 12%。

急性应激障碍(acute stress disorder,ASD)是由于突然到来且异乎寻常的强烈应激性的生活事件所引起的一种精神性障碍,一般病程持续几周,如果及时治疗,预后良好,精神状态可完全恢复正常(沈渔邨)。急性应激障碍的临床表现,最初表现为状态茫然,继而表现出手足无措、意识范围狭窄、注意缺失、丧失对外界刺激的反应能力等症状。紧接着可能会出现严重的退缩甚至木僵状态,或者出现激烈的行为反应,如逃跑或神游。它的诱发因素往往是超乎寻常、突如其来的重大刺激性生活事件,或严重的、难以承受的自然灾害或意外事故,如亲人突然死亡,被虐待、强奸等。

创伤后应激障碍和急性应激障碍属于精神疾病的范畴,精神科医生的诊断和药物治疗是必要的手段,心理干预和治疗也会有所帮助。社会生活层面上恢复安全、稳定、有秩序、有支持的状态,是创伤后应激障碍和急性应激障碍患者康复的核心条件。

4.2 如何应对应激和压力

健康心理学家发现 70%~80% 的疾病都与压力有关。如何应对压力,关系到我们的健康和发展,也关系到我们的事业和幸福。应对压力无外乎从两个方面入手:一是改变压力本身,如果能直接消除压力,这当然是一种直接有效的办法。但很多人采取回避的鸵鸟策略来应对压力,不自觉地以为"看不见压力,它就不存在",这种视而不见的态度,其实对于缓解压力没有任何帮助。二是改变我们自己,改变我们的生理状态、心理状态、精神状态,整合我们可以利用的资源,调整我们的应对策略,持续注意我们应激状态的变化,不断调整提高应对效果。

同时我们要认识到,压力不仅仅只有负面影响,它还有信号的价值和动力的价值。当我们感到有压力时,这是一种提醒,提醒我们要小心应对、更加完善地去行动,这有助于完成任务或应对挑战。

应对压力的具体方法有认知重构、行为矫正、日志写作、表达性艺术治疗、戏剧治疗、创造性问题解决、沟通技能、金钱与时间管理等。

认知重构。认知因素直接改变我们对于压力的感知和情绪反应,消极悲观的认知方式通常会放大压力,增加我们的焦虑感,而积极乐观、理性客观的认知方式,有助于我们准确感知压力和制订压力应对策略。《道德经》有"福兮祸之所倚,祸兮福之所伏"的观念,另外一部重要的道家思想典籍《淮南子》认为"塞翁失马,焉知非福？"。这都是典型的认知重构的智慧。认知是心理活动的基础，它改变我们对于压力的认知方式，也直接改变我们对于压力的应对方式。从挑战中看到机遇，从绝境中看到希望，这就是认知重构。

行为矫正。行为习惯直接影响我们应对压力的效果，比如拖延的习惯，会让压力状态变成持续应激的状态。而良好的时间感知和时间管理习惯，可以帮助我们提升压力应对的效果。心理学家西华德提出了压力应对的行为矫正五阶段模型，分别是觉察、渴望改变、认知重构、行为替代和评估五个阶段。首先是觉察，就是意识到你的某些行为方式，是不健康、不理想的，或者会直接影响你应对压力的效果。以体重管理为例，觉察到自身体重是否超标、对自身体重变化是否敏感，是有效控制体重的基础。如果我们意识到体重超标，也意识到体重增加对自身健康和行动带来的负面影响，那么我们就会萌发控制体重的愿望。改变体现在认知和行为两个方面，认知上我们不仅要改变过去对于体重不在意的态度，可能还要树立有关体重的健康意识、审美意识和社交意识；行为上我们可能会采取控制饮食、增加运动等行动。对于体重管理评估是最重要的环节，评估意味着我们对自身体重和认知的变化是敏感的，也意味着我们对于控制体重的行动是有总结反思和调整能力的。如果一个人能逐渐改变他/她不满意的行为，建立新的积极行为，那么他/她将迎来新的生命状态。

日志写作。我们讨论过日志写作对于提升情商的作用，它有助于丰富情绪词汇、提升自我觉察、释放情绪压力。日志写作对于应对压力，也以一种类似于提升情商的方式达到积极效果。记录每天所完成的任务、完成效果和情绪状态，有助于我们准确感知压力、及时总结反思压力应对效果和排解压力情绪。

表达性艺术治疗。艺术作为一种自我表达形式，是思想、情感和行为的外化，也是美感和创造性的呈现。比如，受虐待的儿童可能无处表达，也无法通过语言表达他/她的痛苦，但绘画或唱歌等艺术方式，可以帮助他/她宣泄情绪，整合自我。心理活动作为人脑的功能，理性和感性常常处于混沌交融的状态。在压力状态下，我们的思想和情感更是难以被精准地表述和精细地区分。艺术活动为我们提供了一条通往自我完整与和谐的途径。对于理性无法真正解决的那些压力和问题，艺术作为一种感性活动提供了补充和平衡。对于一般性的压力事件，艺术活动也有转移注意力、调整身心状态、宣泄情绪、激发创造性的作用。

幽默治疗（喜剧治疗）。积极情绪是我们身心活动的润滑剂，如果没有机油，机器就无法持久工作，如果没有积极情绪，心理活动就会遇到障碍。幽默感、喜剧作品等可以激发和创造人们的积极情绪，帮助人们调试和消解消极情绪。幽默感还能增强个人魅力，改善人际关系。心理神经免疫学研究发现，持续的笑可以帮助我们提升免疫力。喜剧作品虽然能够激发我们的积极情绪，但它毕竟是外在的，它所创造的情绪也是不够真实的。幽默感则截然不同，它是一种掌控自己的情绪、影响他人情绪并且创造幸福快乐的能力。幽默感能够在平凡中创造快乐，在尴尬中化解不安和窘迫,在陌生中创造凝聚与和谐,幽默感本身就是一种应对压力、调节压力的状态。

沟通技巧。沟通是无处不在的,人在清醒时间里,几乎有 3/4 的时间用于沟通。我们通过沟通来表达思想、传递情感、分配任务、传达信息,在此过程中表达不清楚、沟通不畅、误会对我们来说是一种压力。在面对压力时,良好的沟通可以帮助我们整合资源、协调矛盾、合理分工和达成共识,而不良的沟通则会让我们错失资源、激化矛盾、分工不明和增加分歧。因此良好的沟通能力是解决问题的关键,是人际关系的润滑剂,是化解压力的催化剂。

金钱与时间管理。金钱和时间是我们最重要的压力应对资源,合理的财务安排和时间安排可以帮助我们化解压力,而不合理的财务安排和时间安排则会增加我们的压力。管理好金钱资源和时间资源,把它们有效地安排和分配在重要的任务上,是化解压力的基本原则。如果无法管理时间,我们就什么都不能管理。如果无法管理压力,我们的健康就会面临威胁。

腹式呼吸。大家可以自己体验一下,换一个舒服的姿势坐下来,深吸一口气,憋住 3~4 秒钟,再均匀地吐气,如此反复保持 3~5 分钟。这可以帮助我们全身心地放松下来,还可以让我们脑部的血氧含量保持在一个比较高的水平,对于保持大脑的活动水平是有帮助的。深呼吸时的一张一弛,可以让我们的身心得到放松,这是一种简单而有效的调节方式。

心理意向。爱因斯坦说:"想象力比知识更重要。"面对逆境,用深度想象的愉快刺激代替威胁性刺激,可以帮助我们相对稳定地面对困境压力。当我们面对压力时,是想象我们无力应对呢?还是想象我们迎难而上、克服各种困难并成功完成任务?积极的心理意向帮助我们应对压力,而消极的心理意象会放大压力对我们的影响。

音乐治疗。经过专业挑选的特定音乐会对我们产生一定的疗愈作用。在非专业层面上,舒缓放松音乐也能帮助我们疏解情绪,引导我们建立积极意向,调节应激和状态。很多音乐爱好者对此都深有体会。

按摩、太极拳与瑜伽。持续的慢性压力会导致肌肉僵硬和疼痛,而按摩是直接缓解肌肉疼痛、躯体僵硬的有效办法。不仅如此,按摩还能保持人与人之间的接触与联系,同时肢体的接触也能激发安全感。太极拳是道家的养生方式,它强调人与自然和谐相处,强调人作为一个有机体的和谐平衡。瑜伽是一种通过拉伸提高机体柔韧性、通过冥想提升自我觉察和自我调整能力的养生方式。按摩、太极拳和瑜伽,通过躯体的放松和身心整合,从而达到提升压力应对能力和心理韧性的效果。

体育锻炼。体育锻炼可以促进内啡肽和多巴胺的分泌,平衡肌肉的紧张与放松、增强体质、提高抵抗力,促进交往、建立人际关系连接,进而达到应对压力的效果。

4.3 主动适应是什么

主动适应就是指个体运用自身的资源,在生理、行为、情绪和认知上主动调整,以减少未来需要调整的幅度或现在的不适感。

应激包含四个部分:应激源、资源、人、可能的反应。应激的过程就是运用资源,在生理、心理、情绪和行为上做出改变和调整,以应对应激挑战的过程。

导致应激反应出现的根本是应激源的存在。应激源本身的强度、频率、间隔、可预测性等特点,是决定应激源的应激作用的客观特征。

应激源和资源作为一种客观存在,往往要通过个体的主观评价影响到个体的应激反应。可用资源是影响我们应激反应的客观条件,包括金钱、医疗等物质资源,技能、应对风格等个人资源,也包括知识网络、专业帮助等社会资源。社会舆论怎么样?社会文化怎么样?有没有专业的机构、专业的人士和专门的网络对我们形成支持和帮助?社会福利是否完善?保险制度是否完善?这些外在的社会资源是我们制订主动适应策略的参考。如果我们生病了,生病本身可能会引发严重的应激反应,会不会因此倾家荡产?有没有保险承担一部分医疗费用?要不要主动去锻炼增强体质?要不要努力学习工作赚更多的钱?这些都是主动准备、主动适应的表现,目的是减少未来面临的经济风险、医疗风险和人身安全风险。

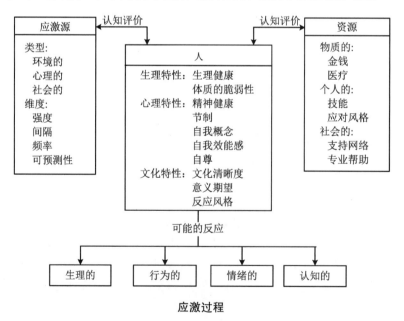

应激过程

个体的认知评价往往与他的身体健康、体质易感性等生理特征,以及精神健康、情绪稳定性、自我效能等心理特征,以及文化清晰度、意义期望、反应风格等有关。我是否够聪明?我的认知活动是否够灵活?我是否能够主动地做调整?我拥有哪些实际的技能?会不会开车?会不会作时间管理和规划?沟通的技能怎么样?我们面对挑战和压力的应对风格是什么样的?是主动型还是逃避型?

最终,应激反应通过人的生理、行为、情绪和认知表现出来。而主动适应同样通过对生理、行为、情绪和认知等因素的调节而起作用。主动适应实际上是一种未雨绸缪的表现。"凡事预则立,不预则废",如果我们没有事先在思想上对未来的困难和挑战所有预见,在行动上、能力上有所储备,并在资源上有所整合的话,当未来发生重大变化时,我们很可能极不适应甚至被淘汰。

未来已来,我们如何做出调整和改变才能适应?这是我们需要深入思考的问题。我们拥有的资源是否有效?是否能真正被我们所整合和运用?更极端的情况是,如果这些外在资源都不存在,或都无法被我们所用,那么我们唯一所能依靠的资源到底是什么?这时,最重要也最根本的资源,就只有我们自己了。

孟子认为人都有恻隐之心、是非之心、羞愧之心和辞让之心。如果我们看到一个孩子在悬崖边要掉下去,我们一定会伸手拉住他/她,不需要理性思考和评估,这是因为我们有恻隐之心。恻隐之心是仁爱的基础,也是整个社会仁义、信任的基础。

这是我们天生的资源,或者说是我们的天性。维克多·弗兰克尔和斯蒂芬·柯维认为人有四大天赋:自我意识、想象力、独立意志和良知。

因为有自我意识,我们能觉察到我是谁、我从哪里来、我要到哪里去;能觉察到我们在身体上、心理上、行为上产生了哪些压力反应;能意识到我们的价值观与当前压力任务是否协调。这有助于我们做出是否要改变的决定。

因为有想象力,我们可以通过想象去了解看不见的事物。对于整个广袤的宇宙,我们就是通过想象去理解的,这才有了地心说、日心说,再有宇宙大爆炸这样的理论。因为我们有想象力,我们能预见未来可能发生的变化并调整,甚至能预见危险和威胁。

良知是我们社会适应的根本。良知可能是孟子提出的恻隐之心、是非之心、羞愧之心和辞让之心,这是人最内在、最天性的部分。王阳明的"致良知"思想即源于孟子。良知是"不虑而知者",就是不需要理性思考而做出的道德判断,是维持社会稳定和人际关系的最高本体。在社会生活中,人与人的交往要遵循一些基本原则,比如说公正、诚信、善良、体谅、宽容、勤奋、担当。遵循这些基本规则,我们会收获道德上的价值感和崇高感,或人际关系上的信任、接纳和认可。如果违反这些基本的社会规则,我们会感觉到不安、羞耻和内疚。良知帮助我们做出正确选择,帮助我们与人为善、与人为伴。

当我们面临众多选择时,到底应该怎么选?自我选择的能力,让我们在面对逆境时做出正确决定。而独立意志在不同的个体层面,又表现得极具个性化,每个人都想独立做决定,但是每个人做决定的水平和他愿意承担的责任又都不相同。独立意志是人主动适应的基础。不管你愿不愿意主动去做决定,选择都时刻发生。有时,不做选择实际上相当于选择了放弃,或者选择了让环境为我们选择。

在我们与朋友相处、彼此适应对方生活方式的过程中,自我意识、想象力、良知和独立意志都在积极发挥作用。自我意识让我们意识到自己的价值观念与朋友的价值观念是不同的,让我们觉察到我们的感受是舒服的、还是不舒服的,要不要做出调整？想象力可以帮助我们设想各种可能的解决办法。预见以后的相处状况,是恶语相向、关系糟糕,还是大家遵守共同的约定、和睦相处？良知帮助我们做出对集体有利的决定,同时让我们的行为在法律和道德能接受的情况下发生。独立意志帮助我们做出理性而合适的决定,甚至当我们愤怒时,独立意志能够帮助我们控制自己并寻求合理的解决办法。

4.4　如何做主动适应的人

在史蒂芬·柯维看来,主动适应就是主动积极承担责任,是一种选择主动承担责任的能力。他认为,responsibility(责任)由"response"(反应)和"ability"(能力)两个词组成,就是指我们有选择反应的能力。

我们处于一个宏大悠远的历史背景和万物互联的全球化时代,有无数的信息、无数的事件在我们关注的范围之内,但只有一小部分事情是我们可以影响的,只有更少部分事情是我们可以直接改变的。我们可以直接影响或改变的事情,史蒂芬·柯维把它定义为"影响圈"。我们可以关注的,但没法直接影响或改变的事情,是我们的"关注圈"。

你希望你的影响圈越来越小,还是越来越大？毫无疑问,所有人都希望自己的影响圈越来越大,甚至有人希望自己能改变世界、改变一切。

1. 走出舒适区

具体对我们来说,哪些事情属于关注圈,哪些事情属于影响圈呢？有的人对花边新闻、娱乐八卦比较感兴趣,也很乐意做"吃瓜群众"。有的人积极主动地安排自己的学习生活,锻炼、交朋友、旅游、阅读,安排得井井有条。

待在那些我们熟悉的、不用努力去做改变的环境中,与我们熟悉的事物和熟悉的人接触,会让我们觉得舒适,这就是我们的心理舒适区。大家都知道"温水煮青蛙"的寓言,孟子也说"生于忧患,死于安乐",一个人如果太舒服,待在舒服的区域里太久,他/她的能力会退化,斗志会削弱,而影响力也会下降。如果总是关注那些我们熟悉却不能改变的事情，我们会慢慢失去对环境的影响、对工作生活的控制，这只会弱化我们的身心和谐状态。

当然，生活不需要我们每天都像勇士一样战斗。但为了我们自己，我们需要走出舒适区，不断拓展自己的生活。

消极被动的人把主要精力投注于关注圈，可能会盯住他人的弱点，盯住环境的问题，不懂得放弃，常常找借口，忽略那些可控的事情，其结果就是我们影响圈越来越小，能力也变得越来越弱。我们关注的事情很多，关注圈可能看起来很大，其实也很小，因为它不能创造价值。如果总是把精力投入在关注圈，只会让我们的影响力越来越小。但这并不是说关注圈越小越好，在某种程度上，关注圈决定我们的格局，影响圈决定我们的成就。

这是一个全球化的时代，是中华民族面临伟大复兴、走向世界的时代。我们都要有家国情怀、全球视野，这种心系家国、面向世界的情怀，展现了我们的胸怀和担当。正如习近平总书记所说："空谈误国，实干兴邦。"如果没有踏踏实实的行动，没有实事求是的改革创新，再远大的理想也只是停留在口头上。对一个国家来说，事业是干出来的。对我们个人来说，成长和发展、事业和成就是靠行动创造出来的。

区分清楚哪些事是我们想改变、能改变的，或者努力提升我们的聪明才智和创造性，为那些暂时不能改变的事情创造改变的条件。这个过程也是逐渐扩大自己影响圈的过程。扩大了自己影响圈的同时，我们会逐渐走入别人的关注圈，甚至逐渐有机会去影响别人的影响圈。

走出舒适区，我们会打开新的视野，增长新的技能，获得新的资源，结识新的伙伴，这也是不断拓展生命状态的过程。对于我们而言，要不要早起，怎么去锻炼，交什么朋友，怎么去旅游，读什么书，这些都是可以选择和控制的。通过这些，我们可以逐渐壮大自己。

2. 做积极主动的人

一是有愿景，知道自己真正要往哪里去，它会给我们提供力量和方向。正如尼采说："真正知道自己往哪里去的人，能承受任何痛苦。"愿景是想象力和创造力的作品，是人的天性对自我的自然期盼，对社会责任的自然回应。

二是主动选择和担当。不管你是否主动选择，都要承担相应的后果。哈佛大学心理学家爱伦·兰格在养老院做过这样一个行为实验：实验者告诉实验组1的老人，说他们有责任照顾自己、照顾周围的同伴；同时告诉实验组2的老人相反的信息，说他们不用担心，会在养老院得到很好的照顾。实验发现，实验组1的老人更加积极主动，适应性、健康和人际关系状况也更好，实验组2的老人主动性、适应性、健康和人际关系状况则明显不如实验组1的老人。

三是预见困难，主动调整和适应。老生常谈，"凡事预则立，不预则废"。如果你是大学生,有没有想过你在大学会遇到什么样的困难?未来你出国交流,又将遇到哪些困难?如果你是生在职场的年轻人,有没有想过如何适应管理严厉、情绪暴躁的领导?提前预见甚至提前想好应对之策,是让我们避免手足无措或尴尬窘迫的有效策略。

四是运用智慧,创造性解决问题。耶鲁大学心理学家斯坦伯格在《成功智力》一书里讲过这样一个故事:一个能力出众的人,却无法适应上司的领导风格,他很难受所以想离开,但他的资历又不足以让他找到一份比目前的岗位更满意的工作。深思熟虑之后,他给他的上司做了一份简历并投给了猎头。他的上司也很优秀,所以猎头公司成功帮他的上司推荐了一份更好的工作。上司离开后,他顺理成章地升职了。他运用智慧,重新定义了问题,找到了一个让两人都满意的解决办法。

五是求助与合作,建立伙伴关系。求助,是信任和友谊的邀请,也是真诚面对自己和问题的态度表达。合作是取长补短、相互支持。一个人也许走得很快,但不一定走得很远;一群人不一定走得很快,但有机会走得更远。在大学,不要一个人面对问题,你的辅导员、学长学姐、导师、室友等,都是可以求助的对象。在职场上,也同样需要我们在独立承担工作的前提下,主动合作,相互帮助。很多人用立 flag 的方式督促自己学习,如果有很多人适当监督、提醒你,这也是一种可行、有效的方式。

主动适应是一个未雨绸缪、积极应对的过程。走出自己的舒适区,意味着我们的生命处于不断更新的状态。而积极主动的生活态度和行动,意味着我们把握住生命的主动权,在我们可影响、可改变的环境中尽可能地创造属于自己的天地。

推荐阅读书目

1. (美)斯蒂芬.柯维.高效能人士的七个习惯.中国青年出版社,2018.
2. (日)岸见一郎,古贺史健.被讨厌的勇气.机械工业出版社,2020.

Chapter 5 第 5 讲

抑郁与焦虑

　　抑郁是因为想不开吗？焦虑是因为太着急吗？抑郁和焦虑是如何产生的，如果应对它们？

　　抑郁指向过去，与后悔、懊恼、低落、自责、无助、悲伤、痛苦等情绪状态有关。焦虑指向未来，与不安、紧张、恐惧、警惕等情绪状态有关。每个人都或多或少经历过类似抑郁或焦虑的情绪状态，如何应对抑郁和焦虑，是每个人的必修课。

据世界卫生组织统计发现，全球超3亿人正受到抑郁症的困扰。北京大学第六医院陆林院士的团队普查发现，中国大概有3.56%的人群受到抑郁症的困扰。在年轻人中，受抑郁症、焦虑症困扰的比例同样不容乐观。如何面对抑郁或焦虑？如何帮助我们身边的朋友、亲人摆脱抑郁或焦虑状态？

抑郁、焦虑跟情绪稳定这一项心理健康的标准密切相关，它们是情绪不稳定的两个极端。抑郁是情绪活力低的典型代表，代表着低落无力的状态；而焦虑是神经紧张性高的代表，代表着焦躁不安、精神紧绷，甚至是"不堪重负"的情绪状态。

从进化的角度看，抑郁和焦虑对于人类来说可能是一种最重要的提醒。当我们紧张焦虑或者抑郁痛苦时，这些情绪提醒我们要调整状态。情绪是有弹性的，当抑郁焦虑的水平越高，我们追求开心和轻松的动力就越强烈。

心存"乐极生悲、否极泰来"的观念，我们才不会因为抑郁和焦虑而绝望，保持对于自己情绪状态的觉察，才可能争取到"塞翁失马，焉知非福"的机会。

抑郁、焦虑与心理健康及发展的关系直接而明显，抑郁焦虑本身就是心理不健康的典型表现，严重阻碍我们的身心发展。问题是，如何面对抑郁与焦虑的挑战？如何从应对抑郁、焦虑的经历中总结经验提升和建构自己？

5.1 抑郁是什么

你是否曾经长时间情绪压抑？是否经历过莫名间悲从中来？你是否曾经怀疑生命的意义，觉得做什么都没有价值？你是否曾经消极无助，什么也不想做，或者想做但却无能为力？你是否曾经长时间食欲不振、睡眠不好、黑夜与白天颠倒？如果你对这些问题的回答是肯定的，那说明你的心理状态可能遇到了一些问题和挑战，需要寻求专业的判断和干预。

1. 抑郁的表现

抑郁症是一种疾病，任何人在任何阶段都有可能患上抑郁症，它有80%～90%以上的治愈率。要与抑郁症相区分的是双相障碍（bipolar disorder），双相障碍是一种严重抑郁与躁狂交替出现的病症。抑郁症患者会经历一次或多次的抑郁发作，期间不伴随躁狂发作。

抑郁症是最常见的心理疾病之一，就如同感冒一样，是一种"精神感冒"或"情绪感冒"。一些公认的强大的人也会受到抑郁症的困扰。丘吉尔、崔永元、张国荣这些家喻户晓的人物，都曾经饱受抑郁症的折磨。丘吉尔是二战期间的英国首相，甚至可以说是盟军领袖，他知名的"V"字手势，鼓励了无数的英国民众和盟军战士。丘吉尔虽曾受抑郁症的困扰,但他的内心强大,二战期间,肩负起带领着国家、民族驱逐外敌的使命,肩负起民族危亡的历史压力。崔永元曾是一档知名节目《实话实说》的主持人,也是一名优秀的演员,小品代表作《昨天今天明天》是春节联欢晚会的经典,他冒着生命危险曝光明星阴阳合同和偷税漏税的行为让人尊敬。即便是多才多艺、内心强大如崔永元,也曾饱受抑郁症的困扰。给观众带来过很多快乐和感动的张国荣,也曾是抑郁症患者。

21世纪,"抑郁症"变成了一个众所周知的词汇,但并不是所有人都真正了解抑郁症。甚至,很多人对抑郁症有着很深的误解。你不妨回忆一下,当周边有人被诊断患有抑郁症时,你是否有这样的一些反应:他/她怎么会得抑郁症呢?他/她怎么就想不开呢?他/她精神有问题吧?

如果你自己被抑郁症折磨,你是否会感觉到难以启齿?你是否不愿意让别人知道你被抑郁症折磨的事实?对抑郁症的病耻感和偏见,是阻碍我们就医和获得帮助的主要因素。

那么,我们就需要真正了解抑郁症是什么?它是如何产生的?遇到抑郁症我们怎么办?对我们自己来说,早预防、早发现、早治疗,是有效避免自己陷入抑郁困扰的关键要素。遵循医嘱展开药物治疗和心理治疗,是对抗抑郁症的关键。

如何尽早地发现抑郁症呢?虽然我们不是医生,但是我们可以关注抑郁症相关心理和行为表现,关注是否出现跟抑郁状态明显有关的症状。抑郁症的具体症状和表现如下:

情绪低落。情绪上悲伤,心情灰暗、绝望、烦躁、愤怒或敌意,或者经常哭泣或流泪,甚至是不明原因的哭泣或流泪。对于以前感兴趣的活动,没那么感兴趣了,甚至对所有的常规活动失去兴趣。

体重明显减少(没有食欲)或增加,饮食和睡眠习惯有重大的改变,甚至通过喝酒或者其他精神类药物来调节维持自己的状态。

睡眠。失眠或嗜睡,经常感觉到不安、很容易疲劳。

活动减少。行动明显变得迟缓或躁动不安。退出家人或者朋友的交际圈,导致社会支持和社会交往的层面缩小。

内疚感。无价值感,自责。无缘无故的内疚感,不明原因的疼痛。

注意力。不能专心思考,健忘。注意力不能集中,思维能力下降,记忆力下降,学习表现不佳。

自杀。反复出现死的想法,有自杀意念和企图。有自我伤害,比如割腕或烫伤、划伤自己等行为。

如果我们表现出这些症状,就需要特别去警惕,需要寻求医生或者专业人士的判断和帮助。

2. 抑郁是如何形成的

迄今为止,抑郁症仍然是世界医学的一个难题,还没有一个公认的理论可以解释抑郁症为什么会发生、如何发生以及如何治疗。抑郁症过于复杂,它既涉及人类所知不多的人脑这个奇妙的"黑匣子",又涉及复杂多变的人类社会生活,涉及人与人之间千丝万缕的相互联系与相互影响,还涉及奥妙精微的生物细胞和生物化学活动。

生物学派认为,抑郁是体内内分泌失调的结果。五羟色胺假说认为,由于神经递质五羟色胺分泌失调,分泌和传递发生了紊乱,从而导致大脑功能,尤其是情绪调节和情绪感知的部分功能也发生了紊乱,进而导致情绪功能、情绪状态发生病变,最后演变为情绪障碍。除此之外,去甲肾上腺素和脑源性神经营养因子(BCNF)的分泌失调也与抑郁症发病有关。目前,药物治疗大多是基于神经生物学原理开展的。

心理动力学派认为,无意识冲突和敌意情绪在抑郁的形成中起了关键的作用。精神分析学派认为,追求满足欲望的力比多受阻,则会引起愤怒,这是抑郁的根源。弗洛伊德认为,抑郁起源于愤怒,而愤怒是责备的根源。责备一开始指向他人,再后来指向自己。对于自己的持续责备,会让我们产生内疚感、无助感、无力感,进入情绪失落绝望的状态,从而导致抑郁。这是精神分析学派的一个理论假说,在实证的层面上有少量的证据可以证明这个观点,对帮助我们理解抑郁的产生有一定的积极作用。但抑郁的产生非常复杂,精神分析学派关于抑郁症产生的观点也还需要更多实证研究的支持和验证。

行为主义学派认为,经历丧失或得到不充分的正强化或惩罚,会导致抑郁、悲哀和退缩。行为心理学的开创者华生曾经做过一个臭名昭著的实验:他找来一个9个月大的婴儿艾尔伯特,并给他一个毛茸茸的玩具大白鼠,小艾尔伯特非常喜欢,会伸手去摸。当小艾尔伯特用手去摸玩具时,实验者就在旁边猛烈地敲击一只鼓,发出非常刺耳、吓人的声音。小艾尔伯特吓得大哭。之后再反复地给小艾伯特玩具鼠,并反复给他负面的刺激,导致最后小艾尔伯特形成了一个条件反射,只要一看到毛茸茸的玩具鼠就开始焦虑大哭,再后来条件反射泛化了,他只要看到白色的或者毛茸茸的东西,都会产生这些负面情绪。现在如果要重复这个很不人道的实验是不可能的,它不可能通过伦理审查委员会的审查。但在当时这个实验却的的确确发生了,它证明或者演示了巴甫洛夫的条件反射理论。华生用这个理论来解释我们心理和行为的很多变化,他证明了小艾尔伯特受到持续的刺激和惩罚之后,导致了情绪的抑郁、焦虑和行为的退缩。

认知学派心理学家塞利格曼相信抑郁病人处于一种习得性无助的状态,抑郁者觉得做什么都无济于事。塞利格曼实施过一个经典的实验:他将实验组的8只狗脖子分别拴上皮套子,并把它们关在一个可以通电的笼子里。在训练阶段,时不时给狗实施电击,但实验组的狗无法自己挣脱皮套子的束缚,只能无奈地继续忍受电击。而对照组的8只狗可以自己挣脱皮套子的束缚而逃离电击。20次训练之后,实验组的8只狗都接受了努力挣扎也无济于事的事实,放弃了逃跑。这时,实验人员解除了皮套子的束缚,观察实验组和对照组的狗在这种情况下会如何应对电击。赛里格曼发现,在实验阶段,8只实验组的狗只有1只在没有皮套子束缚的情况下主动逃离,而另外7只都无奈地接受了"无法逃离"这个习得性的观念,没有逃离。这种主动放弃、悲观无奈甚至绝望的状态,和抑郁症的状态很相似。认知学派认为,习得性无助的观念的养成,是抑郁状态产生的重要原因。

另外还有很多其他因素有助于我们理解抑郁,比如持续的压力、对于压力无力应对的状态、无价值感、焦虑感等。

互联网的影响也不容忽视。现今是一个信息超载的时代,这对于大脑加工外界信息来说,本身就是一种负担。另外,无情感、无意义、碎片化的信息,对大脑也是一种"冷却"和"割裂"。过多处理与我们的社交生活和情感生活关系不大的信息,被纷繁复杂又凌乱破碎的信息困扰,投入虚幻又少有真实情感交流的互联网关系中,都可能对我们造成某种伤害。

现代化的异化。科学化、高节奏的现代生活,割裂了人和人之间的自然联系。乡土气息的生活家园不见了,取而代之的是钢筋混凝土的高楼大厦。家族气息浓厚的四合院、邻里关系亲如一家的生活形态不见了,取而代之的是独门独户、森严铁门。现代人的生活动力大有不同,对于各类指标的追求,对数量化、技术化、工具化的迷恋,某种程度上也是对我们的束缚。我们思想和情感被"物化",更关注事物的本身,而对于人的情感、精神和价值追求,关注得越来越少。物质丰富了,心灵空虚了,这是时代的挑战,是比抑郁症更复杂的"空心状态"。

5.2 如何应对抑郁

抑郁症患者可能会产生病耻感,我们要正确认识到,羞耻感是对美好的自我期望的否认,也是一种正常反应,但更要认识到这种反应其实是不必要的,更不要因为有病耻感而耽误就医。

1. 应对抑郁症

及时就医治疗。小病自愈,大病就医,同样也适用于抑郁症。但绝大多数人都没有受过精神医学的专业训练,所以很难判断自己的抑郁状况是轻度、中度还是重度,很多人直到无法工作生活、社会功能严重受损后才去就医,往往错过最佳治疗时机。如果情绪低落、糟糕的状态持续两周以上,一定要到医院寻求专业人士的评估和判断,再综合决定应对方案。对于中度和重度抑郁症,一般需要药物治疗。抑郁症的药物治疗方案,对于患者来说是一个长期存在的难题。药物治疗有效率约为65%,这其中约45%左右的效果是安慰剂效应。很多人因此认为,药物的效果只有20%左右,好像没多大用,甚至正面效果还抵消不了副作用带来的伤害。那你有没有想过,如果不吃药,情况更糟糕、更严重怎么办?所以要有信心、有耐心,积极配合医生,不断调整药物方案,2~4周后会起效。

提高求助意识。精神科医生、心理治疗师、心理咨询师、社工、教师、亲友都是可以求助的对象。精神科医生帮助做专业的疾病诊断,决定药物治疗方案,提供复查评估意见。心理治疗师配合精神科医生,负责矫正偏离正常状态的心理和行为模式。心理咨询师协助患者增强内在力量,恢复社会功能。在恢复社会功能的过程中,社会工作者是非常重要的支撑力量。目前,国内社会工作行业还不成熟,医护社工的职业也还在逐步发展之中。沿海发达城市的社区一般都配置有社工机构,帮助一些有特殊需求的居民解决问题。如果是学生,那么老师的关心和支持很有必要。心理健康教师传授心理健康知识,教授防护和保健技能,对于帮助抑郁症患者自我成长和康复也很有价值。

亲友关心支持。亲友是帮助抑郁症患者最重要的力量,尤其在恢复和保持社会功能方面,亲友发挥着无可替代的作用。亲友无条件的爱,对遭遇抑郁症困扰的患者说"你可以随时找我",这对于抑郁症患者是莫大的安慰和支持,更是他们遭遇极端困境时一个非常重要的保护性因素。

提高自身能力是抑郁症患者的内在关键。这对抑郁症患者来说并不容易,就如同所有重要的成长和发展都不是轻易获得的一样,克服和治疗疾病过程中的各种挑战并获得成长和发展,需要持续的投入和努力。健康科学的饮食,积极向上的生活方式,避免药物滥用,是抑郁症患者改善自身状态的关键。饮食方面多吃蔬菜、水果,补充维生素,可以多吃香蕉,促进血清素的分泌和积极情绪的发生。运动是种非常积极有效的方式,不仅对抑郁有预防作用,而且也有治疗作用。

2. 如何预防抑郁?

第一,调整思维方式。心理学家阿尔伯特·艾利斯(Albert Ellis)发展了理性情绪疗法(rational-emotive therapy),对心理治疗领域产生了积极深远的影响。埃利斯认为情绪的产生是内在信念对于事件解释的结果。关键不在于事件本身,而在于内在信念对于事件的解释,如果解释是积极的,则会产生积极情绪,如果解释是消极的,则会产生消极情绪。也有人把埃利斯的理论称为情绪 ABC 理论,"A"是事件,"B"是信念,"C"是结果(情绪)。心理学家塞里格曼做了进一步的拓展,提出了情绪调节的 ABCDE 模式。"D"是自我辩论,"E"是结果。以我们最常见的类比为例,对于半杯水这一客观事实,有人把它解释为"只剩半杯水了",因而会产生焦虑情绪,有人把它解释为"还有半杯水",因而会产生积极情绪。对于情绪调节来说,事件如果已经发生,不能直接改变,那么改变内在的信念对于事件的解释可能是更合理的情绪调节策略。如果已经发生的事件还可以继续改变,而且必须改变,那么改变事件对于情绪调试也是必要的策略。埃利斯把导致我们焦虑情绪的不合理信念称为非理性信念。他认为非理性信念有三种类型:过分概括、糟糕至极和绝对化。认知行为疗法的开创者、心理治疗大师贝克认为,导致抑郁症产生的主要因素是灾难化思维和自动思维。

  灾难化思维是一种凡是都作消极理解、把一般性的负面状况作极端糟糕理解的思维倾向。有人面对小失败就认为完了,有人在恋爱中把对方偶尔的忽略认为是对方不爱自己了,还有人把工作上的暂时不顺心理解为自己是一个无能的人,这些负面解释无疑会让自己的情绪处于悲观、失落的状态。由灾难化思维导致的负面情绪,会极大地降低我们的理性思考和自我调整能力。所以比较好的自我调整策略就是凡事问三遍,除了眼前这个不太好的结果,还有什么我暂时没有看到的积极正面的意义?这件事对我来说意味着什么机会?我要做哪些事情才能把握住这个机会?比如,因为受到领导批评而感到糟糕至极的员工,该怎么自我调整呢?按照上述提出的三个问题,他首先要问自己领导批评的积极意义是什么?通常领导批评是因为这项工作重要,并希望下属把工作做得更好,所以才会提出指导意见或批评意见。对于下属来说,通过这件事他知道了这项工作的重要性,增长了经验、明确了工作重点,这就是积极意义。对于下属来说,领导批评意味着什么机会呢?意味着沟通、交流、澄清和再一次证明自己的机会,把握领导批评自己的机会,呈现自己的整个工作过程,领导可能会给予更多的指导。在此过程中还可以汇报自己对工作的理解,明确领导对于工作的要求,澄清领导对于该项工作任务完成质量的评判指标。这也是一个履行承诺、证明自己的机会,如果通过努力完成了工作任务,提升了工作能力,领导的看法自然会发生改变。接下来要思考的就是我要做什么才能把握这个机会并获得领导的肯定?答案无外乎是知错就改、兢兢业业、勤奋努力、刻苦钻研、不断创新等。

  自动思维是自动化的、僵化的思维方式,这种思维忽视事物发展的中间地带,忽视事物发展和转变的可能性,只看到极端好或者极端差的方面。尤其需要注意的是,这种思维往往是自动发生的,当事人往往觉察不到他的自动思维对自己的负面影响。我们经历过的教育,无形中"教导"我们要追求"卓越",但很多人把卓越简单化为"第一名"。甚至有些人认为只有第一名才算成功,第二名就算失败,这就是典型的绝对化思维,也是典型的自动思维。第一名只有一个,难道其他人都是失败者吗?显然不是。我们可能都经历过一时的失败或某方面的失败,但这并不妨碍我们成为一个总体上成功的人,更不会妨碍我们追求成功。与绝对化思维相对应的是辩证思维,即既看到事物消极否定的一面,也看到事物积极向上的一面,更要看到它们相互转化的可能性。辩证思维的价值在于把自动思维意识化、过程化,它帮助我们觉察悲观思维的消极影响,也帮助我们觉察过度乐观的消极影响,从而切断并矫正自动化、绝对化的思维倾向。在孤独中建立联系,绝望中寻找希望,这是非常有价值的心理调解技能,但难就难在很多人对自己的绝对化思维并不觉察。

关照和觉察自己的思维方式,避免陷入灾难化、自动化的思维模式,是预防抑郁很重要的自我修炼。

第二,积极运动预防。运动促进内啡肽(endorphin)分泌,它能够镇静大脑,缓解肌肉疼痛。运动者很少焦虑、抑郁或神经衰弱,且乐于与人交往。运动是一种有效提升个人健康素养的方式,它不仅可以强身健体,还可以宣泄情绪、缓解压力,放松肌肉进而放松心情,使人增强韧性、坚定目标,对于提升现实感、维持人际关系、获得社会支持也很有帮助。

运动促进去甲肾上腺素、多巴胺的分泌。研究人员研究了运动与抗抑郁药对缓解抑郁症的改善效果,结果发现实验组通过运动对抑郁的改善效果与舍曲林相同甚至更好,运动组半年内抑郁症状反弹率为30%,而服用舍曲林的对照组半年内状态反弹率为52%,两组抑郁症的复发率分别为3%和38%(James Blumental)。

运动对于服药无用的患者同样有效(Madhukar Trivedi)。这对于那35%无法通过药物改善抑郁症状的人群来说,无疑是一大福音。

为什么运动可以大大改善抑郁症患者的症状?研究表明,结合抗抑郁药可使脑源性神经营养因子(BDNF)水平提高至250%,电休克疗法和经颅磁刺激可使海马体BDNF提高至250%(Ronald Duman)。这说明,运动与经典的抗抑郁物理治疗手段有类似的效果,对改善脑的神经活性有非常积极的促进作用。

但同时,运动并不是对所有患者都适用。尤其对于重症患者来说,本身的行动力就非常弱,甚至起床都很困难,那么运动对他们来说无疑比登天还难。研究者还发现,参与运动与抑郁症研究的患者中,约1/2的被试会中途退出。还没有资料了解为什么这些患者会退出。推测原因可能有:一是患者症状比较严重,运动对他们来说本来就是非常困难的事情;二是可能运动对于某些类型的抑郁症患者本身效果不大。这是一个值得医学科研和临床工作者关注的研究课题。

以上研究显示,运动不仅能预防抑郁症,也能"治疗"抑郁症。对于普通人来说,预防的价值大于治疗的价值。可能有些人一生都不会受到抑郁症的困扰,但所有人都可以从运动中受益一生。每天30分钟中等强度以上的有氧运动,可以帮助我们保持精力、活力的同时,又能有效预防抑郁,何乐而不为呢?

第三,积极的生活方式。

旅行。旅行是一种生活态度,是对新事物的探索,是对自我的关怀,是与自然的亲近,也是对自我的挑战。旅游可以帮助我们缓解压力,认识新伙伴,感受新文化,也可以帮助我们休养生息,思考人生新方向。在与大自然的接触中,我们能感受自然的博大与力量,也能体会大自然的发展变化与生生不息。

艺术活动。艺术活动是对美的追求,艺术本身也是生命力的体现。艺术是感性的表达,是情绪的宣泄,可以让心中郁结的情绪得到抒发,让陷入低迷的理性渐渐恢复。艺术能传递意向和感受,以一种非言语又直指人心的方式让我们感受真、善、美的协调和平衡。如果你会跳拉丁、跳芭蕾、跳街舞,拉小提琴、弹古筝、弹吉他,或者表演、唱歌、讲笑话,不妨坚持下去,它们会让我们的生活变得更丰富多彩。

兴趣爱好。兴趣爱好可以包含外出旅行、艺术活动、养宠物、抚花弄草等。对于个人,兴趣爱好不为利益、成就而动摇,它是基于个人志趣并愿意长期坚持的活动,它能带来持久的充实感、满足感、自由感和愉悦感,它是精神的调味剂,也可以成为魅力的加速器。有人兴趣广泛,有人孤僻乏味,有人为兴趣爱好投入大量的精力,有人醉心工作。个人的兴趣爱好非常个性化,人与人之间在兴趣爱好上千差万别。不管这些如何变化,在提升个人生活情趣和存在感的层面,核心问题是永恒的,"假如有一天你的亲友离你而去,工作也'离你而去'了,你靠什么维持身心健康和生活意义?"一本书、一部电影,它们可以陪伴我们很久很久,直到永远,这就是兴趣爱好的价值。

养宠物。养宠物是一个相互关爱的过程,也是一项可以持续感受爱的活动。你养过宠物吗?它们有什么习性?喜欢什么食物?与宠物为伴,会让你感觉到持续被需要。有时候,你会自我怀疑,似乎全世界都不需要你,回到家中,你会真切地感受到家里的宠物实实在在地需要你。当你怀疑没有人爱你、关心你时,回到家,你也能真真切切地感受到宠物的"关心"。当然,人与宠物的感情,跟人与人之间的感情大不一样,人与宠物之间没有思想的交流、冲突和矛盾。养宠物本身就是一个让你有机会输出爱的过程,爱是一件很神奇的事,当你付出爱时,自身也会分泌内啡肽,你爱"别人"时也爱到了"自己"。所以,养宠物更像是一个爱自己、关心自己的选择。

养花养草。你有没有特别喜欢的花草?牡丹、玫瑰、兰花,它们的美丽和清香沁人心脾。你有没有尝试过持续投入到一段种植活动中,在这些活动中期待某一天能欣赏花的美丽,感受收获果实的快乐。在此过程中,你要掌握花草的特点和特性,了解土质、水分、温度、朝向等影响它们生长的因素,根据它们的发展规律给予适当的"照料",这个过程对于生命本身是一种启发。有精神科医生曾在医院做过一个小实验,让那些精神病人参与植物种植,结果发现这些病人比没有参与植物种植的病人康复得更好。

良好的社会支持。良好的人际关系,就如一剂良药,祛病强体,有益身心。抑郁症是一种极大损害社会功能、撕裂社会联系的疾病,积极稳定的社会支持对于预防抑郁症有非常明显的类似于免疫的预防效果。良好的社会支持是我们最重要的社会资源,也是积极的保护因素。当我们遭遇困难和挫折,情绪压抑低落时,社会支持可以为我们提供感情支持与帮助。同时,良好的社会支持意味着良好的社会关系,也意味着相对更积极的情绪状态,这对自身免疫力的提高是一个重要的积极因素,对于预防抑郁症也发挥着不可取代的重要作用。

5.3 焦虑是什么

你焦虑过吗？每个人都有过焦虑的体验,中考、高考前,我们对于不确定的考试结果和不确定的人生方向感到的紧张不安就是一种焦虑。有人对出现在公众面前表现自己感到焦虑,比如做公众演讲,甚至上公交车。

1. 焦虑的表现

焦虑(anxiety)是一种内心紧张不安、预感到似乎将要发生某种不利情况而又难于应付的不愉快情绪。你有没有经历过焦虑到手心出汗、全身紧绷甚至发抖？你有没有经历过计划了很久要对自己暗恋的人表白,但却在不知所措中错过了表白的机会？大多数人都不喜欢自己焦虑不安、张皇失措的样子,更不喜欢因此而影响了自己的能力表现,甚至影响了自己对机会的把握。

焦虑有如下一些明显的特征。也不妨想想,当你紧张焦虑时,你是否也有类似的反应,你是如何应对的？

害怕甚至恐惧、痛苦。这是一系列强烈的情绪反应,会给我们造成强烈的不适感,也正是这些激烈的情绪影响到了我们的思维水平和行为控制水平,进而影响到我们的活动。人们有强烈的想要摆脱焦虑折磨的动力,除了想消除情绪带来的内心冲突,也想消除焦虑对行为表现的负面影响。

指向未来。焦虑情绪总是指向未来的、尚未发生的事情,越是临近事情发生的时刻,焦虑程度可能越深。

没有明确刺激。一般的紧张焦虑情绪有明确的刺激源,而焦虑症则没有明确的刺激源。甚至焦虑症患者不清楚自己焦虑的具体对象是什么,但却陷入无尽的焦虑中,这对他们造成了很强烈的困扰。

躯体不适甚至神经功能紊乱。强烈的情绪往往伴随明显的躯体反应,焦虑是最容易引起身体反应的情绪之一。长期的焦虑对肠胃功能有很大的负面影响,可能导致胃溃疡和十二指肠溃疡等肠道疾病,甚至会导致神经功能紊乱,包括注意力不集中、思维和记忆力下降、语言表达能力受损等神经症状。

在美国精神障碍诊断分类标准(DSM-5)中,焦虑障碍是指以过分的、没有理由的担忧为主要症状的一类心理障碍。焦虑障碍有五种类型:广泛性焦虑症、惊恐障碍、恐怖症、强迫症、创伤后应激障碍。

广泛性焦虑就是一般性的焦虑,是人的焦虑状态或者焦虑个性,广泛性焦虑的人比一般人群更容易焦虑。另外广泛性焦虑没有特定的焦虑对象,所有要完成的事项或任务都有可能激发强烈的焦虑感。

惊恐障碍是一种突发而又强烈的焦虑状态。一瞬间,强大的焦虑感会袭遍全身,并伴随有强烈的躯体反应,心跳加快,呼吸急促,全身发抖,不能控制自己的身体和心理状态,甚至有强烈的濒死感。

恐怖症有广场恐怖、幽闭恐怖、社交恐怖等。广场恐怖是指出现在公共场合带来的巨大恐怖感,比如恐惧出现在广场、公交车或公开演讲的场合等,如果出现在这些情境中,会引发巨大的恐怖感和强烈的躯体反应。幽闭恐惧症是对于狭小的幽闭空间的恐惧。社交恐怖症是指对于人际接触和社会交往的恐惧。

强迫症是指由于某种担心而反复出现不受控制的心理或行为,理性层面又知道这些想法和行为是不必要的,但就是无法停下来。如反复地洗手、出门之后反复回家检查门锁是否锁好。

创伤后应激障碍是指个体受到创伤和刺激,当环境已经稳定和安全之后,仍然表现出对创伤和刺激强烈的不安和紧张。一方面这是一种自我保护的表现,做好随时应对可能出现的危险,另外一方面这也是一种不必要的心理反应和行为,持续处于应激状态中,对人的身体和心理都是极大的消耗。

2. 焦虑是怎么产生的

生物学派从进化的角度认为,特定的恐惧或焦虑增加了我们祖先生存的机会。这是一个非常乐观的观点,有深刻的哲学意味,也跟现实情况有很多契合之处。一定程度上,焦虑是增强力量的准备或表现,让我们随时处于激活的状态以应对可能发生的挑战。研究发现,神经递质 v-氨基丁酸(GABA)与焦虑有关;双生子研究发现焦虑障碍患者有一定的基因基础。

心理动力学派认为,焦虑障碍的症状源自潜在的精神冲突或恐惧,这些症状是试图保护个体不受心理伤害的表现。精神分析学派认为焦虑是潜意识冲突的结果,表现出焦虑情绪的过程,某种程度上是对内在潜意识冲突的释放和宣泄,具有积极的保护作用。

行为主义学派关注焦虑症状的强化和条件。一个人对他/她害怕的情境采取退缩行为,焦虑就降低,这样一来,恐怖就得以维持。行为学家华生关于小艾尔伯特的实验,最初引发的情绪反应是惊吓,继而引发的情绪是对惊吓的焦虑,当惊吓反复发生之后,则引发了小艾尔伯特的抑郁情绪。

认知学派认为,焦虑源于一个人估计危险的知觉过程或态度的歪曲,他们常把自己的痛苦解释为灾难即将来临的信号。

5.4 如何面对焦虑

运动缓解焦虑。运动让大脑知道焦虑是认知错误，进而增加情绪弹性。运动可能是缓解焦虑最直接、最有效的方式，随着躯体的运动，我们的身体会紧绷，肌肉紧张起来，脂肪燃烧的同时也释放能量，这个过程也是让心理的焦虑被缓解和被合理化的过程。人脑会理解为焦虑已得到正常的回应，甚至会把当下的焦虑感理解为只是躯体紧张的正常感受。按照费斯汀格的认知失调理论，当焦虑感被合理解释时，认知冲突会下降，因而焦虑感也会随之下降。运动促进内啡肽和多巴胺的分泌，两种神经内分泌不仅对于抑郁症有积极改善的效果，对于焦虑症也有相同的效果。另外在运动的过程中，我们的身体会经历紧张和放松的转化，通常情绪也会相应地经历紧张到放松的变化，这样变化的情绪会保持弹性和活动的状态，而不是持续僵持在焦虑状态中。

调整认知偏差。焦虑是一种对于未来的不确定结果的紧张、担忧和回避，也是对于自己无力掌控或者无力应对的局面的顾虑。三种类型的非理性信念——过分概括、糟糕至极、绝对化对焦虑的产生都有极大的催化作用。如果我们把一次考试结果看得过于重要，就可能引发我们的焦虑情绪。如果我们把未通过考试看成是个人的失败，这种糟糕至极的思维将放大我们的焦虑情绪。如果我们更进一步认为我这次考试失败就意味着再也没有机会，那么绝对化的思维将可能把我们的焦虑情绪推向极致。焦虑和自我否定必然影响我们在考试中的表现，如果考试真的失败了，那么面对未来的焦虑就会转化为面对过去的懊恼、低落和真实的自我否认，如果不能及时疏解和调解，甚至可能转化为抑郁。

面对可能的失败，我们又该如何进行自我辩论以调整自己的想法和情绪呢？寻找积极的反面案例是调节自己负面情绪的有效办法之一。对于考试失利，我们可以想想，有没有人曾经跟我一样考试失败，但是后来发展得很好、很有成就呢？答案显然是肯定的。哪怕一下子想不到反面的积极案例，那能不能运用理性思维进行自我调整呢？这一次的考试失败对我当下的影响有哪些？我怎么消除和减少这些影响？它对我长期发展的影响又有哪些？怎么做才可以消除它对于我未来发展的影响？还有哪些事我让发展得更好？我还拥有什么样的资源和机会？这些资源和机会的使用是否会因为我这一次考试失利而不能发挥积极作用？想清楚这些问题，我们自然会有新的领悟，并会做出新的改变。

积极想象和模仿。运动员的积极想象、演讲者在演讲前的心理预演，有助于缓解焦虑。在心理上进行"模拟训练"，有助于我们在焦虑情绪中保持学习和工作效率。很多人面对高考的压力焦虑不堪时，通过积极想象来缓解。他们想象高考之后,金榜题名、幸福快乐的场景,用深度想象的愉快刺激代替威胁性刺激,从而缓解了对高考的焦虑。尽管想象中的事物没有真实存在过,但它在大脑活动层面产生的效用,与真实事物所产生的效用有很多共同之处。想象一束美丽的鲜花,与这一束鲜花真实地摆在面前,给我们的审美体验在很大程度上是相同的。当我们通过想象,在头脑中模拟自己如何有效应对焦虑和压力,这本身也能丰富我们的"经验"。如果你害怕做公众演讲,就把演讲的内容写下来,反复地练习,对照着镜子自己练,一边练习一边纠正,当你越来越熟练时,你的焦虑程度也会越来越低。

放松训练与分散注意力。冥想、瑜伽,专注于具体的动作,通过渐进式肌肉放松和呼吸调节,也有助于缓解焦虑情绪。呼吸调节,即以舒服的姿势坐着,屏息3~4秒钟,再均匀地吐气,如此反复保持3~5分钟,可以帮助我们全身心地放松下来,还可以让我们脑部的血氧含量保持在比较高的水平,对于保持大脑的活动水平是有帮助的。深呼吸的一张一弛间,我们的身心得到放松。肌肉放松,双手握拳,深吸气,双手绷紧,再全身绷紧,然后双手放松,再全身慢慢地放松;再吸一口气,再绷紧,再放松,如此反复五六次,全身紧张的肌肉就会放松下来。呼吸放松法和肌肉放松法都是有效缓解焦虑的最直接的方法。它们的原理与运动缓解焦虑是类似的,都是通过紧张与放松之间的自然节律变化来达到放松的目的。

转移注意力是一种相对间接的方法,当我们所有的注意力都聚焦在让我们焦虑害怕的事物上,那么这种反复刺激只会进一步加深焦虑,而不是缓解焦虑。所以当焦虑来临时,有意识地安排一些其他的学习任务或工作任务,或者进行生活上的一些娱乐活动,这些都有助于我们把注意力从焦虑的事物上转移开。需要提醒的是,并不是所有转移注意力的事件都是积极正面的,比如用打游戏来转移注意力就需要考量它的负面作用,这可能会消耗我们大量的时间,甚至让我们网络成瘾、不能自拔。如果要转移注意力,最好是选择积极向上的方式,而不是借酒消愁、沉迷游戏等消极方式。

暴露疗法和系统脱敏。暴露疗法与系统脱敏是比较专业的心理治疗方法,对于焦虑症和恐怖症有很好的疗效。如果你受到焦虑症的困扰,又想通过暴露疗法和系统脱敏来改善自身的状况,那么专业的心理治疗师或者精神科医生的指导是必不可少的。如果我们只是想学习如何调节自己正常的焦虑情绪,那么暴露疗法和系统脱敏的原理及技巧对我们也有借鉴意义。暴露疗法的操作简单直接,也就是你焦虑什么、害怕什么,就直接暴露在它们的刺激之下。社交恐惧就去与人交往,害怕演讲就去练习演讲。当发现直接暴露在强烈的刺激之下,没有发生什么严重的后果时,慢慢地对于自己的焦虑或者恐怖情绪也就坦然了,这种坦然和从容本身可以降低和缓解焦虑恐怖情绪,进而提升掌控自己焦虑恐怖情绪的能力。系统脱敏法与暴露疗法有相通之处,它们都是让我们暴露在刺激之下,但是初始暴露的刺激强度和随着时间推进刺激程度变化的趋势有所不同。系统脱敏一开始只是让我们面对刺激强度不大的刺激物,当我们适应之后,再逐渐提升刺激物的刺激程度,进而逐渐提升我们对于焦虑或恐怖对象的适应水平。

预见和容忍焦虑。试试感受一下这两种想法:"表现不好领导会批评我"或"批评是有效的反馈",它们是如何影响我们的情绪的?遇见和容忍焦虑,是运用判断力和想象力进行自我调节的方法。比如当我们面临新任务、新工作时,一方面可能能力不够,不足以真正把工作做得很好。另一方面也可能由于不太了解新领导的期望和要求,不确定能不能让领导满意,也不确定如果完成得不好,领导会不会批评自己。对于领导的批评有紧张感、焦虑感是正常反应,但如果这种紧张、焦虑持续存在,影响了工作效率,就需要做出调整。如何调整呢?想象力和认知调节是内在的关键。首先要判断什么地方自己做得不大好,尽可能提高能力,整合资源,努力做好。其次要想清楚,对于领导可能提出的批评的应对策略或者心理调试策略。我们可以调整对于领导批评的信念,"领导的批评是一种有效的反馈,促使我以后把工作做得更好"。当我们把领导的批评看成是积极反馈时,就没有那么焦虑了。另外对于重要的任务,我们总会产生焦虑感,这也是正常的。要允许我们一定程度上容忍焦虑感,这也是我们有责任心、有上进心的表现。

推荐阅读书目

1. (美)约翰·瑞迪.运动改造大脑.浙江人民出版社,2013.
2. (美)塞利格曼.活出最乐观的自己.浙江教育出版社,2021.
3. (美)阿尔伯特·埃利斯.理性情绪.机械工业出版社,2014.
4. (美)阿尔伯特·埃利斯.控制焦虑.机械工业出版社,2014.
5. (美)欧文·亚隆.当尼采哭泣.机械工业出版社,2017.

Chapter 6
第6讲

拖延与效能

人为什么会拖延？如何避免拖延？为什么很多时候高效率并不能带来好结果？如何平衡产出与产能的关系？

某种程度上拖延是一种自我关爱和自我保护机制，但同时也是高效能的根本阻力。效能可直观理解为可持续的有效能力，是享受过程与追求结果之间的平衡，是自我照顾与努力奋斗之间的平衡。拖延损耗效能，而效能则消解拖延。

很多人说自己是"拖延癌晚期",这是无奈的自我嘲讽,也是在无助中寻找希望。我们都希望自己少拖延一点,时间利用效率更高一点,学习或工作和生活能够更加平衡一点。但往往事与愿违,很多人受到拖延的困扰,为此不得不熬夜,一再推延完成任务。拖延,不仅影响了学习和工作任务的完成,也影响了我们的自信心和身心健康。

拖延与心理健康是什么关系呢?我们要回到人类的心理结构以及自我建构与整合的层面上展开讨论。拖延和效能与情绪稳定和意志坚定两项心理健康的标准密切相关。严重的拖延会扰乱我们的情绪,让我们感到焦虑、不安、紧张、无奈甚至无助。长期的拖延也会削弱我们的意志力,对意志品质的形成产生消极影响。如果我们能够坦诚面对拖延,了解它发生发展的原因,并逐渐克服拖延习惯,这有助于提高对于执行任务的控制能力,进而提升工作效率和工作效能。这不仅有利于增强信心,还有助于明确方向和目标,增强克服困难的决心和勇气,形成坚定的意志品质。"拖延与效能"这个主题,与上一讲的主题"应激与适应"也有密切的关系,拖延和效能低下与适应不良或多或少有些关系,而良好的适应状况有助于我们改善拖延、提升效能。效能对心理健康的影响表现在两个方面:低效能会导致情绪不稳定和信心不足,而高效能则激发积极情绪、促进坚定意志品质的形成。

6.1 拖延是什么

拖延是什么?从根本上说,拖延并不是一个时间管理的问题,也不是一个道德问题,而是一个复杂的心理问题。拖延是一再推迟完成任务的心理倾向。

美籍华裔数学家陶哲轩,31岁时便拿到数学界的最高奖菲尔兹奖,是一位少年天才。而同为数学家的张益唐教授,50多岁才一举成名,在这之前他的生活和事业都不如意。张益唐博士毕业之后,由于与导师的矛盾,他没有拿到导师的推荐信,也没能在大学找到一份正式的教职。在推进解决孪生素数问题之前,他只是一位代课讲师。他是一个特别纯粹的人,一生的精力都投入在数学的学习和研究上。直到50多岁,张益唐解决了著名的孪生素数问题,才一举成名。可以说张益唐教授是大器晚成的代表。

相对于陶哲轩,张益唐拖延了吗?单纯从时间上看,张益唐的成就来得比较晚,是时间上的延迟。但从主观态度上看,他一直投身于数学的学习和研究,从来没有放弃过。从这个意义上说,他并没有拖延。

拖延与懒惰是什么关系?拖延是人性的表现吗?可以说休闲是人的天性,某种程度上,如果过于追求休闲娱乐,则往往被认为与懒有关,懒惰确实会导致拖延。但对于很多人,拖延可能是不得已而为之,或者是一种无奈的选择,谁也不想忍受持续拖延带来的焦虑感。

为什么会产生拖延现象呢?有几个方面的原因:

第一,时间感知偏差。如果我们留心观察会发现,常要面临赶任务期限的压力,往往是因为我们对于完成任务所需要的时间判断有问题,低估了完成任务所需要的时间。可能你认为完成某个任务需要1个小时,而实际上你花了2～3个小时才完成。时间感觉差,会对任务的完成会带来很多负面影响。我们无法精准估计完成任务所需要的时间,因而就很难制定科学合理的计划。在执行任务的过程中,由于时间感觉比较差,我们错过了灵活运用零碎时间的机会,对于完成任务的效率也不敏感,因而在执行过程中不断调整自己以提升效率的可能性就比较小。对于我们来说,当接到一项任务后,尽可能第一时间完成,是避免拖延的重要方法。

第二,害怕失败。有些人觉得对于眼前的任务没有把握完成,害怕任务失败之后,丧失信心,或者招来同伴、领导的批评。这种"不做就不错"的认识其实是严重错误的。害怕失败不仅是一种心理倾向,也是对自身能力的不准确评估和缺乏自信。同时害怕失败的人往往因为自身的焦虑和回避情绪,忽略了对当前任务的目标难度及相关资源的评估,这本身对于完成任务是不利的。虽然,"失败是成功之母"这句话已经是老生常谈了,但无法否认的是尝试错误和不断探索是成长和进步的重要方式。因为害怕失败停止了探索,如果因为避免犯错而不去尝试,那么我们只会原地踏步,甚至还会逐渐退化。对于很多事情,不能简单用成功或者失败来衡量。用绝对化的方式来理解成功,那么可能只有5%的人能达到,难道另外95%的人都是失败者吗?很多时候无法达成目标的尝试,会成为未来成功的基础,这就是所谓"失败"的意义。从这个角度来看,其实没有绝对的失败,因此也就没有必要害怕失败。

第三,追求完美。追求完美是一种做任何事都精益求精、力求尽善尽美的心理倾向。但是对于任务的完成,完美主义并不总是起积极作用的,它是导致我们拖延、产生压力感和焦虑感的原因之一。如果我们总担心事情做得不够好,那么可能会半途而废,或对已经完成的任务反复琢磨、反复修改,而耽误了完成其他同样重要的任务。其实害怕失败和追求完美是一对孪生姐妹,它们都与自己对失败和完美的定义有关。很多人觉得考试成绩达不到80分就算失败,有人觉得考试成绩达不到90分不算成功,这都是一种思想上的"作茧自缚"。这些想法只会让我们在思想上和行动上,变得拖延迟缓。因为,事物总是发展变化,绝对的完美是不存在的。如果我们总是追求没有止境的东西,可能就会错过其他的美好,这种错过某种程度上就是一种拖延。

第四,不能突破心理舒适区。对于一些陌生的、没有把握的事情,有时候我们会一推再推,没有决心走出第一步,总想准备好了再开始。其实,万事开头难,没什么事情我们可以完全准备好,要有探索精神和试错精神,拿到任务之后立刻行动,是避免拖延的关键。面临新任务,我们可能会自然而然产生不舒适感,这是正常现象,凡事总有从陌生到熟悉、从生涩到熟练的过程。要想有所突破,需要不断地向新领域、不熟悉的领域、甚至我们不胜任的领域进发。当我们迈出第一步,持续的行动会给我们更多的反馈和思考,接下来的进展通常会更顺利。当我们克服了心理障碍,要立刻行动,随着行动的深入,往往我们对于事物的理解也会不断深入。

当然,还有很多其他的原因可能导致拖延,导致每个人拖延的原因也千差万别。对于每一个具体的个人来说,总结和反思自己拖延和效率不高的原因,比了解导致其他人拖延的原因更重要。不妨静下来想一想,你自己印象比较深的关于拖延的事情,它们是由于什么原因而发生的?如果有机会再做一次,你会选择怎么调整以避免拖延?

6.2 如何避免拖延

如何避免拖延涉及五个关键词:接纳、目标、承诺、合作与时间。

第一,接纳,适度容忍拖延。拖延是一种自我防御机制,某种程度上它也是一种保护,避免我们暴露在高强度的压力之下。压力大的时候,人们更容易产生拖延。但是压力越大,拖延带给我们的焦虑感和羞耻感也越强烈。这就陷入了恶性循环,越有压力越拖延,越拖延就越有压力。在拖延已成事实的情况下,接纳和宽容自己,向前看,寻求解决问题的方法,而不是苛责自己。如果拖延成为一种习惯,它会严重影响我们的工作成效。同时我们要理解,目标性拖延可提高创造性。在时间和资源允许、任务完成进度基本顺利的情况下,适当延迟,可以提高任务完成质量,对于优化任务完成的路径和方法也有帮助。但要警惕,被动拖延会引发焦虑,严重的会削弱自我。

第二,目标,目标设定要符合 SMART 原则。SMART 由 5 个英文单词的首字母组成,分别是"S"(specific)代表具体,"M"(measurable)代表可量化,"A"(attainable)代表可能,"R"(relevant)代表现实,"T"(time-bound)代表截止时间点。也就是说,我们要衡量一个目标制定得合不合理,要看这个目标是否满足这几项标准:具体的、量化的、实现的、与现实情境有关系的、有明确完成时间节点的。我们也不妨反思一下,自己设定的目标是否经得起这些标准的考量? 在这个问题上,我们常犯的错误往往是制定的目标比较抽象、笼统、模糊。很多人在新年时暗下决心,好好学习、天天向上或认真努力、踏实工作,但往往坚持不了一两个星期就放弃了,原因就在于这个目标太模糊了。

第三,承诺,承诺激发监督。人都有信守承诺的自然倾向,不管是对于自己,还是对于整个团队,承诺可以提高行动投入。很多人都有通过承诺来促进执行力、改善学习工作效果的经历。通俗说来就是立 flag,就是公开表示自己要完成某个任务。有了公开承诺,目标会更加明确,同时维护了自己是一个信守承诺的人的心理倾向,这也会激发我们的行动力。承诺是一个复杂的心理过程,做出承诺的过程是了解别人对我们的期望的过程,是明确自己对于自身形象的希望的过程,也是对要完成的目标和承诺行动进行深度评估的过程,同时还需要对阻碍实现承诺的各种因素和条件做好应对准备的过程。所以成熟的人不轻易下承诺,一旦承诺,就会想方设法履行承诺。这不仅是对别人的诚实,也是对自己的尊重。

第四,合作,团队行动,相互监督与鼓励。一个人面对任务和挑战,难免孤单寂寞,单枪匹马总是会遇到很多困难,而团队合作可以分担这些困难。在一个关系良好的团队中学习和工作,我们也更有动力,更感觉到被支持。同时团队的监督,对我们来说是压力,也是动力。团队合作某种程度上对于效率是一把双刃剑。大家都知道南郭先生的寓言故事,因为有团队合作,个人所承担的责任被分担了,这为滥竽充数、偷懒耍滑提供了可能性。在管理和团队运作上需要有一套机制去评估个人的贡献,以促进个人努力参与到团队合作中。合作的优点也是显而易见的,因为有分工与合作,个人能完成相对擅长的部分,对于整个团队来说,整体效率就提升了。

第五,时间,时间的计划要精准,执行要有效。本讲后半部分的内容将会深入讨论时间管理与提高效能的问题,这里先不赘述。

6.3 效能是什么

效能是什么?对这一概念界定最清晰、最深刻的是斯蒂芬·柯维博士。他是美国近 30 年畅销书排行榜数一数二作家,是最杰出的个人成长和组织管理大师。他的作品《高效能人士的七个习惯》被比喻为美国圣经,全球已超过 32 种语言发行超过 1 亿册。他还是一位家庭观念重、有责任、有担当、有温度、有思想的父亲。作为父亲,他是成功的,他有 7 位子女,52 位孙子辈的子女,他是一个完整大家族的主心骨。在"应激与适应"一章中,我们讨论过主动积极的习惯。接下来我们会介绍以终为始和要事第一的习惯,这些思想和方法,就是柯维博士整理并贡献出来的。

史蒂芬·柯维区分了"产出"和"产能"这两个概念。他认为,产出是期望的结果。产能是维护、保存和不断丰富的资源,它是获得期望结果的条件。柯维认为效能是产出与产能的平衡,是身体、精神、智力、情感均衡发展的结果。

中国成语"杀鸡取卵",其实这个成语的典故来自于伊索寓言杀鹅取卵的故事。有一位农夫,家里很穷,他每天都期望天上掉馅饼或者能捡到金子。有一天他捡鹅蛋时发现它特别沉,剥开之后惊喜地发现居然是金属。更大的惊喜是,每天鹅都会生一枚金蛋,从此农夫过上了富翁的日子,他变得越来越奢侈,欲望也越来越膨胀。后来,每天一枚金蛋已经不能满足农夫的欲望。他决定把鹅杀掉,希望一次获得所有的金蛋。但让他失望的是,鹅死了,金蛋也没有了。由于不擅管理,挥霍无度,他又回到了穷困潦倒的日子。这个寓言很好地说明了产出和产能的关系。金蛋是希望的结果,是产出;鹅本身是产生金蛋的条件,它是产能。如果没有产出和产能之间的平衡,用杀鸡取卵的方式来获得我们期望的结果,终有一天我们会受到惩罚。所以,这个故事也劝告我们不要长期熬夜学习或工作,长期熬夜就犹如杀鸡取卵,会严重扰乱作息规律,影响身体和心理健康。

产能是一个经济学概念,直观理解就是生产能力。从个人生活的层面来理解,产能是生活能力、学习能力和工作能力的总和,是各方面协调平衡发展的结果。在市场经济条件下提升产能和合理有效释放产能同样重要。同理,在追求独立人格和个人主义盛行的背景下,提升自己哪方面的才能,在什么情境、什么条件下释放自己的才能,是关乎个人命运和前途的重大决定。

俗话说:"方向不对,努力白费。"效能的问题,不仅仅是方法和效率计算的问题,而且是目标与方向的问题,是关乎使命与责任的问题。

6.4 如何提高效能

我们如何提高效能呢?效能、效率都与时间有关。效能是持续有效的生产能力。效率可用单位时间内完成学习或工作的数量和质量来衡量。当我们感觉效率不能提高时,自然而然希望拥有更多的时间,以便我们能做更多的事情。

这里有一个练习,大家不妨一起来体验一下。这是一个关于时间的许愿的机会,假设上帝给你一个肯定可以实现的许愿机会,你的愿望是什么?有的人想回到过去,有的人不想长大,有的人希望某件事情可以重来一次,还有人希望时间可以倒流或者静止。有的人想重新拥有小时候的某个玩具,希望回到小时候无忧无虑的纯真年代,希望找回自己的初恋,希望能够预见自己的未来。这些愿望都很美好,遗憾的是它们都实现不了。这些愿望,都违背了我们无法左右的时间特性。

1. 把握时间特性

时间有三个基本特点:不可逆转性、不可储存性、不可替代性。这些时间特性无法改变,也不会因为情境的变化而变化。

不可逆转性,就是指时间不能倒流,你无法回到过去。《返老还童》是一部很有意思的奇幻电影,以时间逆转的视角,讲述了主人公从老年变成婴儿的故事。主人公出生时是一位老人,逐渐地变成了壮年、青年、少年、儿童、婴儿。这是一个神奇的故事,同时也是不切实际的故事。因为时间无法逆转,事情一旦发生,这件事本身就变成了客观事实。我们不能改变已经发生的客观事实,我们只能改变我们对于客观事实的态度和认识,我们能把握的是从这些已经发生的客观事实中总结出经验和教训,或从已发生的事情中孕育出新的挑战和机会。

不可储存性,时间一旦过去了,它就消失了。我们无法用类似存钱那样的方法把时间储备下来,所以时间无法储备后用。孔子说:"逝者如斯夫,不舍昼夜。"假设我们真的可以在过去、现在和未来之间自由穿梭,那就表示不同的时空可以同时存在,也意味着时间是可以储存的,时空是可以被人为操纵的。虽然时间本身不能够停止,但有一些事物天生具有可暂停的特性,比如有些动物可以冬眠,而有些事情也可以搁置一段时间之后再继续。时间不可储存,而人生活在时间的长河中,随着时间流逝会经历生老病死,这是自然规律,非人力所能改变。因为时间不可储存,因而我们会特别珍惜逝去的美好回忆。对于即将迎来的希望,我们也充满期待。大量的时间消失在琐碎的日常生活中,消失于碎片化的事物中,而不被我们觉察。当我们意识到这些碎片化的时间已经消失无踪时,已时过境迁,再难追回逝去的时光。过于执着利用碎片化时间,我们会紧张和焦虑。过于随性地打发碎片化时间,我们会觉得百无聊赖。平衡好时间本身的不可储存性和事物发展的延续性,是我们进行时间管理和提升效能的基础。

不可替代性。时间对于每个人来说是唯一的,别人的经验和体验是你无法替代的,而你的经验和体验也是别人无法替代的。人类历史上有很多伟大的思想浓缩为经典著作,它们只是静静地停留在书本上,停留在某个时空之中。如果我们不是自己去啃读,不是自己去实践和体会,那么我们与这些伟大的思想是无缘的。即便有很多读书会或推荐读物在介绍这些思想,但要想这些思想为我们所用,还是必须得自己思考和实践,才能感悟和共鸣。这也意味着我们每个人都是独一无二的,每个人都拥有自己独特的人生,如果我们不为自己负责,那谁又能为我们负责呢?

2. 建立愿景思维

史蒂芬·柯维认为,人的成长和发展是人的思维、行为和结果循环影响的状态。"思想决定行动,行动决定习惯,习惯决定性格,性格决定命运。"这句话与史蒂芬·柯维的表述有异曲同工之妙。对于愿景思维来说,最基本的问题是你如何看待自己的人生?是随波逐流地活着,还是主动设计自己的人生?你的判断立场决定了你的人生方向。如果我们在错误的方向上努力,越努力离目标就越远。

思维的方向决定行动的方向,没有思维的引领,就没有行为的突破。我们如何设计和规划自己的学习生活呢?要学什么知识和技能,以后从事什么样的工作?希望过什么样的生活?在方向的问题上,如果犹豫不决,徘徊不前,我们可能会陷入两难的境地,面临抉择茫然而不知所措。试想,如果我们的同伴在正确的方向上努力奋斗了两年,而我们虽踌躇满志但徘徊不前,在努力奔跑和原地踏步之间,差异只会越来越大。愿景不清,可能会引发最深层次的焦虑。愿景思维的基本信念是"我主动设计自己的人生"心理的创造先于实际的创造。愿景思维是生命主动权的觉醒,是主动设计和创造人生的精神追求,是对美好生活的向往,是对个人发展和成就的期许,也是群体和社会面向未来的憧憬。

在行为之前,要先借助想象力和创造力展望结果,也要创造个人使命宣言并以此为人生蓝图来激励自己。想象力和创造性,就像是行动的一对翅膀,它可以助力我们展翅翱翔。海伦·凯勒虽然目不能视,但她"假如给我三天光明"的想象,感动了全世界,也成就了她最精彩的自己。行动之前先展望结果,就是运用我们的想象力,憧憬我们期待的景象。面对高考,我们憧憬着考上理想的大学。进入大学,我们憧憬着人生从此开挂,梦想着通过大学获得通往未来的机会。有些人过于关注每一次具体的行动,因而他们的目标也就容易陷入零碎和杂乱。生命是一个整体,行动上整合,方向上聚焦,需要依靠个人的使命感和人生蓝图。

有的人什么都想要,到头来却感觉自己好像什么都得不到。大家都知道猴子掰玉米的寓言故事,它见一个爱一个,掰一个丢一个,捡了芝麻,丢了西瓜,最后它会获得什么呢?

愿景思维会帮助我们清晰定义所期望的结果,帮助我们理解什么是意义,什么是目的,帮助我们判断什么是重要的和次要的,帮助我们确立明确的价值标准。

所以,凡事都得经过两次创造,第一次是心理的创造或计划,第二次是实际创造或实践。就像盖房子,先要有设计图,然后再根据设计图盖房子。人生也如此,要想拥有幸福完整的人生,也得有人生愿景和人生蓝图。在人生愿景和人生蓝图比较清晰、合理的情况下,积极行动,才会得到积极的结果。在日常工作、学习、生活中,一张清晰的日程表、一张建筑蓝图、一次人生目标的讨论、一份个人使命宣言,这些都是心理的创造。而实际的创造可以包括一次富有成效的会议、一座大楼、一个学位,或者一生的贡献与成就感。

高效能人士在行动前,能清晰地看到自己在各方面的期望的结果。其中创造个人使命宣言是一项重要的练习。个人使命宣言,就像是个人生活的宪法,它是我们方向、使命和原则的综合,也是我们思想力量的根源。

孔子的人生理想是"朋友信之,老者安之,少者怀之",意思就是朋友相互信任、老人颐养天年、少年受到关怀和教育。孟子有三乐,"父母俱在,兄弟无故,一乐也;仰不愧于心,俯不怍于地,二乐也;得天下英才而教育之,三乐也!"

宋代著名学者张载留下了著名的横渠四句:"为天地立心,为生民立命,为往圣继绝学,为万世开太平。"几百年来,这四句话,一直被知识分子奉为典范。无数知识分子以此作为自己的人生精神追求,希望为天地万物设立普世的价值标准,为黎明百姓提供安身立命的机会,为往圣先贤继承高深的学问,为世世代代开创和平的局面。这是多么激动人心的画面！以此为人生皈依的知识分子,有神圣的使命感,有崇高的价值感,有充实的幸福感,有坚定的方向感。他的胸怀多么博大,激励了自己,也感动了世人。

对于个人来说,使命宣言的作用是明确什么对你是最重要的,明确你应该关注的方向,帮助你规划自己的人生。使命宣言可以指导日常决策,更好地理解意义和目的。某种程度上使命宣言不是规划出来的,是我们努力发掘的,它存在于我们的天性之中,是我们追求真、善、美的具体体现,也是我们的成长经历、理想信念和价值观的呈现。

维克多·弗兰克尔说:"我们是去发现,而不是发明个人使命。"

你可以尝试完成个人使命宣言的撰写。找一支笔、一张纸,然后坐下来,参照刚才你看到的使命宣言的例子,写下你想做的事情、你觉得你必须要完成的事情和你觉得有价值、有意义的事情。不要考虑你的现实条件和现实压力,假设你希望实现的所有事情都能实现,那么你最想实现的三件事是什么？请写下来,这会帮助你去了解自己的人生方向,这也帮助你发现你为之奋斗一生的目标。海伦·凯勒说:"真正的快乐不是自我满足,而是义无反顾地追求一个值得为之奋斗的目标。"

斯蒂芬·柯维在《高效能人士的七个习惯》一书中,清晰描述了"以终为始"(begin with the end in mind)的愿景思维。就是以我们的终极目标、终极追求作为眼前行动的开始。正如习近平总书记所说:"不忘初心,牢记使命、继续前进"。初心和使命就是终极目标,是继续前进的不竭动力。继续前进,就是以面向未来的眼光和始于足下的行动开启自己的人生。

3. 确立效能思维

是急事第一,还是要事第一？我们在这个问题上的选择,决定了我们的行为方式是否有效。效能思维的基本含义是:要实现效能就必须诚实地按照优先顺序来决定行动顺序。事务的轻重缓急分两个维度:一是重要性,二是紧急性。这两个维度又各有两个属性:重要的/不重要的、紧急的/不紧急的,组合在一起,就有四类任务,重要不紧急的、重要紧急的、不重要不紧急的和不重要紧急的。

想想你自己,通常是优先完成哪一类任务呢？多数人可能会优先完成紧急的任务,而忽略了事物本身的重要性。把重要性维度添加进来之后,很多人自然而然会想到,那就先完成重要紧急的事,再完成重要不紧急的事。但现实是,如果我们总是处理重要紧急的事,那么能坚持多久？

时间四象限管理法

	紧急	不紧急
重要	Ⅰ 危机 迫切问题 在限定时间内必须完成的任务	Ⅱ 预防性措施、培育产能的活动 建立关系、明确新的发展机会 制订计划和休闲
不重要	Ⅲ 接待访客、某些电话 某些新建、某些报告、某些会议 迫切需要解决的会议 公共活动	Ⅳ 琐碎忙碌的工作 某些新建 某些电话 消磨时间的活动

资料来源：(美)斯蒂芬·柯维. 高效能人士的七个习惯[M]. 中国青年出版社, 2018: 177.

在这个问题上，如果处理得好就会提升效能；如果处理得不好，则会降低效能，耗竭自己。

史蒂芬·柯维的观点是要把60%~80%的时间投入在重要不紧急的事情上，他建议我们专注于重要的事物，放弃不重要的事物。每周、每天做时间管理和任务执行计划，并坚定执行。这个观念有助于组织能力和产能的提高，减少危机，获得生活的平衡和内心的平和。

斯蒂芬·柯维总结的时间管理矩阵，可以帮助我们区分事物的轻重缓急。大家不妨自己画一个四象限的坐标图，在横轴上标明"紧急"和"不紧急"，在纵轴上标明"重要"和"不重要"。把你目前一周所有的事情全部列出来，然后再对这些事情进行分配，分别把它们归入到重要紧急、重要不紧急、不重要紧急和不重要也不紧急四个象限中。请在图中标注每一件事情你花的时间，再统计一下，你就知道你在哪一个象限上花的时间更多。

大多数人都把80%~90%的时间花在紧急的事情上，甚至有很多人花了50%以上的时间做紧急但不重要的事情。按照管理学家的观点，在紧急不重要的事情上面所花的时间不应该超过15%。如果你超过的话，是时候做一些改变了。

重要紧急的事往往意味着急迫的问题，或者有期限压力的计划。很多人都有赶任务期限的经历，如果任务很重要，越是临近任务期限，你就越焦虑。特别重要紧急的事，一旦发生，往往不得不做，会给人一种"火烧眉毛"的感受。如生病、即将开始的重大考试、严重的婚姻矛盾、子女的行为触犯纪律等，它们一旦发生，必须处理好，否则会对我们的工作生活造成重大影响。

重要不紧急的事情，往往需要防患于未然，这有助于改进产能、促进人际关系建立，发掘新机会、规划长远目标。重要不紧急的事，通常是学习、工作、生活方面的基本事务，对我们的个人发展、职业发展具有潜在重大影响。对于重要不紧急的事务,如果拖延处理或处理不好,它们可能会发展成重要紧急的事情。如果大学生平时不努力学习,期末考试就会遇到困难,甚至面临学业警告、退学的困境,这就演变成了重要紧急的事。如果平时不注意锻炼身体和维护重要关系,那么一旦出问题可能会影响我们的身心健康。

紧急不重要的事情往往是不速之客,某些信件或者报告、突然响起的电话、没完没了的会议或者一些形式化的活动,这些大部分都是可以舍弃的。

对于不重要也不紧急事情,如繁琐的工作、某些信件和电话、刷微博、朋友圈、抖音等,是可以全部舍弃的,这些往往不能创造产能,也很难促进成长。

如何判断轻重缓急呢?重要代表着与我们的价值观和使命与重要的目标事物一致。紧急意味着时间截点到了,或者如果不立刻解决当前的任务,会引发一系列其他的严重问题。

哪些是重要不紧急的事呢?锻炼身体、作息规律、预习、听课、记笔记、课后整理笔记、反思总结、及时复习,这些事一般都不急,但对于个人健康和发展却很重要。改善人际关系,规划自己的未来,教育子女,孝顺父母,这些事重要吗?当然重要;紧急吗?往往不紧急。"子欲养而亲不待",对于孝顺父母这样的事情,如果不重视,可能会造成终身的遗憾。对重要不紧急的事,有时候我们会拖延。越是拖延,那些重要不紧急的事,越有可能变成重要紧急的事。当重要不紧急的事变成重要紧急的事,我们就会感觉到非常焦虑,压力巨大。不断拖延,让我们产生强烈的无力感,久而久之我们可能会麻木,甚至用打游戏等方式来麻醉自己。因此,时间管理的关键,根本在于厘清个人价值观。

经济学家帕累托发现,社会中80%的财富是由20%的人创造和掌握的。在时间管理和个人效能的领域,也符合2/8定律,也就是说,我们80%的成就可能来自20%的重要事情,因而,什么是重要的事并且集中精力投入其中,是我们帮助自我提升最有效的方法。普通人可能花去80%的时间在做不重要的工作,如果我们将80%的时间聚焦在20%最重要的事情上,可以想象我们的成长是日新月异的。

4. 每周计划

每周计划是一种很重要的时间管理方式。我们可以画一张表,最左边两列是我们的角色和目标。我们扮演着不同的角色,学生、子女、朋友、男女朋友、团队骨干、志愿者等,你可以列出3~5个对你现阶段来说比较重要的角色,再分别列出每一个角色下一周要达成的目标和支撑目标要具体开展的任务。

接下来再把支撑所有角色目标的具体任务,分配到一周的时间里去。尽量精确到分钟,以5分钟、10分钟为最小单位,安排好你的时间。每一天安排的任务要相对均衡,同时注意劳逸结合,另外还要留出一点时间做调整。刚开始我们的时间感知往往并不准确,常有大量计划没法完成,所以每天要预留1~2个小时用于处理突发事件和没有完成的任务。久而久之,你的时间感知和时间判断就会越来越精确,计划安排也会越来越合理,计划执行力也会越来越高。

时间管理不仅仅是关乎时间的利用技巧本身,它还关乎我们的价值观,关乎我们的时间观念。时间管理的根本是明确价值观,坚定理想信念,确定目标、分解任务,做年度规划、季度规划、月规划、周规划、还有日规划,并且坚决执行这些计划。我们要判断什么是重要的,什么是不重要的,并根据价值观把时间和精力在安排重要的事情上。如果不能管理时间,便什么都不能管理。

时间管理计划表

每周计划(第　周)			周一	周二	周三	周四	周五	周六	周日
角色	目标	本周要务							
		上午							
		下午							
自己	健康	晚上							
	幸福								
	能力								
	意义								

5. 每日行动

把每一天利用好,是时间管理基础中的基础。俗话说:"一日之计在于晨。"早晨的状态,往往决定了我们一天的状态。每天早上起来我们是不是很清楚今天要做什么?是不是对于今天很期待、很兴奋?每天晚上临睡前,如果花一两分钟总结一天所做的事情,你有没有常常觉得每天都挺充实?有没有常常觉得每天都挺满足?

如何才能把每一天的时间安排好呢?在前面介绍每周计划的基础之上,此处还有一个简单的方法以供参考。这个方法是现代公共关系之父、知名的效率专家艾维·李提出的,因此也被称为艾维·李法。

第一次世界大战期间,伯利恒钢铁公司曾是美国第二大钢铁公司,1918年,公司总裁查尔斯·施瓦布向艾维·李请教,如何才能提高工作效率?艾维·李告诉他,每天都列出必须要完成的6件事,再排列出完成它们的先后顺序,接下来着手完成第1件,第1件事完成之后就着手完成第2件,按照这个顺序持续投入工作,每天重复。施瓦布问艾维·李需要支付多少费用,艾维·李说:"你先试验一下,在你对这个方法深信不疑之后,再推广到全公司试验。这个试验你爱做多久就做多久,然后给我寄张支票来,你认为值多少钱就给我多少钱。"一个月后,艾维·李收到了一张2.5万美金的支票,相当于当时美国中产阶级家庭25年的收入。5年后,伯利恒钢铁公司从一个默默无闻的小钢铁厂,一跃成为世界上最大的钢铁厂。后来施瓦布还说,对于当年艾维·李的建议,2.5万美金报酬给得太少了,并认为它至少价值百万。

我们也可以参考这个方法。每天晚上规划第二天的事情,或者每天早上起来之后规划一整天的事情,列出今天必须要做的5～7件事,综合考虑它们的重要性和紧急性,规划好完成这些事情的先后顺序。同时把你想做的事情也列下来,如果你必须做的事情都完成了,那么可以再做你想做的其他事情。如果你每天都能忠实地执行这样的日计划,这对你的学习和工作效率的提升会大有帮助。

6. 反思总结

我们需要了解,通常我们浪费时间的方式和情境是什么?我们在什么情境下效率更高?有的人喜欢熬夜,是因为在夜晚效率更高。如果是这样,就需要在白天休息好,以保证健康。

为完成某个目标,我们往往反复地计划、实施、调整、再执行,循环往复,不断地提高。这个过程我们可以把它称为"PDCA"。"P"(plan)指计划;"D"(do)指执行,实施;"C"(check)指反思和调整;"A"(action)指反思调整之后再执行。这就是美国质量管理大师戴明提出的质量管理工作模式,也被称为"戴明环"。

这里推荐两本书,一本是《把时间当朋友》,这本书的作者李笑来曾经是新东方的金牌讲师,后来他辞职创业了,被称为"中国比特币第一人"。他原来学会计,但从来没有从事过会计职业。他的托福考了高的分数,不是为了出国,只是为了能够进新东方当老师。他把很多人遇到的问题和向他咨询的问题写成了文章,发了很多的博客,后来汇编一本书——《把时间当朋友》。这本书讨论了很多人在大学阶段会遇到的关于时间管理和效率的问题,对于大学生有直接的参考意义。

另外一本书《奇特的一生》,是李笑来在他的书中强烈推荐。柳比歇夫是苏联的一位昆虫学家、哲学家、数学家,他的一生取得了很高的成就。他每天都做时间记录,把所做的事情和花费的具体时间列下来。这种方式对于我们做时间管理有很大的好处。李笑来说:"基于过程的记录,不仅更详尽,还有另外一个巨大的好处——遇到结果不好时,更容易找到缘由。大约两个星期不到的时间里,我马上体会到了这种新的记录方法的另外一个巨大好处:它会使你对时间的感觉越来越精确。"

"明日复明日,明日何其多;我心待明日,万事成蹉跎!"鲁迅还说:"时间就像海绵里的水,只要挤,总是有的!"到底怎么做,取决于你自己!

推荐阅读书目

1. (美)斯蒂芬·柯维.高效能人士的七个习惯.中国青年出版社,2018.
2. 李笑来.把时间当作朋友.电子工业出版社,2013.

··· Chapter 7 ···
第 7 讲

成瘾与韧性

　　你是否曾沉迷于某些事物？为什么会成瘾？如何应对成瘾？成瘾与心理韧性有何关系？如何发展韧性？
　　成瘾反映我们对美好事物的追求，但成瘾行为所追求的"美好体验"却是一种伤害自我的力量。成瘾会损害我们的韧性，甚至摧毁自我。而韧性，帮助我们从挫折和失败中恢复，帮助我们抵御成瘾的伤害。

成瘾是对人类精神品性的挑战,是我们应该警惕的问题。而韧性,是帮助我们应对成瘾最重要的心理品质。

有人可能喜欢打游戏,但是不一定成瘾。有人可能通过抽烟、喝酒,甚至谈恋爱,获得了对成瘾和韧性的直接体验。如果你喜欢练瑜伽,但不会导致成瘾,反而对提升韧性非常有帮助,也可以帮助我们变得更有气质。

《易经》中有一句话:"天行健,君子以自强不息;地势坤,君子以厚德载物。"清华大学的校训"自强不息、厚德载物"就来自于此。这句话的意思是:宇宙自然的发展刚健有力,君子为人处世应当自强不息;大地运行厚实和顺,君子应修身厚德以容载万物。我想,自强不息、厚德载物,是韧性的思想精华,也是中华文化的优良传统。

曼德拉说过:"不要用成功来衡量我,而是要用我跌倒再站起来的次数来衡量。"曼德拉从20世纪50年代开始就是南非反种族隔离运动的领袖。1962年他被捕入狱,并被判无期徒刑,坐了27年牢,1990年才被释放。1994年曼德拉当选南非总统,也是南非第一任黑人总统。曼德拉心系南非人民,是非常成功的领袖,入狱期间,仍然通过写文章来"领导"南非人民与种族隔离政策做斗争。虽然,解除种族隔离政策的总统令不是曼德拉签发的,那时他还在狱中,但他是推动南非民族平等事业中贡献最大的领袖。

不管是"自强不息"这样的中国传统文化中的哲学思想,还是像曼德拉这样非同寻常的人生经历,都已成为人类历史文化的经典向我们传递一个信息——韧性是非常重要的价值和品质。

在心理健康的标准以及如何自我建构的层面上,那么韧性与心理健康和自我建构是什么关系呢?

在我们之前提到的心理健康的八项标准中,与成瘾、韧性联系最直接关联的是情绪稳定和意志坚定。成瘾实际上是一种强烈的情绪反应,是对给我们带来快感的物质或行为方式的强烈依赖。成瘾行为是人们追求强烈兴奋和快感的表现,成瘾是对情绪稳定和健康的最大挑战。

韧性是意志品质的内涵之一,意志品质的四个方面为自觉性、果断性、坚韧性和自制力。韧性是坚定不移克服困难的决心、勇气和毅力。我们通过意志调节情绪活动,让情绪处于相对稳定、不失控的状态。同时,情绪低落时,我们通过计划和行动安排,让情绪变得更稳定、更愉快。

成瘾与韧性,是一个有关自我发展的根本问题,即你能否真正把握自己的生命主动权?你是否愿意自己的生命力被游戏、烟酒,甚至毒品消磨掉?你是否有足够的决心、勇气和毅力面对生活中的挑战?

7.1 成瘾是什么

成瘾在医学上是指物质使用障碍,是指使用成瘾物质的方法不正当,以及使用的目的非医学目的,而是追求愉快、无忧,甚至酩酊或者陶醉状态以及其他的效应,或缓解戒断反应(刘毅)。

你认同"玩物丧志"这个词吗?可能你不认同,但玩物丧志现象确实存在。有点人沉迷于花草、宠物,算是比较健康的。沉迷游戏、抽烟、喝酒,甚至吸毒,危害极大,对我们的身心状态、社会功能、工作成效、人际关系都可能有致命的伤害。

1. 理解成瘾现象

很多人沉迷游戏的原因,是因为现实中找不到成就感吗?在游戏中就真的能找到成就感吗?其实,在任何领域中,最顶尖的人都是凤毛麟角的,游戏领域也不例外。

用打游戏逃避学业或工作,并不解决实际问题。但游戏确实可以帮助我们放松下来,缓解学习的紧张和工作的疲劳。很多人都喜欢打游戏,但不是所有的人都会成瘾。有些人通过游戏与人交流,游戏对他们来说不过是一种社交活动。

是什么造成了人与人之间成瘾性的差异?成瘾性与意志力有多大关系呢?意志力是人最重要的心理特性之一,对于抵制诱惑、预防成瘾有强大的控制作用。除了意志力之外,生理性的易感性也与成瘾有关。有些人对某些药物相对容易上瘾,这是因为生物特性层面的区别。

有人认为,适当的成瘾,比如成年人的烟瘾,反而能够提高工作效率。这其实是假象。长期抽烟的人,犯烟瘾时心烦意乱、思维下降,工作效率会下降。事实是,吸烟成瘾的戒断反应降低了工作效率,抽烟只是恢复了工作效率,而不是提升了工作效率。

知名畅销书《娱乐至死》的作者尼尔·波兹曼,借几百年前赫胥黎的预言来预警世人,"毁掉我们的不是我们所憎恨的东西,恰恰是我们所热爱的东西"。对于我们热爱东西狂热到无法控制,这样的状态就是成瘾。而成瘾是"贩卖自己",因此而失去自我。

从生物反应的角度来看,"成瘾物质直接或间接地作用于大脑的多巴胺奖赏系统"(迪克·斯瓦伯)。成瘾是奖励系统失控乃至紊乱,无法抑制强烈的渴求。多巴胺让情绪兴奋或产生极大的快感,让人感觉到极度的快乐。

成瘾对我们的刺激强度有多大?我们可以简单对比性刺激与毒品刺激所带来

的兴奋感的区别。性接触会让多巴胺分泌提高5%～100%,给我们带来强烈的生理快感或精神幸福感,但可卡因可促进多巴胺分泌提高300%～800%,也就是它所带来的生理快感是性高潮的3～8倍,但却不能带给人幸福感。毒品给使用者带来短暂、强烈快感的同时,也带来长久、强烈的空虚感、罪恶感和无助感,还给使用者制造无法控制的强烈渴望。有人为了追求成瘾的满足,付出了惨痛的代价,甚至牺牲了金钱、职业、人格、道德、社会关系、婚姻和家庭。

2. 人会对什么成瘾

很多人开玩笑说,"沉迷工作,无法自拔","沉迷学习,无法自拔"。我们可以区分一下,沉迷学习是成瘾,还是爱好?学习无法带来像可卡因那样的快感,但学习可以给我们理智的快乐。学习不能让我们的多巴胺分泌量提升300%～800%,但它可以带给我们持续的成长和发展。也许极少的人有机会体验学习或研究带来的极大的快乐状态,比如解决了一个百年未解的难题,并因此获诺贝尔奖,此时大脑的奖励系统会给我们巨大的幸福感。

药物成瘾。药物成瘾是最常见的成瘾类型。很多止痛类的处方药成瘾性比较大。另外大家所熟知的各种毒品都有巨大的成瘾性,危害极大,一定要警惕。海洛因、可卡因、鸦片、大麻、冰毒、摇头丸等的毒品,都能刺激大脑在短时间内大量分泌多巴胺,让人获得短时间的强烈快感。这种反复刺激实际上会让大脑的奖赏系统失控,让人产生一种非常强烈的渴求而无法抑制它,总希望去实现它或者满足它。

安眠药成瘾性。有些人有睡眠的困扰,建议就医。睡眠的基本机制是:黑暗环境下人脑自然分泌褪黑素,促成入睡。我们如果长期睡眠紊乱,甚至日夜颠倒,就会导致褪黑素分泌紊乱,这就需要通过药物维持和调节褪黑素的分泌。安眠药具有成瘾性,一定要在医生的指导下服用。

行为成瘾。行为成瘾是明确知道自己的行为有害但却无法自控的惯性行为。比如,一天不用手机、平板、电脑,你感觉怎么样?会不会很难受?行为成瘾具体包括网络成瘾、赌博成瘾、购物成瘾、饮食成瘾、性成瘾、电子游戏成瘾等。表面上,行为成瘾似乎不像药物成瘾那样带来强烈的刺激感和快感,但行为成瘾更常见、更容易渗透,更加防不胜防。

3. 成瘾是如何影响健康和发展的

如下表所示,成瘾特别是药物成瘾,对我们的危害有如下几点:

第一是中毒的可能性。海洛因、可卡因、鸦片,都含有剧毒,如果注射过量、吸食过量,会让人中毒发病而死,有非常大的危害性。如果面临失去生命的危险,你会碰毒品吗?

第二是依赖的可能性。我们会被这些物质所控制,进而削弱甚至摧毁我们的独立思想和独立意志。掌握毒品的人,会成为瘾君子的控制者。谁愿意自己的生命掌握在别人手中呢?

第三是器官损伤或者死亡的风险。比如酒精成瘾和酒精中毒,是脑萎缩的重要原因之一。

第四是严重的社会或者经济风险。吸毒是经济犯罪或刑事犯罪的重要原因之一,吸毒极大地分裂家庭、损害社会,甚至会导致强奸、抢劫、疾病传播。

第五是严重或长期的心理或行为改变风险。长期的依赖某种物质或行为,会让成瘾者的情绪状态处于兴奋和空虚的反复折磨中,不断追求强烈快感让成瘾者在精神上被外界的力量所控制,放弃自己的追求。成瘾者的心理、行为、人格、价值观和判断力都可能发生扭曲,甚至丧失尊严和道德。

药物滥用的风险与后果

药物种类	中毒的可能性	依赖的可能性	器官损伤或死亡的风险	严重的社会或经济风险	严重或长期的心理或行为改变风险
鸦片类	高	高	低	高	低到中
镇静剂、催眠剂（巴比妥盐酸）	中	中到高	中到高	中到高	低
苯二氮卓类药物	中	低	低	低	低
兴奋剂（可卡因、安非他命）	高	高	中	低到中	中到高
酒精	高	中	高	高	高
大麻类	高	低到中	高	低到中	低
混合药物	高	高	高	高	高

资料来源:美国心理学会(APA),2000。

很多人因为毒品毁了自己的一生。足球之王马拉多纳,曾在1984年以一己之力带领阿根廷获得世界杯冠军,是公认的足球天才,却多次因为吸毒病危住院。前NBA湖人队球员奥多姆天赋异禀,与科比·布莱恩特共同搭档获得过两届NBA总冠军,却因毒品毁了自己的婚姻,差点因吸食过量毒品命丧拉斯维加斯。国内也不乏因为毒品而失去事业、失去家庭的悲剧。

所有的成瘾快感之后,通常都伴随有巨大的悔意、空虚感、失落感和内疚感,但是又无法控制,可以说是一种严重焦虑、痛苦又无法自拔的状态。

网络成瘾、手机成瘾、游戏成瘾,是当下比较常见的成瘾现象。美国第五版《精神障碍诊断标准》中，已经把网络成瘾、电子游戏成瘾纳入精神障碍的诊断范围。也就是说，严重的网络成瘾、游戏成瘾行为，需要药物治疗或者住院治疗，以调整患者的自我控制能力，恢复患者大脑奖赏系统的自我功能。

用比喻的方式来理解，成瘾是"心灵致癌"。它破坏我们的免疫力，摧毁我们的智慧、品位、尊严、勇气，甚至道德底线，切割我们的社会联系，破坏我们的社会功能。兄弟反目、妻离子散、众叛亲离，在毒品和瘾君子的世界里，是司空见惯的事情。

所以说，成瘾是廉价的自我贩卖，是赤裸裸的自我异化（自我异化的意思就是无法做自己，自我的心理、行为、价值、道德、追求、理想、信念等都被颠覆），是对欲望的无力妥协，是精神的自我放逐！

7.2 如何应对成瘾

实际上，对于成瘾，没有非常成熟、科学、完善的治疗方案。影响治疗的因素复杂多变，治疗效果并不稳定，复发率也难以有效控制。最大的困难是处理戒断反应和控制复发，如果心理上不能抵制成瘾快感的诱惑，那么复发是注定的。

1. 戒断反应与成瘾机制

戒断反应是停止使用药物或者减少剂量后，出现的一种特殊的心理症候群，一般表现为与所使用的药物作用相反的症状。比如吸烟成瘾的人，吸烟时会感到思维清晰、轻松愉快，而戒烟时会出现心悸、胸闷、咳嗽、健忘、无精神、烦躁、不安，甚至发胖的反应，严重时身体可能不由自主地发抖。

面对成瘾，首先要在精神层面区分我们到底在追求什么？是追求兴奋感还是要追求成就感？精神层面的主动追求，如持续不断的学习和进步、事业的成功，让我们获得成就感、价值感和幸福感的奖励。这些奖励不像毒品、酒精、烟草那样带来直接的快感，它更加持久，更能促进心灵的成长。同时，这种精神追求和精神满足是可以分享、传递和复制的。而毒品带来的快感，不但无法分享给他人，还会持续吞噬我们的幸福感和价值感。

运动是让大脑的奖赏系统恢复平衡的重要途径。喜欢运动的人，会体验到一种"运动成瘾"的感觉，但它不是真的成瘾。运动不仅会刺激分泌多巴胺、内啡肽，还可以帮助释放压力，疏解情绪，提升身体健康水平、感受性和敏感性，增强耐力。最重要的是，持续努力投入运动，大脑分泌多巴胺和内啡肽促进快感和成就感的产生，这种"天道酬勤"和"自强不息"的感受，帮助我们建立健康的快乐获得模式。我们会爱上运动,但不会成瘾。反而,运动有助于克服成瘾的状态,运动带来的快乐感对于成瘾快感是一种替代性的满足。

诺贝尔奖获得者罗杰·吉尔曼发现,人体产生内啡肽最多的区域以及内啡肽受体最集中的区域,是学习和记忆的相关区域,主要集中在大脑海马和大脑皮质。这是一个非常重要的发现,对于成瘾来说,运动、学习和成长,有非常好的替代性作用。

2. 掌控欲望与应对渴求

神经科学家奥马尔·马涅瓦拉在《与自我和解:超越强迫、成瘾和自毁行为的疗愈之旅》这本书中提出了一些应对强烈渴求的方法。分别是:

创造归属感(加入某个团体或组织激发积极行为);找到具有类似问题的人(寻求经验;助人促进抑制渴求);列行为清单(写行动日志,提升觉察,控制风险触发器);让问责同伴监督自己(承诺,获得外部压力和支持);练习冥想(静坐、觉察和活在当下;正念疗法);寻求帮助并愿意受教(持续探索和求助以增强康复疗效);换个角度看事情(深呼吸,认知重构,塑造希望);乐于助人并对他人践行真正的爱(乐于助人具有自我疗愈作用)。

第一是创造归属感。加入某个团体的组织,如做志愿公益服务活动,成为某个公益组织成员,都会对抑制成瘾行为有帮助。隶属于一个组织,参与到有伟大使命的事业中去,比如加入中国共产党为中华民族的伟大复兴而奋斗,为脱贫、奔小康而努力,这些都是很有意义的事情。2020年新型冠状病毒肺炎疫情发生以来,习近平主席带领中国共产党,指导各级政府采取了一系列卓有成效的防控措施。很多白衣天使冲锋在前,家人在后,让人动容。救死扶伤,让他们觉得有意义、有价值、有归属感。

第二是找到具有类似问题的人。最好找到那些有解决类似问题经验的人,他们掌握了有效克服成瘾行为的方法,可以提供经验和参考。那些没有成功克服类似问题的人的经历,其实也有一种反面的"借鉴"意义。他/她是怎么一步一步滑向深渊的,他/她所遭遇的挑战和痛苦,正是克服成瘾者要警惕的。

第三是列行为清单。每天写日志,通过日志提升我们的觉察能力和行为控制能力。想克服成瘾,就需要了解每一天有多少行为属于成瘾的范畴。比如,了解自己每天玩手机的情境和时段,就算这些行为没有到成瘾的地步,但如果影响到了学习和生活,也需要做出相应调整。就好像扣动扳机会发射子弹一样,触动成瘾行为的触发条件,就会引发成瘾行为。写日志的过程,我们可以确认触发成瘾行为的情境和条件。

第四是让问责同伴监督自己。处在一个团队中,就有分工和各自的责任。问责同伴的监督,会提升我们对任务的责任感,直接督促我们完成任务。对于戒除成瘾,家人可能是最重要的监督伙伴。

第五是练习冥想。很多人可能对冥想这个词很熟悉,但并不知道如何实践,觉得它很抽象。实际上冥想是一种静下来的方式,可以是盘腿静坐,也可以是练瑜伽。冥想就是把所有的注意力都集中于当下,集中于此时此刻你的想法、你的感受、你的身体状态。有一句话可以很形象地说明这个状态,"不困于心、不乱于情、不畏将来、不念过往"。关注当下,关注我们的动作和所思所想,我们会变得专注和平静。如果对冥想有兴趣,可以去阅读卡巴金的书。冥想会帮助我们提升对身心状态的觉察水平,它提醒我们把小问题解决在摇篮之中,防止潜在成瘾。

第六是寻求帮助并愿意受教。也就是保持开放的心态,去主动寻求帮助。可以向专业人士或有经验的人士寻求帮助。心理咨询师、精神科医生、父母、长辈、朋友,都会对我们有所帮助。

第七是换个角度看事情。深呼吸,让情绪稳定下来,在认知上深度重构,塑造希望。想象我们成功克服困难、打破成瘾的状态,想象我们冲破束缚获得新生命、迈向新生活的情境,这样的想象能激励我们继续前进。

第八是乐于助人并对他人践行真正的爱。爱本身就是一种力量,爱人的时候自己也被爱。爱别人的时候,我们自身的多巴胺、内啡肽的分泌也会增加,这在亲子关系上表现得尤为明显。很多人为人父母后,感觉到生命的意义,对幸福的感受更加强烈而直接。爱促进多巴胺结合内啡肽的分泌,爱是对成瘾的"最佳替代品"。

7.3 韧性是什么

百折不挠、屡败屡战、锲而不舍等描述的都是与韧性相关的心理品质。心理学对于韧性的界定是:个体应对和适应逆境的能力。当面对巨大压力时,韧性作为一种重要的保护性因子能够促使个体复原(Pidgeon, Ford & Klaassen)。韧性是能够从挫折中恢复原状,从失败中学习经验,从挑战中获得动力,以及相信自己可以克服生活中任何压力和困难的能力(Karen Reivich)。

1. 韧性的表现

很多文学作品、历史典故歌颂韧性。曼德拉、甘地、司马迁,都是具有韧性的杰出代表。电影《阿甘正传》和《肖申克的救赎》也与韧性有关。阿甘智力不高,但他执着地奔跑着,他的精神面貌鼓舞人心,给人强烈的坚定感。

孔子曾带着他的众多弟子周游列国,推行仁政、仁爱的治国理念,想要施展抱负并造福人民。虽然最后没有实现,但是他的教育实践、处世智慧和哲学思想在齐鲁大地和周边地区广为传播，培养了众多优秀弟子，整理和弘扬了中华文化。

唐僧西天取经，是中国家喻户晓的故事。唐僧师徒四人历经九九八十一难，方才取得真经。取经途中，孙悟空降妖伏魔但脾气暴躁，猪八戒善于沟通但好吃懒做，沙和尚任劳任怨但能力有限。唐僧最特别，除了念经诵佛，他几乎没什么特长，却是整个取经使团的核心。他胸怀普度众生的慈悲，目标明确，意志坚定，百折不挠。唐僧从不怀疑取经能否完成，从不怀疑取经的意义，也从未改变普度众生的决心。因为唐僧的理想和坚持，孙悟空鲁莽好斗的个性转化为保驾护航的功德，猪八戒偷奸耍滑的缺点转化为调节团队的润滑剂，沙和尚胸无大志也能成就大业，白龙马也有了戴罪立功的机会。

书法家赵慕鹤于2018年去世，享年107岁。他不懂英语但75岁时一个人穷游整个欧洲，走过很多国家，甚至住过公用电话亭。他96岁时考上了硕士，98岁硕士毕业；在106岁时仍在攻读博士。赵慕鹤一生都在不断地追求、不断地成长、不断地进步。他说："人生唯一的幸福就是不断前进。"

金庸2005年被剑桥大学授予文学荣誉博士学位。但他却决定要正式进入剑桥大学读博，他说："我特别崇尚陈寅恪的一句名言——不求学位，只求学问。我想追随前辈，明志求学，广学博闻，以增见识。"2010年，经过几年苦读，金庸先生获得剑桥大学哲学博士学位，当时86岁。

不知道你有没有想过自己能活多久？你希望什么时候退休？你是否相信自己可以活到90岁，甚至活到100岁？你是否相信自己80岁以后仍然有事可做，仍然可以有价值、有意义？

你有没有做过不同寻常的、冒险的事情？有没有跑过马拉松？想不想去不同的国家，吃没有吃过的食物？是否允许自己偶尔不做准备临场发挥完成一件重要的工作？是否准备好换一个专业、换一份工作、换一个职业领域？有没有能打动你的关于韧性的故事，它对你最大的启发是什么？你能从中学到什么？有句话说："努力到无能为力，奋斗到感动自己。"你有过类似的经历吗？关于韧性，你从你的经历中学到了什么？

2. 心理韧性如何形成

如何保持韧性？如何提高韧性？某种程度上，韧性就是弹性。如果把心理韧性比作弹簧的弹性，就可以直观地把它理解为一种能屈能伸的心理弹性，遇到压力能缩回来并扛得住，遇到拉力能伸出去且绷得紧，没有外力则恢复如初。

中国的传统文化认为大丈夫要"能屈能伸"，就是期望有担当的君子要有心理韧性。"穷则独善其身，达则兼济天下"，有担当有力量，有弹性有灵性，这是君子修身的重要方向。

不妨反思自己，我有韧性吗？中国文化的韧性思想，有没有进入我的思想观念里,有没有成为我为人处世的原则?"能屈能伸"这样的处世智慧,如何传给后人?

知其然,才知其所以然。理解心理韧性的运行机制,建立心理韧性的知识框架,是提升心理韧性的基础。

心理学家做了一个模型图,用以说明心理韧性的发生发展机制。这个模型图把心理韧性分为三个模块和两个过程:三个模块分别是压力挑战模块、内部素质模块和心理适应模块;两个过程是人与环境的交互过程和韧性过程。

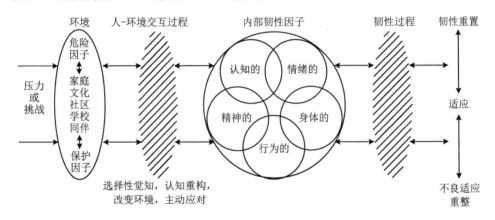

心理韧性框架模型

(1) 压力导致应激

压力或挑战主要来自于外部环境。比如在新型冠状病毒肺炎疫情中,病毒对我们来说是一种客观的挑战,是一个危险因素。学习工作生活中,我们面临着工作压力、学习压力、家庭矛盾、人际冲突等,还可能面临经济压力、健康压力,甚至个别极端现象,如药物成瘾、行为成瘾,都会给我们巨大的压力,需要我们做出很大的调整和改变才能适应或恢复最初的状态。

(2) 资源缓解压力

面对压力的过程中,我们会调动内在资源以应付不同的任务要求。这些资源主要包括认知资源、情绪资源、精神资源、身体资源和行为资源等。

认知资源就是认知的方式和内容,比如热爱学习、积极反思、心理活泼、自知之明、解释风格、归因方式等。我们要警惕负面思维方式,比如过度概括、绝对化、糟糕至极的非理性思维、自动化的灾难性思维等。觉察反思我们的思维方式,是积累认知资源的重要方式。

情绪资源指情绪过程特点和情绪状态,比如情绪状态是否大起大落、大喜大悲?是否过度的焦虑、不安?是否长期情绪低落?是否能力主动创造开心快乐的情绪?能不能总结出来20种让自己变得开心和快乐的方法?一旦我们总结出这些让我们变得开心、快乐的方法,我们将终身受益。当情绪不佳时,这些我们之前总结和积累的应对方法将转化为资源、策略和智慧，帮助我们适应、应对和调整。当情绪稳定而积极时，行为也会更加高效。

精神资源包括理想、信念、人生观、世界观、价值观、兴趣爱好等，它为我们指明方向、提供动力、坚定信心，是心理韧性最核心的内在资源。

身体资源是心理资源的生理基础。体力、耐力、爆发力、柔韧性、灵活性、肺活量等，这些指标可以反映基本的身体状态，是我们抵抗学习生活重压的基础。身体对于精神活动、认知活动和情绪活动都有极大的影响。学习专家发现，运动之后学习效率更高。当我们面对压力时，躯体层面会产生反应，如僵硬、疼痛、酸胀、免疫力低下等，这些可以通过运动得到缓解。而运动对于心肺功能、身体力量和心理韧性本身的促进作用，是直接有效、简单易行的。

心理和行为过程，是协调外部压力和内部资源的桥梁。积极主动、锐意进取、团队合作、刻苦钻研等行为模式，本身就可以内化为韧性的心理品质。面对新环境、新任务、新规则的挑战，有的人一直积极向上，不断地寻求外在帮助并不断尝试内在突破；而有的人可能会放弃努力，甚至用打游戏或其他消极的方式来逃避眼前的压力。

我们不妨反思自己，在行为层面上面对困境时偏积极还是消极？或者两者都有，那么积极进取的行为有哪些？消极回避的行为有哪些？我们的应对方式会影响到我们面对困境的应对效果。行动上要主动积极，但同时也要看到，认知上的消极悲观有类似于"风险警报器"的作用，要客观看待。

(3) 监控协调平衡

面对困境的过程，不是资源与压力之间的简单加减，更不是相互抵消甚至消除彼此。在此过程中，不变的常态是，压力不断变化，资源也不断调整。没有无压力的生活，否则我们就是无根的浮萍。也没有无资源的人，哪怕一无所知、一片空白，也代表了无限的可能性。面对压力的过程，实际是韧性发挥作用的过程，是我们调动内外资源面对挑战和任务的过程，同时也是适应的过程。在此过程中，自我对于压力状态和资源状态的监控、评估以及韧性状态的觉察和协调，是保持心态平衡和保障任务质量的关键。举例来说，如果弹簧所承受的压力过大、持续时间过长，那么它的弹性会逐渐减小甚至消失，直到无法恢复弹性，这就意味着弹簧被压垮了。对于自动化的系统，需要反馈压力和评估弹性的设置来随时调整应对策略。心理韧性的监控协调过程，就是类似的即刻反馈和自适应过程。

监控协调的过程，就是要评估判断压力是不是过大了、我需要哪些资源来应对、我该做何调整；还要感知和觉察我是不是绷得太紧了，有没有被压垮的风险；是不是过于随意和放松了，有没有举重若轻的错觉。在客观任务压力和内在心理资源之间保持平衡，是监控协调过程的基本任务。某种程度上，这是"戴着镣铐在跳舞"或"踩着钢丝过河"的体验。刚开始，我们可能十分焦虑，努力调动一切资源以应对眼前的困境,当资源更丰富、技能更熟练之后,我们也能从容面对,甚至可能艺术化的应对。保持从容,不把"鸡蛋"摔碎,不让自己"崩溃",这是平衡的艺术,也是韧性修养的结果。

7.4 如何提高韧性

行动层面,如何提高韧性呢?首先,要了解韧性的心理根源,由内而外发展心理韧性。其次,要掌握提升韧性的现实策略,在自我整合和自我行动中发展韧性。

(1) 了解韧性的心理根源

史蒂芬·柯维在《高效能人士的七个习惯》一书里提出,"人的一切思想观念的根源是安全感、人生方向、智慧和力量",对我们思考心理韧性的根源很有启发。

第一是安全感。安全感是一种情绪反应。我们的安全感往往来源于原生家庭的情绪模式,受到现在的学习或工作状态以及重要他人的接纳和肯定的影响。肯定和认同激发归属感,会让我们感到有价值、有意义、有责任。安全感决定了我们是否能踏出心理舒适区,决定了我们有多大的动力主动挑战自我以增强心理韧性。反思和觉察我们自身的安全感,在安全感的边缘发展心理韧性,是深度而有趣的精神探索。

第二是方向感。方向感是内心的认知地图,它指明前进的方向,我们据此反思行动有没有发生偏差、有没有发生错误、需不需要调整、进度如何。方向不对,努力白费。南辕北辙,注定不得其所。方向确定,则信心倍增,即使遇到困难,我们也不会轻易退缩放弃。

第三是智慧。智慧是指灵活的认知能力或认知资源。我们能否根据任务需要灵活调整自己的思维方式?有没有创造性地解决问题?有没有行之有效的平衡协调策略?有没有洞察挑战和机会的转换契机?要解答这些问题,需要调动我们的认知资源,通过一套行动方式有效地把它们整合在一起并发挥作用。智慧让我们保持思维的灵活性和弹性,也激发解决问题的灵活性和弹性。

第四是力量。如果说安全感和方向感是心理韧性的基础,那么智慧和力量(即灵活性和抗压性)是韧性的直接表现。力量,直接决定了心理韧性的强度。信心、决心、勇气就是心理韧性的力量,它决定了我们的抗压能力。在心理活动层面,心理动力即心理驱动力,由个人的需要、动机所决定,即由为降低身心缺乏状态的心理和行为倾向所决定。在纷繁复杂的需要中,选择什么为对象以满足自身的身心需求和精神需要,则受到价值观的重要影响。因此,觉察自己的价值观,明确自身的价值判断,具有"自我充电"、增强力量的作用。同时,力量感也是一种行动力,面对模糊的未知领域,行动是整合资源、创造机会、不断迭代的有效方式,能提高成功概率,不断激发信心、增强效能和力量。

(2) 掌握韧性的提升策略

管理学家马斯腾(Masten),从韧性提升组织效能的角度,总结了提升韧性了三类策略。

第一,整合内部资源,包括智慧、力量、方向感、安全感等等。包括一些其他的心理品质,如洞察力、独立性、关系、主动性、创造性、幽默感、道德、自信、乐观、效能、信仰等;还包括人力资本、社会资本、心理资本等等。不难想象,一个内部心理资源丰富的人,在遇到困难和挫折时,会拥有更多有效解决问题的资源和灵活应对困境的策略。随着内在心理资源的增加,韧性就自然得到增强。

第二,管控外部风险。外在风险包括吸毒、酗酒、滥用药物,或者持续暴露于一些创伤,比如巨大的一些自然灾害(如地震、海啸等)的场景。创伤反复呈现,会让我们受伤,从而损害我们的韧性。也有一些外部风险,可以帮助我们提升韧性。比如一些主动挑战的机会,如升职、升学、创业、内部变革等,可以促进韧性的发展。

第三,协调韧性过程。韧性过程是整合内部资源、完成外部任务的心理过程。自我在其中协调过程,评估可能的风险,调配可用的资源,协调任务与资源之间的平衡状态,保证韧性的工作性能。在此过程中,我们要主动觉察自身的内在资源有哪些,外在的风险有哪些,机会在哪里,方向在哪里,从而抉择可行的行动方案。面对可能的困难,组织应对预案,规划解决路径。通过行动上的投入获得发展,而发展会增强信心、力量和勇气。

协调韧性的过程,就是让韧性发挥作用并获得增强的过程。以瑜伽作类比,瑜伽是增强身体韧性的运动,练习瑜伽就是要不断尝试相对超出我们身体极限的瑜伽动作,拉伸肌肉和韧带,然后放松,再拉伸肌肉和韧带,配合呼吸调节和冥想,提升人体的柔韧性,也间接促进心理韧性的发展。协调韧性过程,就如同练习瑜伽,既不能超出极限,否则面临韧带断裂的危险;也不能松松垮垮,否则达不到增强韧性的效果。觉察我们的心理极限在哪里,一点点突破我们的极限,心理韧性也会一点一点增强。

(3) 在运动中发展韧性

身体的韧性,很容易在瑜伽、舞蹈、杂技等运动中直接体会到。但心理韧性不同,心理韧性是不大容易体会和衡量的心理品质。有韧性的人,能坦然面对生活的困难和工作的调整,能在挫折和失败中更快地站起来,能在打击和困境中更快恢复原有的状态。

发展和提升自己的韧性,与学习跑马拉松的过程有类似之处。马拉松运动是对人的体能、韧性、自我管理和自我调整能力的极大挑战。在一般人眼里,马拉松运动是不可想象的,可望不可即的。马拉松运动,是对身体韧性和心理韧性双重考验,可能也是提升心理韧性最直接、最便捷的途径。

如果有条件,建议在教练的指导下,尝试体验马拉松的挑战。就算没有教练的指导,一般人只要遵循循序渐进、适可而止和不断坚持的原则,也能完成跑马拉松的挑战。在身体能支撑的前提下,循序渐进地尝试跑1公里、3公里、5公里、8公里、10公里、20公里,随着体能和自我调整能力的增强,长跑对我们来说,会逐渐从无氧耐力的极限挑战变成有氧耐力运动。适可而止,就是不断超过身体和心理韧性的最大水平,对于跑马拉松来说,就是不断提高长跑的距离或配速,不断探索自己的最大潜能。其实,对于跑马拉松来说,无须追求成绩好坏,只要能跑下来就是成功,就能帮助我们在心理上自然而然形成一种"马拉松我都能跑,还有什么事情我做不到?"的自信。不断坚持,是不轻易放弃,是持续行动。学习跑马拉松,在刚开始几个月,需要不断突破体能的挑战,不断坚持的结果,让我们有机会真正享受独处的快乐,享受与自己同在的整合状态。

瑜伽、马拉松,是借由身体的运动通往发展心理韧性的"捷径"。真实的困境可能带给我们伤害,而适度的身体极限运动,风险是可控的,过程是可控的。瑜伽和马拉松这样的运动,不仅对于促进心理韧性的发展很有价值,还促进内啡肽和多巴胺的分泌,促进我们体验愉悦情绪。

推荐阅读书目

1. (美)奥马尔·马涅瓦拉. 与自我和解:超越强迫、成瘾和自毁行为的疗愈之旅. 人民邮电出版社,2015.

2. (美)弗雷德·路桑斯. 心理资本. 中国轻工业出版社,2018.

Chapter 8
第8讲

自我与人际

"自我"看不见摸不着,它真的存在吗?自我如何影响健康与发展?如何发展自我?人际与自我有何关系?如何发展人际关系?

自我是我们对自己的看法和感觉,是关于自己的经验总和。某种程度上,人际关系就是自我之间的关系。良好的人际关系,从发展自我开始。

每个人都是一个独立的个体，同时也不可避免地存在于某一群体之中，必然与他人联系。在自我成长与人际互动中，我们的思想、情感、精神也逐渐成长，并不断影响和塑造我们的人际关系形态。人与人之间的亲近与疏远、依赖与独立、信任与猜疑、认可与否定、合作与竞争等关系状态也在不断变化。其中最核心的问题是自我与人际的矛盾与平衡。

我们面临哪些人际交往的问题呢？人际关系与心理健康有何关系呢？

平衡自我与人际之间的关系，建立有意义的人际关系，可以说是通往心理健康的必经之路，也是自我建构与整合的必由之路。

随着人的成熟，自我逐渐成为整个心理结构中相对独立的一部分，成为人的心理活动的"身份认证系统"。从自我到人际，是人从依赖到独立，再从独立到相互依赖的过程，也是人的社会性不断发展和提升的过程。

在心理健康的意义上，自我与智力正常、情绪稳定、意志坚定、人格健全，都有密切关系，或者说智力、情绪、意志、人格是自我的不同层面。人际主题还涉及人际关系和谐、自我评价客观、社会适应良好这三项心理健康的标准。稳定的心理活动特点，比如积极好学、乐观向上、坚韧不拔，有助于自我的形成和发展以及人际关系的和谐。

有一个练习，我们不妨体验一下。这个练习的主题是：20个我是谁。请你拿出一张白纸和一支笔，在白纸的上方写下20句"我是_____"，可以是你的姓名、性别、个性、背景、生理特征、爱好、专业、拥有的东西、亲近的人、很希望的生活等等。通过"20个我是谁"的梳理，相信我们对于自己各个方面的特点，会有更加清楚的认识。更重要的是这些"我是谁"本身也是我们与人交流分享的话题。

在完成练习的过程中，有的人可能非常顺利，很快就完成了。而有的人可能会觉得比较费力，绞尽脑汁，也不一定有清晰想法。我们完成练习的速度，反映了自我认识的深入程度和觉察程度。一个人对自己了解得越清楚，也越容易向别人介绍自己。当我们能够比较清楚地向别人介绍我是谁的时候，"自我"是开放的，"我"对于新事物的态度是接纳和欢迎的。

对于他人来说，他们逐渐了解我的过程，也是他们不断地走进我的内心世界的过程。如果两个人彼此可以深度地走进对方的生活世界甚至精神世界，那么这两个人就有很大概率成为朋友。

8.1 自我是什么

自我是什么？自我是个体对自己的看法和感觉，是关于自己经验的总和。自我是一套"身份系统"和"反应系统"。我们的生活经历中，有很多事情可以反映自我。青春期的时候,很多人会跟朋友或者父母有冲突。在那一段时期,我们的内心常有一个声音告诉自己:不要管我,我要过独立自主的生活,我要自己决定自己的未来。这种内心的声音,就是自我的反映。

比如做决定时,父母与我们的意见常常是不一致的,决定上什么大学、跟什么样的人交朋友,是自我认知、自我评价、自我控制的过程,也是年轻人排除外界的控制或者干扰的过程,即建立自我的过程。

当我们决定接受新的挑战、进入新的环境时,我们会自然而然地地对自己的决定进行评估:我的决定是正确的吗?我适应不适应?满意不满意?如果不满意和不愉快的体验较多的话,我们可能会否定自己的决定,甚至对于自己期望拥有的工作和学习生活体验,发生认知混乱。

在自我否定与肯定、他人否定与肯定的过程中,我们逐渐提高了对自己的认识,对于"我是谁""我要往哪里去"的认识也逐渐清晰了。

对于做什么职业、发展自己哪方面的能力、跟谁交朋友、在哪里生活,这些问题都需要我们持续探索才逐渐有清晰的答案。在不断澄清自己的期望和改善自己行动效果的过程中,我们逐渐成为了自己所希望的人。

完成对这些问题的探索过程,就是一个成为自己、建立自我的过程,是一个与他人联系但又与他人区别的交往过程。

1. 自我的分类

具体来看,自我可以分为很多层面,比如主体的我、客体的我、物质自我、社会自我、精神自我。

第一,主体的我,"我"是自己行动的发起者,它的核心内涵是主动性、目的性。我们的成长和发展过程也是不断成为主体的我的过程,是一个从依赖父母的照顾和决定的人,逐渐发展成自主照顾、独立生活、独立决策的人。很多人在这个层面上遇到问题,有人的甚至不能区分自己的需求和他人的需求,错误地把父母的期望、恋人的期望、重要朋友的期望,当成了自己生活的目标。那么他追求自己的幸福呢?他是为自己活,还是为父母、恋人或朋友而活呢?

主体性反映我们的动机、意志。如果人的主体性没有充分发展,不能把"我"跟周围的世界区分开的话,那么这个人的独立性也很难发展。

另外,主体的我需要连续感和统一感。如果不连续,就意味着我们在不同的时间呈现了不同的自己。如果不统一,就意味着自我走向了分裂,而分裂的自我状态是健康和发展的另一个极端。

第二,客体的我,指人在自我认知、自我体验、自我监控和自我行动的过程中,把自己当成了心理和行为活动的对象。播音员在主持节目时也会观察自己有没有讲错、有没有口误。主持人会关注现场氛围、互动效果如何,从而做出调整或改变。

这涉及自我认识和自我监控，一个好的主持人，必须同时扮演好"行动中的主体的我"和"被监督的客体的我"这两种心理角色，并且在这两种心理角色间自由切换。另外一个层面，客体的我也表示"我"成为他人的活动的客体，一旦"我"成为他人的客体，关系就产生了。就好比一个年轻美貌的女子成了另外一个帅气小伙子的追求对象时，他们就有了某种联系，这种联系让他们拥有了成为恋人甚至终身伴侣的可能性。

有时我们把自己表述为"我是受人欢迎的""被人需要的""乐于助人的"，或者表述为"我是别人的丈夫""父母的子女"，这些表述都说明了我们作为一种客体而存在。我们通过自我意识，把关于"我"的信息传递到大脑，这为自我监控和自我行动提供了反馈，是自我调节机制的基础之一。同时我们作为别人的客体，意味着我们扮演了不同的社会角色，承载了不同的社会期望。扮演好我们的社会角色，是人际关系形成的基础。

第三，物质的我。有时我们通过所拥有的事物，表现自己的特点、状态、喜好、价值等。某种程度上，我们拥有的事物是"我"的延伸，是自我的一部分。有时我们会说，"我有一块家传的翡翠""我有一台宝马汽车""我拥有一套房子""我是一家大公司的老总""我是资源分配者和政策制定者"，如此等等。这些说法，是自觉或不自觉地通过物质来展现自我的表现。

有些时候物质资源和物质力量可以促进和强化我们的精神力量。一个身价10亿的人，会觉得自己帮助很多人就业挣钱对社会很有贡献，这让他获得了精神上的满足感。某种程度上我们也要警惕物质力量对于真正的精神自我的弱化甚至绑架。有人努力挣钱而忽略了家人，以为拥有了金钱就拥有了一切，但他并不真正懂得生活，在不知不觉中做了金钱的奴隶。

第四，社会自我。社会自我与客体的我有联系，指的是我们作为他人的客体，被他人如何看待和承认，它反映社会角色和社会关系。在自我意识层面，意识到我们是社会网络的一部分，意识到我们的社会角色、社会责任，意识到他人对我们的期望，是人际关系和人际交往的基础。

社会自我的发展程度，常常影响到社会交往和社会存在的质量。一个对社会发展需要和自身社会价值有清晰认识的人，更容易找到志同道合的团队，也更容易找到安身立命之所在。一个能平衡好社会期望和个人价值的人，常常是觉醒的、有行动力的、温暖的。

第五，精神自我，指内部的自我或者心理的自我，也包括自己对于自己的意义、价值、使命、责任等问题的认识和判断。精神自我决定了我们在面对重大问题时如何做出选择。

一个精神上没有追求、对价值和责任没有清晰认识的人，可以说是精神上发育不充分的人。有趣、充盈、完满的精神自我，可以帮助我们获得良好的精神生活体验。

2. 自我的内容与区分

从内容上，自我可以分为本我、自我与超我，人前我与人后我，大我与小我，公我与私我，表面的我与内在的我，真实的我与伪装的我。

本我、自我、超我是弗洛伊德提出的概念。在弗洛伊德的理论中，本我代表的是本能的冲动，是由人的原始需求所产生的内驱力，包括对食物、睡眠等的原始生理需求。超我代表社会伦理和道德规范，代表社会对人的要求，对人产生约束作用。而自我夹在本我和超我之间，协调本我与超我的矛盾。本我像是欲望无限的小偷，而超我像执法的警察，它时刻监视本我有没有做出逾越道德的行为，而自我要兼顾两边的需求，试图达成协调平衡。前文中讨论过在沙漠中渴了三天的极端情景，在这种情况下，如果看到别人手上有水，本我会告诉我，想尽一切办法得到它。而超我会警告我，不许偷、不许抢。这时候，自我就会跳出来协调他们之间的矛盾，进而发展现实的策略，比如在不违反道德的情况下，尽量通过谈判、求助、购买等方式获取饮用水。本我遵循快乐原则，超我遵循道德原则，而自我遵循现实原则。总之，自我要采取各种策略，实现本我的目标，同时还不能触犯道德和法律底线。

人前我与人后我常常是不同的。我们会说某个人"人前一个样，人后一个样，见人说人话，见鬼说鬼话"。也就是说，我们在不同的情境中，会呈现出自我的不同侧面或者不同的自我形态。在儒家的文化中，"慎独"是人后我的最高境界，意思是说即使在没有人监督时，具有慎独人格修养的人，仍然可以做到谨言慎行，不发妄悖之言，不行奸诈之事。

大我与小我是中国文化中最常见的一对矛盾。大我代表群体、团体的立场，而小我仅仅考虑我自身。这之间常常会有一些矛盾，传说大禹治水，三过家门而不入，这是他牺牲小我、成就大我的表现。我们需要警惕的是，打着大我的名义剥削小我。我们同样需要警惕，仅仅为了小我而牺牲大我。

公开的我与私下的我。公开的我指的是我们被人知道的部分，从社会互动的过程中看，它是自我有选择地在公共场合呈现自己的过程。人设，可简单理解为人物形象设定，就是个人在公共场合主动设计和创造的自我形象。很多歌星、演员，都比较在意自己的公共形象，会主动创造和设计自己的公共形象。私下的我属于个人或私密的小团体。

表我与里我。表面的我是自我直观形象的呈现。比如长得帅、长得美、有钱、有地位，这些是肉眼可及的，是可以直接观察到的。而内在的我与思想活动、精神信念有关，通常不能被直接观察到，但可以通过一言一行表现出来。一个人是否勤奋、是否善良，这些是需要通过言行加以推断的，而不是直接呈现的。即便同样是勤奋的人，具体表现也可能是不同的。有人通过努力学习来表现，有人通过努力做家务来表现。所以，相同的内在的我可以有不同的外在表现。反之亦然，相同的外在表现，不一定反映相同的自我。

真实的我与伪装的我。真实就是实事求是，与客观情况一致，表明我们的自我认知、自我体验。真实的我与自身的特点是适应的、匹配的。伪装的我，则是一种表演的自我存在形式。伪装的我，以与自己的实际情况不符的形象去呈现自己，往往是虚伪的、不真实的。我们常用"道貌岸然""伪君子"来形容不真实的自我或虚伪的我。

8.2 如何发展自我

在人生的不同阶段，需要有不同的自我发展策略。不管我们是为了自己，还是为了与人更好地相处，或带领团队，或教育子女，都应该在"发展自我"这个主题上进行深度的探索和实践。

心理学家、精神分析学家艾里克森1968年。在《同一性：青少年与危机》一书中系统地阐述了自我与人格发展理论。他把人的一生分为八个阶段，认为人在每个阶段都有一定的心理发展任务。只有完成了这些心理发展任务，才会形成积极的心理品质；如果没有完成这些心理任务，就会形成消极的心理品质，同时影响后续阶段的发展。

第一个阶段：婴儿期（0～1岁）。埃里克森认为0～1岁的婴儿心理发展的任务是建立信任感，避免怀疑感。如果这个阶段的婴儿能够得到家长或者照料者积极且始终如一的照顾，对婴儿给予充分的身体接触、抚摸、拥抱，给予无条件的爱。那么，婴儿就会发展出这个世界是可预测的、安全的内在信念，否则就会觉得世界是不安全的、是敌意的。

0～1岁的婴儿具有什么样的特点呢？他们无法自如地控制自己的身体，也不能够清楚地表达自己的思想，他们的情绪体验可能是混沌和原始的。他们完全依赖父母或者照料者的照顾，对于外在的环境没有控制能力。这个阶段的婴儿如果受冷了得不到及时保暖、饿了吃不到东西、难受了得不到安抚，他们就会反复地处于紧张、焦虑、害怕、无助或者疼痛之中。久而久之，这些负面的情绪体验，就会形成负面的内在信念，觉得这个世界是不安全的、不友好的、不舒适的，甚至是危险的。而如果他们得到无条件的爱、充分的身体接触，需求都能够得到及时满足的话，他们会觉得这个世界是稳定的、可靠的、安全的。

第二个阶段：幼儿期（1～3岁）。这个阶段的心理发展任务是建立自主性，避免羞愧和怀疑。这个阶段的幼儿有什么特点呢？9个月以上的幼儿逐渐学会说话，用语言来表达自己的思想。他们蹒跚学步，尝试控制自己的思想情感和行为。

在这个阶段,监护人应给予他们独立完成任务的机会,包括吃饭、穿衣、大小便等等,鼓励他们尝试,多给他们表扬。在他们受到挫折和困难时,也不要羞辱他们。幼儿期是培养幼儿自主控制和向外探索的关键阶段。如果这个阶段的幼儿不能发展出自主性,则会产生羞愧和怀疑,怀疑感可能是0～1岁阶段的延续。1～3岁幼儿的自我怀疑,不仅表现在对外界环境的回避和恐惧上,也反映在自己言语和行为的自主控制上。如果在这个阶段遇到挫折和困难时受到羞辱,则可能会引起他们的羞愧感、内疚、无助、贬低自我,或者怀疑自己适应环境的能力。这个阶段的关键是要给他们提供独立完成任务的机会。在保证安全的情况下,尽可能让他们去尝试。

你是否还记得3岁以前的经历?绝大多数人不记得。一方面,1～3岁的脑细胞大多衰老或被更替了,所以这个阶段的一部分记忆永久消失了。另一方面,1～3岁的幼儿,还处于语言比较初级的阶段,很难精准地描述当时的经历。这些经历以一种混沌的状态,储存在我们的潜意识中,无法被我们精准的感知和描述,因而表现为好像我们全部忘记了。通过语言精准描述世界、与自己对话、掌控自己的心理和行为,是1～3岁儿童心理发展的关键任务,因而,阅读、听故事,是1～3岁幼儿最重要的任务之一。

第三个阶段:儿童期(3～6岁)。这一阶段的儿童,心理发展任务是建立主动性,避免内疚感。如果他们发展顺利,则学会了控制自己的言行和周围的环境,发展出目的感。如果发展不顺利,就会体验到内疚和目的感的缺失。对于这个阶段的经历,很多人是有记忆的,甚至记忆犹新,一辈子也不会忘记。可能绝大部分人小时候都玩过过家家的游戏,扮演成年人的角色,扮演夫妻、子女、父母,尝试了解成人的世界。这个阶段还有另外一个特点,自我决定的意愿极大增强。这个阶段的儿童,对于父母的指导,常常表现出强烈的反抗精神。心理学家把3～6岁称为第一反抗期。这一时期的儿童通过模拟成人的角色来了解成人的世界,通过反抗成人的意志证明自己的存在。父母说什么他们都说"不"。在这个阶段,儿童开始发展出自己的主见,发展出目的感。对于父母来说,在这个阶段最重要的任务就是给孩子自己做决定的机会,并让他们体验到自我决定与自我负责的必然联系。这个阶段的儿童,如果受到过多限制,就可能会错过发展内心力量的关键时期。

第四个阶段:少年期(6～12岁)。这是小学阶段,主要任务是发展勤奋感,避免自卑感。这个阶段的儿童逐渐社会化,在学业领域会通过横向比较来评估和确认自己,在学校中逐渐发展出自己的朋友,开始逐渐为了学习的目标而努力奋斗。这个阶段的核心目标是帮助儿童养成"天道酬勤"的内在信念,让他们相信只要付出就有收获。对于这个阶段儿童的父母来说,将任务安排为一个系列的单元,给予及时表扬或奖励,是帮助儿童发展出勤奋感的基本思路。

特别值得注意的是,要鼓励这个阶段的儿童自己跟自己比,纵向比较,而不是横向比较。这个阶段发展顺利,儿童就会建立对不同任务的胜任感,相信自己能做到很多事情,否则儿童就会认为自己是没能力的,是不可能成功的。

第五个阶段:青春期(12~18岁)。这个阶段是人生最关键的发展期,也是自我发展的核心时期。这个阶段的任务是建立同一性,避免角色混乱和认同危机。在这个阶段发展顺利的少年,会建立起自我认同的各个方面,形成整合的自我概念。如果发展得不顺利,则对自我和将来感到混乱。这也是很多人在大学阶段还会继续面临的问题。我是谁、我从哪里来、我到哪里去,是这个阶段面临的根本问题。我们扮演的不同角色,如子女、学生、朋友、公民、俱乐部爱好者等等,他们之间是否协调、平衡,别人对我们的评价是否一致、连贯?

如果回答是否定的,我们就会对自己和将来感到混乱。这个阶段的父母要做的是鼓励孩子自我认同、自我接纳,寻找人生榜样。这些对于没有经历认同危机的青少年来说,也同样重要,因为它关乎榜样和偶像,关乎人生方向和自我认同。还可以鼓励这个阶段的青少年多交朋友,多寻找咨询和教练。青少年自我意识特别强,他们希望摆脱父母的控制和干涉,真正做自己。如果在现实的学习生活中总是受挫,不能得到足够的肯定和鼓励,他们可能就会对自我和将来感到混乱。

第六个阶段:成年早期(18~25岁),这个阶段的心理发展任务是建立亲密感、避免孤独感。(这也是下一讲我们要讨论的内容。)这个阶段的任务是学会无私奉献和得到回报。如果发展不顺利,就不能用有益、有效的办法跟他人相处。作为父母或者监护人,要鼓励他们有意识地建立伙伴关系。同时如果有条件,可以用心谈一场恋爱。通过恋爱,我们对自己会有更深度的反思和更准确的认识,也会有更美好的体验。还有一个方法就是寻求咨询与练习,教练会陪伴我们去梳理在我们成长过程中经历的孤独、无助、内疚、怀疑等情绪,帮助我们找到促进我成长的方式。

第七个阶段:成年中期(25~65岁)。这个阶段的任务是建立繁殖感,避免停滞感。发展顺利,才会发展出对下一代的关心,关心他们的健康和发展。如果这个阶段发展不顺利,则会认为自己的努力和成就对于将来毫无价值。所以对于这一时期来说,要不断地创造和传承,有条件、有机会的时候,多指导和帮助身边的年轻人。

第八个阶段:老年期(65岁至死亡),这个阶段的心理任务是建立完善感,避免绝望感。如果发展顺利,我们就可以深度地回顾和评价过去,感到生命可期望、有意义。如果发展得不顺利,我们会感到失望,遗憾错过良机。对于这个阶段,如何发展自己呢?意识到生命是一个叙事的过程,从他人的肯定、从我们的日记、从点滴的快乐中,我们完成自我确认,从而建立起完善感。即便感到生命不完整,但只要生命存在,故事就还在继续,生命就还有各种未知的可能性。

8.3 人际关系是什么

1. 人际关系是一种心理关系

"自闭、死宅、孤岛,与朋友待在一起但很陌生。"相信不少人也有过类似的体会。有的人离你很近,但在心理距离上可能你离他/她很远。本质上,人际关系是一种心理关系,或亲近或疏远,或喜欢或讨厌,或轻松或紧张,或自然或尴尬,或共赢或消耗。总之,人际关系带给我们丰富的心理感受。

还有人说自己"线上很活跃,线下却寡言",这反映了人的两种不同的存在状态或者两个不同的自我。一个是网络虚拟的自我,另外一个是线下现实的自我,这两者之间往往是有区别的,甚至是分裂的。我们如何整合虚拟的自己和真实的自己,这是成长的核心问题。

有人烦恼不知道怎么跟别人交流,不知道怎么求助,怕麻烦别人,或者害怕别人知道自己很"菜"。其实对于大多数人来说,有人向自己求助,是对自己的肯定,也是自己有价值的体现。但是,寻求帮助和索求帮助有很大区别,偶尔求助再相互帮助,会大大拉近彼此之间的距离。而不断索求帮助却没有对等的付出,只会让对方觉得自己是被利用的工具,一旦对方有这样的感受,那么他就会疏远和离开,甚至这段关系会走向破裂。

还很多人害怕被关注,害怕被人知道自己的某些缺点,甚至有自闭、自卑的倾向。怎么克服呢?就算别人知道我们差一点又有什么关系?我们会有什么损失吗?会丧失什么机会吗?我们会因此受到什么惩罚吗?其实都不会。

害怕被关注其实是一种横向比较的思维在作祟。横向比较是必要的,我们通过横向比较,确定自己在人群中的存在地位,可以判断自己的能力是否得到认可。对我们自己的生活来说,大多数时候他人的看法和观点不是那么重要。我们需要尊重和平衡与他人的关系,但是我们要首先成为一个独立自主的人,要为自己而活,为自己负责。如果过多地进行自我比较,就会陷入不断横向比较的忧郁之中。

2. 人际关系滋养意义与价值

我们常说"贵人相助",是指在人生的关键阶段,有价值、有意义的人际资源会给我们帮助,甚至是莫大的帮助。有人给我们指导,给我们机会,给我们鼓励,陪伴我们,支持我们向前发展。

这种有价值、有意义的关系可以是恋爱关系,可以是合作学习、合作研究、合作共事的关系,或者可以是人情往来、兴趣团体的关系。

在恋爱关系的相互滋养中,很容易想到的是钱钟书和杨绛的故事。到底是钱钟书成就了杨绛,还是杨绛成就了钱钟书?也有人说,如果不是杨绛先生牺牲了自己照顾家庭,钱钟书先生不会有这么伟大的成就,我们可能就看不到《围城》。但这只是假设,我们无从知晓答案。我们也可以反过来想,如果钱钟书不是这么知名,那杨绛还这么知名吗?我想在他们这段持续一生的圆满爱情与婚姻关系中,是相互成全、相互成就的关系。

还有一些有价值、有意义的关系,可以是同学关系、师生关系或同事关系。杨振宁、黄坤、张守廉曾经是"西南联大三剑客",他们在西南联大共读研究生期间结下了深厚的友谊,经常在一起讨论问题。此后他们都成为国际知名的物理学家。这些有价值、有意义的关系,给了他们一生的滋养。

如何建立这样的有价值、有意义的关系呢?可以说像杨振宁、黄昆、张守连那样的关系,千年难遇,往往是可遇不可求的。关系是人的内在修养、理想信念以及价值取向的呈现。有价值、有意义的关系,虽说偶然,但偶然之中也有必然。致力于学术研究的人,会遇到志同道合的人成为研究上的伙伴。致力于艺术体育的人,也总有几个惺惺相惜的对手,而很多最后成为朋友甚至知己。

8.4 如何发展人际关系

人的心理关系是如何形成的呢?天然的心理关系是由血缘延伸的家庭关系。我们与亲人血脉相连,共享着相同的遗传基因。当我们从母体分离出来后,我们对于母亲所散发出的味道有一种自然的亲切感和依恋感。我们成人之后所建立的社会性关系,则要比自然形成的家庭关系要复杂得多。

1. 顺应生理机制

1992年意大利生物学家佐拉蒂发现了镜像神经元,开启了社会学习和社会交往的神经基础研究新领域。镜像神经元的作用,像一面镜子,把我们观察到的外部动作镜像传递到大脑。当看到好朋友走进婚姻殿堂,在婚礼上发生的一幕幕温暖感人的画面时,会让你产生幸福感,仿佛这些经历发生在你自己身上一样。这就是镜像神经元的作用,它不仅让你看到、感受到,它的镜像传递作用,还可以激发关心他人的心理反应,促进我们的心理关系发生的连接。镜像神经元让我们对危险信号产生警觉反应,也让我们对于温暖美好的情境产生幸福感。因为有镜像神经元的作用,我们会自动学习和模拟所观察到的动作,情感也自然而然地被激发,激发我们与他人建立联系。

催产素是一种神奇的内分泌,帮助怀孕的母亲稳定情绪,产生幸福感、力量和勇气,还具有镇痛的作用。在生产过程中催产素会大量分泌,帮助母体忍受分娩带来的生理痛苦,激发母体产生作为母亲的幸福感和成就感。催产素不仅仅是母亲的特权,在孕育下一代的过程中,父亲也会大量分泌催产素,深刻感受到身为人父的快乐。虽然父亲的感受没有母亲那么强烈,却会激发无条件的爱,激发母性行为和照顾行为。心理学家曾经提取怀孕小白鼠雌性的血清,注射在没有怀孕的雌性小白鼠身上,结果发现这些雌性小白鼠相比对照组表现出大量的母性行为及更多照顾幼鼠的行为。这是造物主对于人类的馈赠,也是大自然的神奇和美妙。结婚生子会深刻改变一个人,不仅是在社会角色上,在生理、心理、情感和精神上亦如此。

在人际交往的过程中,内啡肽、多巴胺和皮质醇是人际关系产生的重要心理基础。人积极愉快的经历与健康的人际关系,会促进内啡肽、多巴胺的分泌,让人体会到幸福感、愉悦感。糟糕的经历、糟糕的关系会刺激皮质醇的分泌,产生不愉快的感受,降低人的抵抗力,影响人际关系的形成。

2. 关照心理需要

在个人层面,个人需要是人际关系产生的重要基础。按照马斯洛的需要层次理论,人有生理需要、安全需要、尊重的需要、爱和尊重的需要、求知的需要、审美的需要和自我实现的需要。尤其是前四种需要,对人与人之间关系的产生有着重要影响。我们生下来就依赖父母给我们身体上的照顾和安全上的保障,也依赖父母给我们的爱和归属感。在我们成年之后,满足彼此的需要,始终是人际关系的重要基础。尤其对于一般性的人际关系,我们始终追求在关系中有安全感、归属感和受尊重感。如果在一段关系中没有安全感、归属感,不被尊重,这段关系就很难持久。

埃里克森自我发展理论认为,我们在每一个重要的人生阶段都有一些特定的需要。0~1岁有建立秩序感和安全感的需要;1~3岁有自主性的需要;3~6岁有主动性和控制感的需要;6~12岁有建立勤奋感、收获感的需要;青春期有建立自我同一性的需要;成年早期有建立亲密感的需要;成长中期有获得繁殖感的需要;老年期有建立完善感、意义感的需要。这些需要,是人的普遍需要,具有阶段性,也可以说,这些需要对某个特定阶段的人有深刻而重要的影响。比如青春期,要建立自我同一性,因而我们特别渴望友谊、渴望认可,甚至为了维持自我同一性,青春期的青少年与父母发生了严重的冲突和矛盾。比如成年早期,我们要建立亲密感,因此,恋爱和谈婚论嫁就成为这个阶段人际关系的核心内容。

3. 运用社交策略

在社会层面，有哪些因素影响人与人之间的人际关系和心理关系的形成呢？

(1) 了解人际吸引的影响因素

接近、相似、互补、喜好、外表等因素，对于人际关系的形成有广泛而深刻的影响。

空间接近增加交往频率，促进人际关系或友谊的形成。同学的友谊就是最典型的例子，很多人会跟同桌的同学结下深厚的友谊，跟宿舍的室友成为铁哥们或好姐妹。中国传统文化中有"五方交游"的说法，就是要拓展自己，接触不同的人、不同的事，扩大自己的眼界和圈子。交游广阔代表能走出自己的心理舒适区，面对不同的人都有话可说，面对不同的事都有机会参与。中国人常常通过圈子标榜自己，圈子成了自我的一部分，是人存在的证明。一个交游广阔的人，也更有机会得到更多提拔重用。贵人相助是一件很幸运的事，但贵人往往是我们自己多方交游的真心换来的。"有心栽花花不开，无心插柳柳成荫"，可以努力追求，但无需过于强求。如果过于功利地追求拓展人脉，往往事倍功半，甚至不得其所。抱着一种心诚则灵的态度，诚心待人，多方交友，积极影响他人，会逐渐收获信任、建立人脉。

相似性增强吸引力，促进人际关系形成。俗话说："物以类聚，人以群分。"我们对于与我们相似的人有天生的亲切感，校友、同乡、有共同的兴趣爱好等因素可以促进人际关系的形成。因此，认识到自己的兴趣爱好、价值取向、人格特点之后，加入相应的兴趣团体，或与一群志同道合的伙伴为实现共同目标团结协作，人际关系会自然而然发展起来。在中国传统文化中，吃饭是很重要的人际关系黏合剂，酒桌文化、饭桌文化虽有糟粕之处，但也有值得肯定的地方。俗话说："酒逢知己千杯少，话不投机半句多。"文体活动或宴会，可以帮助我们在自然状态中迅速了解一个人，包括他的行为举止、兴趣爱好和价值观念。这样才能找到共同交流的话题，甚至合作共事的机会。心理学家研究发现，在谈判过程中，如果提供一些零食、水果作茶歇，达成共识的可能性要高一些。因为茶歇能让大家放松下来，也给大家一个积极的暗示——我们在做一件共同的事情。

互补促成合作，促进人际关系的形成。内向的人欣赏外向的人开放、有活力，外向的人欣赏内向的人稳重、深刻。同时外向的人需要一个耐心的听众，因为互补的作用，内向的人与外向的人也可以成为朋友。互补，某种程度上具有生物进化的意义，互补关系让彼此的缺陷得以弥补、优势得以发挥。在求同存异的基础上，互补是一种各取所需、相互补位的关系，也是一种相互依存、共生共赢的状态。互补让人际关系产生"1+1>2"的合作效应。在拓展人际关系的层面上，互补的前提是彼此对对方有补充价值，也就是说，如果我们认清自己对别人的价值，也就能基于此逐渐发展出人际关系。

喜欢促进喜欢,促进人际关系的形成。人自然而然地喜欢喜欢自己的人,这是一种类似于投桃报李的心理反应。在被人关心和喜欢的过程中,我们会感觉到被尊重和被肯定,也能看到我们自身的长处和优点。通常我们也会对对方"有眼光的判断"抱以欣赏和肯定。

第一印象影响人际关系的形成。中国传统文化中,有"三分长相、七分打扮""人靠衣装、佛靠金装"的说法,衣着得体大方,与社交场合和身份地位相匹配,会散发出欢悦感,有助于给他人留下好印象,这是人际关系的催化剂。俗话说"入乡随俗,客随主便",我们的行为举止要与环境相匹配,要与交往对象的价值观念相适应。第一印象在人际交往中有很大的影响,积极热情的人更容易获得良好的评价。甚至在面试中,最后被录用的人有百分之七八十是面试官第一眼就感觉合适的人。举止得体意味着我们有良好的自我意识,对环境对我们的要求有正确的判断,对自己的言语和行为有很好的控制力和表现力,这些都是人格修养良好的表现。

外表与修养也是促进人际关系形成的重要影响因素之一。英俊、帅气、漂亮、美丽,往往给人好的第一印象和感受。"腹有诗书气自华",良好的个人内在修养所散发出来的气息,可以给人宾至如归、如沐春风的感受。我们会自然而然地"以貌取人",通过他人的外表,迅速判断他人的职业、喜好、修养,这有利于迅速找到人际关系的连接点。我们也要警惕,仅凭一个人的外表做出判断和结论,小则判断失误,大则错失机会。保持身心健康,积极阳光向上,不断学习提高自身修养,正确认识自己,找到自己喜欢做的事,并以热爱投注于事业,人际关系就会逐渐改善,人脉也逐渐建立。

(2) 遵循人际交往的基本原则

人际关系的发展变化过程是一个逐渐相互影响的过程。在这其中互惠、承诺一致、社会认同、权威、稀缺因素影响了人际互动的频率、强度和方向。

互惠是交往过程双方都产生回报,准确说是彼此回报对方。如果这种回报越符合对方的需要,对方就会期待这样的回报,因而也就越努力维持这段人际关系。比如,恋爱双方如果彼此能满足对方的需要,那么关系也更稳定、更持久。了解彼此的期望,面对冲突和矛盾时懂得妥协和平衡,面对利益时懂得分享与发展,这有助于我们建立健康的人际关系。

承诺是履行对对方许下的诺言。承诺不仅可以满足我们对于诺言的期待,某种程度上还照顾到了我们的安全感。人无信不立,它不仅影响人际交往,还具有道德评价的含义。言行一致、信守承诺的人,不仅能取信于人,还能澄清和整合自己。中国传统文化中有"六出祁山"的典故,可见诚意和承诺的重要性。它出自诸葛亮六出祁山的典故,是诸葛亮对刘备三顾茅庐的庄严承诺,是他鞠躬尽瘁、死而后已珍贵品质的直接体现。人际关系中,"六出祁山"的意思是要有坚定的信念,细水长流、锲而不舍的精神,有这种决心和毅力的人在人际关系中自然能结交到情深义重的人。交友广阔固然重要,但有情深义重的朋友却更加珍贵。朋友之间很难做到两肋插刀、肝胆相照,但做到志趣相投、志同道合是必要的。诸葛亮六出祁山,帮助刘备三分天下,看重的是刘备的诚意。不管在学校还是在职场,人们都愿意帮助诚心向学、积极上进的人。在人际交往中,求助是建立关系非常重要的途径。求助是一种信任,某种程度上,求助是一种友谊或合作的邀请。对别人施以援手,解人燃眉之急或雪中送炭,也会大大增进人际交往。

  获得社会认同是人们在社会交往中的自然需求,也是人的社会存在的条件之一。社会认同是根据社会的主流价值观来对自己的言行进行评判的过程。大多数人具有保持自己的言行与社会主流价值观趋近的心理趋势。当缺乏公认的社会认同标准时,我们就会不自觉地倾向于把别人的看法作为社会标准。中国传统文化中有"七术打马"的说法,意思是要诚心诚意地赞美别人。赞美和肯定是人际关系的润滑剂,在人际关系中是社会认同原则的反向运用。赞美除了表达欣赏,还能反映我们的价值观。当对方感觉到我们欣赏和肯定的价值倾向与他的特长一致时,两人在心理上就产生了连接。西方比较流行的同行推荐,是社会认同原理在职业情境或学术情境中的广泛运用,中国人找熟人推荐的做法也有异曲同工之妙。或许我们可以做一个简单的自我评估,我有没有学术上非常敬佩和欣赏的7位导师?我有没有职业上非常敬佩和欣赏的7位同行?我有没有生活上非常敬佩和欣赏的7位朋友?

  权威在社会互动的过程中,常常发生重要影响。一方面可能是权威与普通人士的力量对比关系,一般人认为反对权威会带来不必要的麻烦和压力,另外一方面,反对权威在某种程度上等同反对自己曾经认同的观点,这几乎等同否定自己。所以大多数人对权威选择了顺从或者沉默,换一个角度思考,如果能获得所谓权威或重要他人的认可,对我们往往会有"贵人相助"的功效。在人际交往中既要真诚肯定和赞美别人,也要客观和适度地宣传自己。这是一种自我表现、自我营销的能力,也是自我肯定和自我鼓励的能力。当然,宣传自己,要适可而止,尤其不要夸大其词,否则反受其害。人可以谦虚,但不能妄自菲薄。如果一个人看轻自己,别人又如何肯定你呢?宣传自己的最高境界是让别人来肯定自己,尤其是那些权威人士的肯定。如果你努力学习、认真工作,让导师、同行、同事、同学看到你的价值,那么你在升学时可能会获得老师的有力推荐,在离职时也会获得同行甚至上司的有力推荐。

  稀缺也是影响社会互动的重要因素。俗话说:"物以稀为贵。"由于人们常常害怕失去,所以当某种东西失去时,更能激发人们获得它的动力。当社会互动的某一方掌握某些稀缺资源时,那么他在社会活动中的主动性就会大大提升。在人际交往中,面对逆境的韧性和延迟满足的态度是十分稀缺和珍贵的品质。天道酬勤,这是亘古不变的道理。做人是为了成事,建立人际关系也是为了把事情做得更好。

机会永远留给有准备的人，"贵人"虽然稀缺，但遇见"贵人"绝不是仅凭借运气，而是要踏踏实实经营人际关系，提升自己的视野和判断力，当"贵人"到来时我们才能承接他的帮助。踏实努力提升自己，对运气心存期待，这是一种愿景思维，也是对自己的肯定。人际交往中的延迟满足，指凡事不能太功利。与人共事、合作和交往，常常不能立刻产生良好的效果。是否能坚持下去，是否能经营好人际关系，也需要方向感、智慧、力量和勇气。对于我们特别期待又需要持续经营的关系，如婚姻关系，常常需要有延迟满足的心态和能力，克制自己立刻满足的欲望，适当妥协和不时满足对方的期望，相互成全、共同成长。在人际关系中，最稀缺的品质是我们的内在修养，越稀缺的品质越值得我们用心培育。

本质上，人际交往不是一种技巧，而是一种个人修养。儒家有"君子之交淡如水"的说法，君子是一种理想的人格修养，拥有理想人格修养的人相互交往，自然而然容易产生信任感和尊重感。也许一方对于对方的个人生活和个人隐私了解不多，但如果他们都抱着"穷则独善其身，达则兼善天下"的价值观，那么自然会产生有一种惺惺相惜的尊重感和信任感。

总之，人际交往的质量，与我们的心态、品性有关，也与我们的自我成长水平有关。在家靠父母，出门靠朋友；与人为善、与人为伴；己所不欲，勿施于人。建立有意义的人际关系，我们会因此而受益一生。

推荐阅读书目

1. （美）丹尼尔·戈尔曼. 社交商. 中信出版社, 2018.
2. 曾仕强. 人际关系的奥秘. 北京联合出版社, 2015.
3. （美）马歇尔·卢森堡. 非暴力沟通. 华夏出版社, 2018.

Chapter 9
第 9 讲

孤独与亲密

　　你孤独过吗？人际孤独、心理孤独与存在孤独有何区别？如何应对孤独？亲密的内涵是什么，包含哪些要素？在爱情中，激情、亲密和承诺的作用分别是什么？如何在关系中修炼自己？

　　人是独立的个体，某种程度上孤独是客观存在的。人也是关系的总和，建立亲密感是必需的。建立亲密感，避免孤独感，是贯穿一生的成长课。

建立亲密感、避免孤独感是青年早期的心理发展任务。有人会感到苦闷,觉得自己是人际孤岛,交不到朋友。有人正面临着感情的冲突、恋爱的问题。也有人在亲密关系中如鱼得水、左右逢源,他们很多朋友,也有甜蜜的爱情,不断成长进步。

根据中华人民共和国民政局部公开的《民政事业发展统计公报》,2010 年,全国办理登记结婚 1241 万对,而办理登记离婚 267.8 万对。2020 年,全国办理登记结婚人 814.3 万对,而办理登记离婚却高达 373.6 万对。如果简单以结婚离婚的数字来比较的话,那么很多人认为到 2020 年离婚率接近 46%。虽然这种统计方式不受社会学家认可,但我们可以做一个最简单直观的类比,假设这样的状况持续 20 年,甚至持续 40 年、50 年,那么是不是可以理解为 100 对结婚的人中就有 46 对离婚?这个数据还是直观地反映了很多问题。

我们姑且不讨论时代发展和社会变化如何影响离婚率,某种程度上高离婚率反映了人的人格、经济、独立性的进步。但离婚对于子女的教育、文化的传承、社会的稳定,是一种威胁和挑战。

对于我们每个人而言,如何避免孤独感、建立亲密感,如何拥有丰富的、高质量的、有意义的情感生活,是重要的人生课题。

9.1 孤独是什么

婚姻专家这样描述亲密爱人之间的心理博弈。他说:"我跟你亲近,我会受伤;不跟你亲近,我会孤单。""如果有心里话,我说了,你会走;不说,我会走。"两个非常亲近的人,某些时候又非常疏远。

对于哲学家而言,孤独是个永恒的问题,每个人是独一无二的,因而每个人都是注定孤独的。对个人来说,孤独是感性的,是现实的,也是社会的。可以预见,一个普遍孤独的社会,是不幸福的,甚至是悲凉的。

孤独不仅是社会问题,也是个人的心理成长问题。心理学家开玩笑说:"没有关系,就什么都有关系;有了关系,就什么都没关系。"

知名作家周国平说过:

"当一个孤独寻找另一个孤独时,便有了爱的欲望。可是两个孤独到了一起,就能够摆脱孤独了吗?

"和别人混在一起时,我向往孤独,孤独时,我又向往看到我的同类。但解除孤独毕竟只能靠相知相爱的人,其余的人扰乱了孤独,反而使人更感孤独。犹如一种官能,因为受到刺激而更加意识到自己的存在。

"一颗平庸的心灵,并无值得别人理解的内涵,因而也不会感到真正的孤独。孤独是一颗值得理解的心灵寻求理解而不可得,它是悲剧性的。无聊是一颗空虚的心灵寻求消遣而不可得,它是喜剧性的。寂寞是寻求普通人间温暖而不可得,它是中性的。然而人们往往将他们混淆、甚至以无聊冒充孤独。"

孤独与否,与周围人的数量没有必然联系。有人可以"老死不相往来"而自得其乐,陶渊明描述的"采集东篱下,悠然见南山"的生活状态,梭罗描述的瓦尔登湖的生活状态,都不孤独。有人身处人群之中,却倍感孤独。

欧文·亚隆把人的孤独界定为三种类型:人际孤独、心理孤独和存在孤独。在我们日常生活的感受中,往往不大区分人际孤独、心理孤独和存在孤独。我们常说的孤独主要指孤单的感受和体验,一般是指人际孤独。

第一,人际孤独是什么?

欧文·亚隆认为,"人际孤独就是通常人们感受到的寂寞,意指与他人分离。"几乎每个人都感受过人际孤独,由于人际关系疏离而导致的孤独,常伴随着寂寞、孤单、无聊、甚至虚无的心理感受。人际孤独常常与空间隔离、社会文化变迁和缺乏社交技巧有关。现代社会人们常常离开自己的家乡,外出工作,这种"独在异乡为异客,每逢佳节倍思亲"的感受,就是由于空间分割而导致的人际孤独。另外现代化的商品住宅,与传统的农村村落或者传统城市的四合院落完全不同,邻里之间的空间距离变得更近,但快节奏的现代社会分工却让邻里之间的心理距离变得更远。

人际孤独在大学也广泛存在。"人际孤岛"这个词指的就是人际孤独。同学们选专业、选课程的自由度越来越大,但这同时也消解了传统的班级氛围。有的同学初入大学时,找不到自己的圈子,也没有稳定的人际关系与人际支持,这种情况下就更容易用游戏来陪伴自己。甚至还有不少同学表面上有很多朋友,但却找不到可以交心、说心里话的人。"越是在人多的地方,我越感到孤独",这描述了很多同学的真实感受。

第二,心理孤独是什么?

欧文·亚隆认为,"心理孤独是指人把自己内心分割成不同部分的过程。"压制自己的欲望和情感,把"应该如此"或"必须如此"作为自己的愿望,不相信自己的判断,埋没自己的潜力,都会导致心理孤独。有些同学并不喜欢自己的专业或某门课程,只是因为好就业或好出国而做了这样的选择,那么这种割裂的选择就会让我们产生心理孤独感。

我们可以把心理孤独理解为一种分离的自我或不整合的自我。简单说就是心理活动的各个部分不连续、不整合、不系统,基本表现就是这种状态下的人的认知活动、情感活动和意志活动相互孤立。

第三,存在孤独是什么?

欧文·亚隆认为,"存在孤独指的是个体和任何其他生命之间存在着无法逾越的鸿沟。它也指一种更基本的格局,个体与世界的隔绝。"

死亡、自由、孤单、无意义都可以导致最基本的存在孤独,因为谁也无法替代自己生,谁也无法替代自己死,人必须为自己负责当我们被抛入到这个世界时,我们就不得不孤独地面对世界的一切。

成长意味着我们必然遭遇存在孤独。当我们从母体分离的那一刻,孤独也开始了。人出生之后,在很长一段时间内都处于精神层面的荒原状态,周围是混沌的,而自己是孤立的。如果没有出生,就不会遭遇分离,当然也不会遭遇孤独,但也不会成长。从这个意义上,可以说孤独是成长的阶梯。

分离在人的一生中不断发生。上大学就是一次重要的分离,而分离本身意味着要独立面对和独自承担责任,也意味着要适应新的开始。人的一生就在这不断的分离和重逢中成长。一个人出生,一个人死亡,这是永恒的事实,谁能改变呢?这就是存在孤独。

孤独常常与很多负面情绪有关,空虚、寂寞、脆弱、无助、沮丧、忧郁、消沉等。孤独还与健康状况有关,研究发现孤独与心血管疾病造成的男性死亡率增加有关,研究甚至发现社区老人的生存率与孤独呈负相关关系。孤独的人比不孤独的人,免疫系统更差。

艺术家常常歌颂和赞美孤独。对于艺术家来说,孤独是为自己的心灵留下一种可以孕育和创造美好的可能性和一片可以回避世俗纷扰的天地。

科学家尝试测试、验证和分解孤独,但孤独的混沌与无序并不容易说清楚。

普通人用自己的感官和心境体验孤独,感悟孤独,忍受孤独。孤独让人难以忍受,所以我们害怕、回避孤独。我们会尝试用各种不同的方式消除孤独,吃喝玩乐,游山玩水,或沉迷于工作学习,或依赖家人和朋友。除非这些填满了一个人生活的全部,否则又怎能彻底地消除孤独感?孤独是人的一种存在状态,无法人为地消除。因而对于普通人来说,只能加强自我调整,适应孤独。

孤独无法回避,有点残忍,又散发出诱人的美好。很矛盾,也很真实。

9.2 如何应对孤独

做什么能减轻孤独,或者减轻孤独对我们的影响呢?很显然,百无聊赖地看电视,沉迷游戏,不停地刷短视频,不停地玩自拍、秀朋友圈,这些都不能持续有效地减轻我们的孤独感。甚至,这些方式只会让我们短暂地兴奋之后,体验到更加强烈的无聊、孤独和寂寞。

第一,不妖魔化孤独。

不妖魔化孤独,甚至美化孤独,这是一种认知调整策略,是一种思想游戏,就是思想上要认识和理解孤独是常见的现象,情感上要接纳孤独带来的无聊不安的感受。虽然孤独带来的感受很糟糕,但孤独并不是洪水猛兽,更不是世界末日。有孤独带来的不安,我们才能更好地体会团聚带来的快乐和满足。有孤独带来的隔离,才给我们动力促进我们与人交往,与人产生稳定的联系。孤独是一种永恒的存在状态,因而要觉察和警惕孤独带给我们的困扰。可以在物理上孤单,但不要在心理上孤独,不要在人际上成为孤岛。

第二,主动应对孤独。

某种程度上,孤独是人际关系的试金石,也是自我成熟度的试金石。你孤单寂寞时,有没有朋友可以倾诉?你孤苦无依时,有没有亲朋可以依靠?你空虚无聊时,有没有知己给你激励鼓舞?你感情脆弱时,有没有伴侣给你陪伴和安慰?

物理上应对孤独的答案,是自然而然显现的。当你一个人感到孤独时,那就多交朋友,人际联结有助于促进人与人之间的物理联系和情感联系,有助于降低人际孤独。

应对欧文·亚隆所界定的心理孤独,策略上要复杂一些。心理孤独有别于人际孤独和情感孤独,它是心理活动的各个要素之间相互隔离、互不整合的状态。这种现象并不存在于我们日常经验的感受层面,它所带来的感受也不仅仅是孤单和寂寞,还有纠结与矛盾。"同床异梦""貌合神离"所描述的就是人际孤独与心理孤独的混合状态,这种感情上不能融通、精神上不能融合的状态,给双方都带来很大的情绪困扰,对双方的思想认知也有很大的冲击。一方面双方可能互不认可,另一方面双方又很难彻底分开。对于双方的个人层面来说,他们的思想认识和情绪反应是矛盾的,这种矛盾就会导致孤独感和疏离感。要解决心理孤独,人们需要有比较高的自我觉察,觉察自己的思想观念、情感模式、意志品质,并制定相应的行动策略,不断调整自我的状态和彼此的关系。在这个过程中不断地倾听和澄清自己内在的声音,能够更好地指导自身的行动。同时要不断地加强和改进自己的行动效果,通过行动效果促进内在的思想情感和意志的协调与整合。

很多人都没有做好真正面对存在孤独的准备。当人们真的经历过生命的挣扎与痛苦、衰老与死别,强烈的存在孤独会对我们造成冲击。就算是双胞胎,他们的出生也不是同时完成的,他们的生命是彼此独立的。就算两个人有共同的成长经历,但各自遭遇的挣扎、困难和痛苦也不相同。就算两个人可以同时同刻死,但他们也各自遭遇着生命消失的过程,无法替彼此承担。莎士比亚曾说:"存在还是死亡,这是个问题。"也许更大的问题不在于如何在生死之间进行选择,而在于如何协调和平衡生与死。有人靠活出生命的意义来消解对于死亡的恐惧,有人靠增加心灵的深度来降低死亡的成本和代价,还有人纵情声色,用短暂的娱乐来麻醉自己。因此,面对存在孤独,只能坦然接纳和积极应对。

第三,转化并享受孤独。

其实孤独本身并不可怕,可怕的是害怕情绪本身。或者说,害怕孤独并不能消除孤独,因为它始终存在。在孤独面前,我们是平等的。而不同的人面对孤独的反应是千差万别的。有人在孤独中学会了独立,而有人在孤独中养成了依赖;有人在孤独中强大了自己,而有人在孤独中削弱了自己;有人在孤独中学会了结交朋友,而有人在孤独的漩涡中无法自拔。

孤独往往是强者的权利,是弱者的恐惧。强者需要孤独,需要孤独带来的独立和自我决断。孤独往往也是自我独立的基础。有独处的时间,才有独自探索的机会,独立人格就在独处和独立探索的过程中慢慢生长。孤独意味着责任感的滋生,意味着自我负责的开始。俗话说:"穷人的孩子早当家",贫穷、压力、责任、成长,可以递进转化,不断升华。

把孤独转化为历练和独立,是一个不断成长、自我觉醒的过程。

9.3 亲密关系是什么

亲密关系是人一生的追寻,也是人一生中最大的发展机会。亲密关系带来有关爱恨情仇最深刻的体验。伤我们最深的人,往往是离我们最近的人,那在空间上和心理上离我们远的人,也无法深刻地伤害我们。爱我们最深,影响我们最深的人,往往也是身边的人。

亲密的要素有哪些?

根据斯滕伯格的爱情三角理论,爱是激情、亲密与承诺的综合。

第一,激情。性激情和欲望是爱情或亲密关系的基础,是恋爱双方彼此吸引的根本因素。

狭义的亲密感是指异性之间性与爱的关系,它具有隐私性、排他性,给人以浪漫和满足,它对人的影响是强烈而深刻的。强烈而深刻的爱刻骨铭心,但强烈而肤浅的爱却停留于性。狭义的爱一般以爱情和婚姻为目的,这也是人追寻情感归宿和精神归宿的过程,这两者都以性和身体的快乐为基础。

在恋爱初期,尤其是热恋阶段,亲密关系让彼此的奖赏系统不断启动。因而恋爱也有成瘾的性质,人们在分手后也会经历强烈的戒断反应,空虚、痛苦、寂寞、难受。有人在分手之后会迅速地投入另外一段感情,希望减轻分手带来的痛苦,但这并不能真正消除戒断反应。生理层面的亲密关系,并不能替代情感和精神层面的亲密关系。

性接触会刺激多巴胺的分泌,启动我们的奖赏系统,让人获得极大的快感、满足感和幸福感。不管对于男性还是女性,性需求都是基本需求,是人的本性之中强烈而持久的需求。以雄性激素和雌性激素为基础的人类的爱情,与动物的性爱有很大不同。人类在完成绝育手术之后,仍然有性爱的需求。动物就不同,完成绝育手术之后的动物不再发情。对于人来说,不仅是睾丸和卵巢可以启动性爱,人的亲密接触的需要也可以启动性爱。对于人类来说,这是大自然给予的礼物。

第二，亲密。直观理解，亲密就是相亲相爱，彼此关爱，它包括真诚和理解两个方面。真诚就是客观地面对自己，向对方开放自己，让对方有机会走进自己的内心。而理解，就是主动走进对方的心里，认识对方，了解对方，体谅对方，包容对方，爱护对方。这种深深地进入彼此生命的感受，甚至感到不分彼此、但又相互独立的状态，就是亲密感。

在埃里克森的自我和人格成长八阶段理论中，孤独与亲密是成年早期的成长矛盾。如果不能获得亲密感建立亲密关系，则会陷入孤独感。埃里克森认为在这个阶段的主要任务是学会无私奉献并得到回报。如果不能完成这项成长任务，就无法掌握与人互惠互利的交往方式。

在情感层面，爱是一种感受，是自己的需要被满足，并感觉到对方足够的尊重和接纳。如果一味陷入自我需求的满足，而付出不够的话，这份爱就不是平衡的，也不可能是持久的。

如何在孤立和亲近之间达成平衡，如何在深度融入对方生命的同时又保持独立的自我，如何在宽容体谅中勇敢地表达自己的需求，这是一门艺术，也是持续一生的自我成长课。

第三，承诺。爱情和亲密关系具有排他性，需要靠承诺来维持，其中包括投入和奉献两个部分。投入就是努力经营，而奉献是不计回报。如果彼此有承诺，彼此都能够投入和奉献，那么激情的爱和亲密的爱就有机会被整合成完整的爱。

人们常常会问，是选一个爱我的人，还是选一个我爱的人？也就是问在爱与被爱之间孰轻孰重。在现实生活中，这是一个没有答案的永恒问题。无论在客观分析的层面，还是主观感受的层面，付出爱与获得爱，常常不能平衡。按照心理学家、哲学家弗洛姆的理论，爱是人格成熟的产物，爱是一个动词，而不是一个名词，相比于爱的感受，爱的行动更加重要。按照弗洛姆的观点，如果恋爱双方都抱着一种付出爱的心态，那么双方也都能感受到爱，也都能得到爱。如果双方都抱着我需要爱，我需要对方爱我这样的期望，而忽略了付出的话，那么他们之间的爱只会越来越少。

这是一个在逻辑层面十分简单的推理，但在现实的情感生活中，很多人并不能真正地区分爱与被爱的关系，总相信爱就是爱的感受。如果不用心经营和呵护对方的付出，那么对方的爱情银行破产是迟早的事。"付出爱才可能得到爱"这个最基本的原则，在现实中，却常常被自己强烈的情欲所左右。

如果只有激情，那么爱是糊涂的；如果只有亲密，那么爱是一种联结；如果只有承诺，那么爱是空虚的；当激情与亲密相组合而没有承诺时，爱是浪漫的；当激情与承诺组合而没有亲密时，爱是愚昧的；当亲密与承诺组合而没有激情时，爱是伙伴式的；只有当激情、亲密和承诺都存在，爱才是完整的。

9.4 如何在关系中修炼自己

亲密关系问题,关系到人的幸福,也关系到社会的繁荣稳定。如何建立亲密感,是每一个人都要修炼的课题,也是整个社会都要面对的挑战。亲密关系具有社会性,但更具有个人性、隐私性。与其说亲密关系所遇到的挑战是社会问题的呈现,不如说亲密关系所遇到的挑战是个人人格成长问题的呈现。我们的依恋模式、情商、自动化的爱的语言、情感经营能力、处理差异和冲突的能力,直接决定了我们的亲密关系,进而影响我们的幸福感。建立亲密关系的过程,也是我们提升自身上述能力的过程,是一个自我修炼的过程。

美国西北大学华裔心理学家黄维仁教授在《爱就是彼此珍惜》和《活在爱中的秘诀》提出了关于建立亲密关系的几条建议,值得品读。

第一,觉察和调整依恋模式。

你是否还记得你小的时候,当父母离开,你的反应是什么样的呢?

家庭关系对于情感的影响,最深刻的表现之一是安全感和依赖性。心理学家约翰·鲍比(John Bowlby)通过亲子分离实验观察一岁的婴儿跟母亲分离后的心理和行为反应,进而提出了依恋模式的概念。另外一个心理学家安妮斯沃斯(Anisworth)进一步区分了依恋模式的四种类型。分别是安全型、回避型、焦虑型和紊乱型。

第一种类型是安全型。安全型的婴儿在母亲离开时,会表现出苦恼、不安、焦虑、紧张,但母亲离开一段时间后,他们的情绪会慢慢平静下来,可以继续自己玩耍或者跟其他小朋友玩耍。当母亲再回来时,他们会表现得特别的高兴,会飞快地跑过去,投入到母亲的怀里。他们的情感表达开放而稳定,很享受依赖母亲的感觉,但是也能够独立地面对生活的挑战和母亲的离开。

这种类型的人认为自己是好的、有能力的、有价值的,也认为别人是好的、有能力的、有价值的。他们的情感比较成熟,有弹性,对人也有信任感,他们能适度地依赖,也不怕被别人依赖。他们能给人空间,也能与人亲密。

第二种类型是回避型。这种类型的婴儿在父母离开后,表现得很好像镇定,没有焦虑,但是实际上内心很惶恐。当母亲离开一段时间后再回来,婴儿会躲避母亲或者不理睬母亲。这种类型的婴儿,即使母亲在房间,他也不大理会,显得与人比较疏远。如果与这种类型的人谈恋爱,常常感觉不到对方对伴侣的需要和依赖。

这种类型的人,认为自己是好的、有能力的、有价值的;认为别人是不好的、没能力的、没价值的。别人对他们的抱怨常常是,太独立,不让人亲近。实际上他们并不是真正的独立,只是看起来很独立,他们并不是不需要伴侣,而是不善于表达爱,害怕依赖别人而显得自己很弱。

第三种类型是焦虑型,也称反抗型依恋。这类婴儿对于母亲的态度是矛盾的,存在着两种相反的感情,一方面非常依赖,一方面又很抗拒。当母亲离开时,他大哭大闹、紧张、焦虑、不安、害怕,激烈的甚至躺在地上打滚,目的就是要阻止母亲的离开。而母亲离开后,婴儿紧张不安的感受会持续很久。母亲回来后,他会很期待得到母亲的拥抱,会朝母亲跑过去,但是母亲把他抱起来要亲他时,他却非常抗拒、生气、挣脱,甚至要打妈妈。

这种类型的人认为自己是不好的、没有价值的,认为别人是好的、有能力的、有价值的,所以他们对爱非常渴望,害怕被抛弃,想与人亲近,但是又怕与人亲近。因为越亲近,离开对他的伤害就越大。他们非常敏感,很容易受伤。别人对他们的抱怨常常是感情过于依赖,不给人空间。

第四种类型是紊乱型,这种类型的婴儿常常出生于有虐待经历的家庭。一方面他们非常依赖父母;另外一方面,他们无所适从,不知道怎么做才能让父母满意,不知道怎么做才能停止父母对他们精神或者行为上的虐待,久而久之他们会觉得很内疚,总认为自己做得不好,才导致了父母的愤怒和虐待。

这种类型的人,认为自己是不好的、没能力的、没价值的,认为别人也是不好的、没能力的、没价值的。他们对爱非常渴望,但又充满了恐惧,无法信任他人,所以他们徘徊于极端的逃避型和极端的焦虑型之间。逃避时,他们麻木,拒人于千里之外,而焦虑时,常常被强烈的情绪所淹没,对亲密的对象爱恨交加。

这四种类型的依恋模式,可以概括理解为:安全型的人认为我行你也行、焦虑型的人认为我不行你行、回避型的人认为我行你不行、紊乱型的人认为你不行我也不行。

心理学家安妮斯沃斯发现,美国中产阶级家庭中,大约有20%~25%的儿童属于回避型依恋,大约65%的儿童属于安全型依恋。另外大约有12%的儿童属于焦虑型依恋,约有不到3%的儿童属于紊乱型依恋。

不妨反思一下,你是哪种类型的依恋模式?你愿意跟哪一种依恋模式的人恋爱呢?在你的恋爱中,你觉得自己的价值大于对方,还是对方的价值大于你?还是双方的价值都一样?

依恋与分离是人的发展过程中重要的存在性任务。依恋和分离的单一存在都是不现实的,依恋意味着共生和亲密,分离意味着孤独和寂寞。某种程度上亲密关系是家庭关系的延伸,过去的原生家庭带来的影响,会持续影响我们的一生,尤其影响我们的亲密关系和感情生活。

恋爱,经营婚姻,是人格修炼的过程。安全型的人要理解尊重差异,提升影响力。回避型的人要肯定对方价值,克服逃避倾向。焦虑型的人要建立安全感,增强自身价值。紊乱型的人要寻求让自己变得开心快乐的方式,主动积极寻求咨询和教练。

如果安全型的人与安全型的人遇到一起，这是两个人的福分。按照数据比例来组合的话，这个社会大概有30%~50%的夫妻是属于安全型的组合。但这并不表示安全型的人与安全型的人在一起，爱情和婚姻就一定幸福。因为，除了依恋模式，还有很多其他因素影响爱情和婚姻关系。

第二，提高情绪智慧。

在情商那一讲中我们已经深入讨论过，这里便简单提一些要点。

情商，是一个人关系的DNA，也是亲密关系的润滑剂。一个能觉察自己情绪、调适自己和激励自己的，具有同理心、沟通能力和人际交往技巧的人，相对更能够经营好亲密关系。

情绪是不应被压抑的，只能被疏导。压抑的情绪容易在意想不到的时刻，以意想不到的强度爆发出来。对于亲密关系，如果一方总在压抑自己的情绪，那么亲密关系就会遇到阻碍，甚至不能长久维持。

过去的心灵创伤，容易在人进入亲密关系或亲子关系时被激发。因此，觉察到过去受伤的经历和情绪对当下的亲密关系或亲子关系的影响，比如一个受过虐待、安全感很低的人要觉察自己的不安全感对亲密关系的影响，要有意识地经营安全稳定的亲密关系，这也是自我成长的过程。

有时候，别人可能会按到我们的情绪按钮，从而激发我们自动化的负面情绪。但情商高的人懂得为自己的情绪负责，会尝试把情绪按钮牢牢把握在自己手里。比如，有人只要遇到反对意见就会产生糟糕的负面情绪，认为是对方否定自己、甚至不爱自己，但事实可能只是对方表达了一个不同意见而已。

愿意自我成长的人，会扩大自己的心理容器去接纳别人的负性情绪。最直观的接纳是倾听和不评判。心理学家认为，倾听就是爱。倾听、理解、接纳，有助于亲密关系的建立。

第三，掌握爱的语言。

对于亲密来说，很多生活琐事往往会变成大事。因为琐事反映了情感模式、行为习惯和价值观念。如果两个人爱的语言差异很大，往往一方在认真地表达爱，而对方却感受不到。小时候我们经历过的一些非常强烈痛苦的经验和感受，往往使当事人在不知不觉中做了影响一生的重要决定。当你没有感受到爱时，并不代表爱不在身边，也许每个人表达爱的方式不一样。当你觉得受伤时，并不代表别人故意伤害你。

这就是我们的内在语言。觉察能力、反思能力强的人，能觉察自己内在语言，能觉察自己的情感、行为和行为模式有没有受到原生家庭的影响，并且能够主动自我调整。但大多数人是后知后觉的，并不意识到自己的原生家庭和童年经历对我们的影响。

斯蒂芬·柯维曾描述过一个案例，他跟他的太太桑德拉曾经很多年为买家电而发生激烈的争吵。他太太每次都坚持买某一个牌子的电饭煲，又贵，还不太好用,而且需要开车去很远的地方才能买到。

史蒂芬·柯维很不理解,每次想对这个事情发表点意见时,他太太桑德拉就非常生气,每次都闹得不欢而散。当然买家电也不是什么特别大的事情,他们关系很好,所以这件事没有激发他们的矛盾。但史蒂芬·柯维始终想知道到底为什么。

有一次他们去度假,史蒂芬·柯维事前做了很多准备,营造了非常好的氛围,他选择了桑德拉心情特别好的时候,小心翼翼地问她:"亲爱的,我想知道你为什么这么喜欢这个牌子的电器,你能不能告诉我背后的故事?"

桑德拉先是惊讶,她以为可能又要发生一场争吵。当她看到史蒂芬·柯维真诚关心的态度时,她平静了下来,告诉了史蒂芬·柯维这件事背后的故事。在她小的时候,家里特别穷,好长一段时间,她的父亲就是靠赊账代理这个品牌的电器维持了整个家庭的生计。父亲告诉她,人要有感恩之心,要一辈子记得这家企业对他们的帮助。所以在长大之后,选择坚持使用这个牌子的电器,成为对她来说不容讨论的一件事。

当亲密的两个人的"内在誓言"正好相反时,可能会造成很多的问题,出现"环环相扣的心理情结"。

亲密关系,像两个恋人要在一个完全漆黑、伸手不见五指的房间里跳一支很难的探戈舞。若要共舞一支最美的人生之舞,我们必须了解原生家庭,在漆黑的潜意识中"为爱点灯"。

第四,提升情感账户"储蓄水平"。

情感账户是一个类比概念,比喻人际关系中一方在另一方心里的"储蓄水平"。如果不断储存的是关心、肯定、信任和尊重等积极因素,那么情感账户的"储蓄水平"会越来越高,信任和认可也会相应提高。

这是一个特别通俗形象的类比。任何相互认识的两个人,都自动在对方心中设立了一个情感账户,自动记录着各自对于这段关系的投入。情感账户,反映我们的情感经营能力和关系维护能力。人际关系或亲密关系就像情感账户,只有持续投入,才能提升"储蓄水平"。经济现象有通货膨胀,人际关系也有类似的现象。如果没有对于情感账户的持续投入,没有联系,也没有人情往来或互帮互助的话,那么人际关系可能会逐渐疏远,甚至失去联系。

亲密关系中的"存款",是让对方开心,让对方感觉到被欣赏、被肯定和被爱。亲密关系中的投入和经营,遵循对方决定原则。也就是我们的投入要符合对方爱的语言,通俗说就是投其所好,只有这样才能达到"储蓄"的效果。

亲密关系中的"提款",会让对方痛苦,让对方觉得被批评、误解或伤害。"提款"的直接影响是降低关系质量,降低情感账户的"储蓄水平"。一味地批评、指责、索取、忽视、冷战、无端干涉等,是常见的"提款"行为。

每个人都希望自己拥有高质量的亲密关系,但大多数人都无法避免"提款"行为。归根结底,人是千差万别的,有时候一方一味的"存款"行为在对方看来可能是

"取款",以至于误会和矛盾就会逐渐产生。

如果彼此之间关系牢固,信任度高,也就是处于"存款丰厚"状态,那么这段关系就能经得起风吹雨打。"情人眼里出西施"说的也是类似的道理,这句话不仅仅是说爱情会让人冲昏头脑,也是说爱能遮掩"过错",使大事化小、小事化无。爱和高度的信任,可以让人更加宽容。某种程度上,"存款丰厚"的人际关系,才经得起"提款"。

而破产的情感账户、"债台高筑"的人际关系,经不起考验,也容不下瑕疵,这种状态下任何小错都可能变大错。

积极互动与消极互动的比例,要高于5:1。戈特曼西雅图爱情实验室的研究表明,一次"提款"行为,需要5次对等的"存款"行为才能抵消它的负面效应。也就是说,要建立一段关系不容易,但要破坏一段关系,却是分分钟的事情。"百年修得同船渡,千年修得共枕眠",亲密关系的建立充满了偶然性和艺术性,更需要用心经营和长久付出。

第五,处理差异与冲突。

萨提亚认为,面对冲突时,人们常见的反应类型有:指控型、讨好型、计算机型(冷漠型)、小丑型、真诚型(双赢型)。

第一种类型是指控型,又被称为攻击型,他们相信先下手为强,用攻击别人来保护自己。这种类型的心理模式是信任感和安全感偏低。对于攻击型的人来说,但凡有风吹草动,他们都草木皆兵。其实,杀敌一千也会自损八百。当我们表达愤怒和攻击时,皮质醇会大量分泌,杀死脑细胞,降低免疫力,也会增加自身患病的概率。因而,对于攻击型的人来说,觉察自己的负面情绪,学会用暂停的方式处理愤怒,尝试寻找人际互动特别是亲密关系中的积极面,是重要的自我修炼。

第二种类型是讨好型,他们用讨好别人的方式来保护自己。想象这样的场景,对方已经指着鼻子骂他了,他还嬉皮笑脸地单膝下跪,手捧着花献给对方,希望让对方开心和平静下来。并不是说他真的有自虐倾向,或者是喜欢对方对他的批评和指责,而是希望通过讨好缓和对方的愤怒,进而修复双方的关系。但在现实生活中,很少人因为讨好而获得尊重和爱。讨好型的人,常挂在嘴边的口头禅是"对不起,这都是我的错"。在亲密关系中,如果一方长期处于讨好对方的状态,久而久之会伤害自尊甚至积怨成疾,最后也可能转化为攻击。因此,讨好型的自我修炼方向是,如何客观呈现自身价值并赢得他人的尊重。

第三种类型是计算机型,也可以称为冷漠型。这种类型的主要特点是僵化、冻结、回避。生活中这种类型的常见状态是工作狂,他们用工作来逃避生活中的矛盾和冲突,压抑自己的感觉,把主要精力都投入在工作上或者事物上,希望通过工作上的成就感来缓解自己生活中的失落感和矛盾冲突。他们通常不太表露自己的思想和情感,甚至觉得与别人在一起是危险的、痛苦的。所以他们不太分享彼此的隐私和想法。他们不大善于跟人打交道,所以容易通过一些外界的物质力量来减压和排解情绪。比如冷漠型、回避型的人对于抽烟、喝酒、赌博相对容易上瘾。对于冷漠型的人,自我修炼的挑战是,提升自身觉察力的敏感性,从琐碎细微的日常生活和人际关系中感受人性的美好和温暖。

第四种类型是小丑型,这种类型的人就像小丑一样,遇到问题时,马上就开一个玩笑,避重就轻、闪烁其词、故作轻松,但问题本身并没有解决。在有些人看来,这种类型的人经常掩耳盗铃、装疯卖傻。看起来好像小丑型的人宽容、大度,但实际上他们的内心感受是害怕冲突、害怕尴尬。他们只是用一种看起来幽默,但并不能真正解决问题的方式来逃避问题。对于小丑型的挑战是直面问题,直面自己和他人的内心需求。

第五种类型是真诚型。真诚型的冲突处理模式是一种相对健康的方式,他们真诚地面对问题,也清晰地看到希望。真诚型的人他知道自己是谁、想要什么、要往哪里去,并发展出有效的策略。他们整合自己的期望和资源,并且选择有效的路径,以实现自己的期望。他们接纳自己的劣势和缺点,也能宽容别人的问题甚至错误,他们理解和尊重人与人之间的差异,也能够寻求彼此之间的连接,并且促成双方的认同和尊重。成为真诚型的人,首先要做自我觉察和调整,觉察我们的儿童自我状态和父母自我状态,并且用成人自我状态进行统一和整合,让自我变得更加成熟。其次要觉察我们的依恋模式,调整我们对于自身和他人的价值判断。最后要觉察我们的情绪,当问题和矛盾出现时,不要让情绪完全左右我们的心理和行动。

在亲密关系的冲突中,要平衡勇气与体谅。每个人都值得被看见,但常常很多人没有被看见。要勇敢表达自己的期待,也要用心呵护对方的期待。

总之,亲密关系是人一生的追求,是促进健康的"维生素",是修复伤痛的"四季红",是追寻意义的"向日葵"。而自我修炼和自我成长,是通往亲密关系的必经之路。

推荐阅读书目
1. (美)黄维仁.活在爱中的秘诀.中国轻工业出版社,2018.
2. (美)黄维仁.爱就是彼此珍惜.江西人民出版社,2010.
2. (美)弗洛姆.爱的艺术.上海译文出版社,2018.
4. 周国平.爱与孤独.北京十月文艺出版社,2018.
5. (美)约翰·戈特曼.爱的沟通.浙江人民出版社,2018.

Chapter 10

第 10 讲

冲突与合作

  如果没有冲突，我们如何学习建立和改善人际关系的各种策略？存在冲突、自我冲突、关系冲突和利益冲突如何影响我们的健康与发展？如何应对和化解冲突？合作是人类进化的必然要求吗？合作如何影响健康和发展？如何合作？

  冲突与合作，是人类活动的主旋律，是人际关系天平上的砝码，也是自我成长与发展的试金石。在冲突中寻找合作机会，在合作中化解和消除冲突，是重要的人生智慧，也是我们生存和发展的基本技能。

冲突与合作是人生最永恒、最重要的成长主题之一。冲突无处不在，伴随一生。当婴儿从母体分离，出生之后，面对的是一个完全陌生的环境，这时候冲突就已经开始了。某种程度上冲突是资源的抢夺、权利的博弈和控制的欲望。对于人的发展来说，冲突往往从原生家庭开始，从我们与父母、兄弟姐妹、同伴的关系开始。

在我们身边，冲突随处可见。两军对垒、国家贸易战、资源争夺战、南海问题、钓鱼岛问题，都反映了激烈的冲突。冲突与合作，无处不在。而面对冲突，我们也逃无可逃。也许我们不想卷入冲突中，但我们很可能被当成了竞争对手。所以，有的时候冲突由不得我们选择，只能主动面对。

就算是美好的爱情，也无法摆脱冲突的影子。当激情逐渐退去，两个人如果还要保持亲密的关系，那么亲密关系中的权力博弈就要经历磨合的阵痛。谁在这段关系中拥有更多的主动权和控制权？在家庭生活中谁分担家务，谁负责养育孩子，谁负责挣钱养家？如果亲密关系的双方都觉得自己付出的多，获得的少，那么又该如何处理？按照婚姻治疗专家戈特曼教授的说法，在婚姻当中有69%的冲突实际上是没法解决的。那些关系幸福、融洽的夫妻，也不是生活中没有冲突，关键在于他们如何处理冲突。

心理学家卡伦·霍妮说："在我们的文化当中，除了对爱的追求，人们对抗焦虑、获取安全感还有另一种方式，这就是追求权力、声望和财富！"而哲学家、政治学家霍布斯说："没有集权的合作是不可能的！"可以说，整个人类文明史，就是一部充满了冲突与合作、冲突与妥协的人类斗争史。

可见，冲突与合作不仅是心理学家所关注的主题，也是哲学家、政治学家和历史学家关注的主题。当冲突的关系不可调和，那么矛盾就会成为一种常态。如何面对冲突，直接关系到我们的成长和发展。

10.1 冲突是什么

儿童的主动性往往需要通过与父母、同伴的冲突而获得。儿童与父母的冲突主要表现在对于父母的建议常常说"不"。说"不"的过程，就是建立自主性的过程，是争取自己的权利、发展自己的意志的过程。换句话说，儿童的自主权多了，那么父母的控制权就变少了。这本身就反映了冲突的本质，它是一种博弈关系。最极端的冲突是零和博弈。比如说，如果只有一个玩具，我完全拥有了它，就意味着你完全失去它，或者你完全拥有它，也意味着我完全失去它。

我们的心灵在冲突中所获得的成长，超越了零和博弈的狭隘。儿童通过与父母"冲突"而获得自主性的过程，也是儿童成长和成熟的过程，对于父母和儿童是双赢的局面。亲密关系中的冲突也常常存在,可能与个人的成长经历、性格与价值观有关。恰恰是冲突暴露了亲密双方的差异,冲突所带来的张力会激发磨合的动力,处理好还会促进亲密关系。

以冲突的性质分类,可以把冲突分为存在冲突、自我冲突、关系冲突和现实冲突等类型。

1. 存在冲突

存在冲突指人之为人的阻碍或者矛盾,存在冲突是我们"成为我自己"的过程中面临的冲突和矛盾,往往是一些对每个人来说普遍存在的困难和障碍,比如信任对怀疑、依恋对独立的矛盾。从哲学意义上来说,存在冲突是永恒的,也是公平的。不因人的意志而转移,不管人类是否认可,它始终在那里,也不管个人如何努力和调整,也都无法消除存在冲突的影响。心理学家埃里克森提出的人格发展八阶段理论,每个阶段的成长矛盾都是一种存在冲突。

根据艾里克森的观点,0～1 岁是发展安全感、避免怀疑感的时期。1～3 岁是发展自主性、避免羞怯的时期。如果在 3 岁之前,儿童没有足够的安全感,也没有足够的机会去探索外界并建立自己的自主性,那么他们就会产生怀疑感、猜疑心和依赖感。成人之后,低安全感、高敏感性和低自我觉察能力,往往就会可能成为阻碍人际关系和亲密关系建立的内在因素。

人的安全感一旦形成,就会自动影响我们的心理反应和行为反应。这个影响过程是自然而然发生的,在自我意识充分发展之前,我们往往不能觉察到安全感对于亲密关系的影响。只有具有足够的自我觉察和自我调整意愿的人,才能准确觉察自己的安全感并主动调解。

按照精神分析学家的观点,最初的冲突也是最基本的冲突,大约发生在 3～6 岁,这个阶段是人的第一反抗期,心理发展任务是主动对内疚。发展主动性是 3～6 岁儿童的心理成长主题。按照弗洛伊德的观点,3～6 岁的儿童与父母的冲突,某种程度上是与同性父母竞争而获得异性父母的爱,就是恋母情结(俄狄浦斯情结)或恋父情结(厄勒克特拉情结)。在儿童的心中,爸爸妈妈是伟大的、可爱的,所以隐隐约约会想着嫁给像爸爸这样的人,或者娶像妈妈这样的人。这个阶段的儿童开始发展出性别角色意识,玩过家家的游戏,在小伙伴之间相互扮演兄弟姐妹、夫妻、子女。对于三四岁的儿童来说,过家家的游戏他们可以玩得很投入,乐此不疲。在他们的性别角色意识逐渐萌发之后,他们还会萌发理想另一半的心理意向。

精神分析学家用古希腊神话俄狄浦斯的故事来说明恋母情结。这是一个关于杀死了自己的父亲并无意中娶了自己母亲的悲剧故事。俄狄浦斯是希腊神话中国王拉伊奥斯的儿子,传说中他被下了咒语,预言他会杀死自己的父亲,拉伊奥斯无奈之下决定把他杀死。但是执行任务的仆人不忍心杀掉他,于是把他送给了牧羊人,牧羊人又把他送给了邻国的国王波吕波斯。俄狄浦斯在邻国的王宫长大,成为了王子。但后来有一天灾难降临,他再一次被预言会杀死自己的父亲,所以他被迫离开了邻国,来到了他的出生国。他的出生国也面临着灾难,怪兽斯芬克斯向路人问一个问题:什么东西早上四条腿、中午两条腿、晚上三条腿走路?所有答不出来的路人都会被斯芬克斯吃掉。

俄狄浦斯知道答案,在他赶去阻止这场灾难的途中,遇到了他的亲生父亲。但他们彼此不知道对方是谁,更不知道对方与自己是父子关系。他们狭路相逢,互不相让,俄狄浦斯冲动之下,杀死了他的亲生父亲。再后来他解除了斯芬克斯的诅咒,成为国家的英雄,被拥戴为国王。

他在并不知情的情况下,又娶了他的亲生母亲为妻。后来,受俄狄浦斯统治的国家不断有灾祸,国王因此向神请示,想要知道为何会降下灾祸。神灵告诉他,因为他杀死了自己的父亲,娶了自己的母亲,犯下的罪孽让他的子民一次又一次地遇到灾难,他羞愧难当,弄瞎了自己的双眼。

这个神话故事被精神分析学家用来描述恋母情结。不管是恋母情结还是恋父情结,都必然面对另外一个力量强大得多的竞争对手。这种又向往又必须克制的欲望,就成为了人心理发展的永恒动力之一。

3~6岁儿童发展出目的性、主动性,发展出对自主控制的欲望,对他人控制的排斥。这个阶段的儿童开始形成群体,开始出现游戏规则的制定者和规则的扰乱者,而这两者之间存在大量的冲突、矛盾和竞争。游戏是我们进入竞争领域最核心的手段之一。

与父母的冲突,与自己的同性父母竞争异性父母的爱,是人的成长过程中所面对的第一个重大的冲突。我们与父母竞争自主生活的控制权,与兄弟姐妹竞争玩具、竞争其他同伴的认可和爱。可以说,与兄弟姐妹及同伴的冲突,是我们社会化发展的重要基础。我们在这个过程中学会澄清和反思自己的目标,学会自我控制和妥协,学会沟通与说服,学会察言观色,学会间接影响,学会影响他人的策略,学会形成小团体、建立同盟,学会对抗与攻击。

现代中国社会人们倾向于少生或不生孩子,这导致我们的成长环境与上一代大不相同。我们的社会化程度和社会化进程,也与上一代大不相同,很难说儿时缺乏兄弟姐妹的陪伴和冲突,就一定是坏事,但在社会化层面上,我们的成长进度确实与上一辈相比要缓慢一些。

2. 自我的冲突

根据埃里克森的观点,我们在成长过程中还面临着勤奋对自卑、自我同一性对角色混乱、孤独对亲密、繁殖对停滞、完善对绝望的矛盾。这些矛盾往往不体现在我们的社会关系中,甚至也不体现在我们的思想意识中(如果它们没有被我们所觉察的话),却实实在在地影响了我们的现实关系。比如,两个安全感低、敏感怀疑的人在一起,会面临很多冲突和无助。而自我统一性低的人,会在建立亲密关系和相对稳定事业方面面临困难。

在儿童期之后我们会进入学校,用埃里克森的观点来说,6～12岁是建立勤奋感、避免自卑感的时期。勤奋感往往也是通过相互比较实现和达成的。因为勤奋感的基础动力是价值和回报,所以它往往与成就感联系在一起,与表扬和肯定、获得与自我满足联系在一起。人们因为相信自己的努力可以获得回报,相信天道酬勤的信念,所以建立了勤奋感。可以说,相互竞争和比较,也是我们建立勤奋感的重要基础。

当我们进入青春期,学习的竞争会进一步加剧,社会竞争和社会压力也会带来更直接的影响。

可以说学业的竞争对于青春期的人来说是强烈而直接的。而关于亲密关系的"竞争",虽然逐渐成为人生发展的主旋律,但它可能是模糊的、混沌的、浪漫的,但也可能是热烈的或痛苦的。

对于个人来说,婚姻和职业上的冲突是人生最重要的挑战,同时也是人成长和发展中最重要的机会。婚姻决定了我们是否获得幸福,深刻影响了我们自我整合的内在过程。职业是我们从个人走向社会,在社会中安身立命并有所贡献的过程。职业过程也充满着冲突,同时合作也无处不在。正因为在职场上的密切合作,才有了社会的发展和进步。

个人追求有时也面临着冲突。有一位很有钱的企业家到乡村去旅游,遇到一个渔夫在悠然地钓鱼。企业家看到渔夫轻松惬意又有些懒散的生活,就从企业经营的角度劝渔夫多钓一些鱼再拿去卖,可以换取更多经济上的回报,可以买更多的东西。

渔夫问他:"我要这么多钱干吗呢?"企业家说:"这样你就可以成立一个公司,请一些工人来帮你打工,让他们帮你养鱼,让他们去卖鱼,那你就不用这么操心了。"

渔夫问:"那我干吗?"企业家说:"你就负责管理这些工人,然后把企业做大做强,甚至做上市,会有人给你投资,你就可以用别人的钱来帮你赚钱,而不是自己辛辛苦苦一分分地赚了。"

当然,故事的结局大家可能都猜到了。

渔夫又问:"企业上市之后,我做什么呢?"企业家说:"你可以提前退休啊,旅旅游,钓钓鱼,舒服自在。"渔夫说:"我为啥要耗费这么多功夫去追求我现在就已经拥有的生活呢?我每天都要为这些财富而发愁,要为这些工人而发愁,要为保持企业利润和竞争力而操心,但我的生活质量并没有提升。"

企业家顿时语塞。也可以说,很多时候冲突源于我们自己,源于我们自己内心的欲望,也与我们内在的价值观有关。我们到底在追求什么呢?当这些冲突矛盾发生时,我们是否意识到是自身的欲望和价值观对冲突产生的影响?

人的成长过程,也是一个建立自我的过程。我是谁?我从哪里来?我到哪里去?这是我们每个人都要面对的永恒的问题。当我们对这些问题的回答不清晰时,对这些问题的理解跟现实情况不一致时,我们的价值观念跟他人不协调时,我们都会面临自我的冲突,进而也会面临关系的冲突。

3. 关系的冲突

在感受层面,关系的冲突是最常见的冲突。简单理解,关系的冲突就是人与人之间的冲突,是人际关系的双方或多方在思想、情感、价值观念、行动方向、利益分配等方面的不一致甚至矛盾。我们每个人都无可避免地存在于家庭、朋友、同事等关系之中,也会在这些关系之中遇到冲突和矛盾。从现实的角度看,绝大多数的冲突和矛盾都发生在关系之中,发生在人与人之间的互动之中。冲突可能是相互的竞争导致的,也可能是差异和误会导致的。

家庭关系的冲突是所有冲突中最复杂多变的,它涉及多代人之间的关系,也涉及思想情感、价值观念、行动方向、利益分配等层面。家庭是人的情感寄托之所,也是所有爱恨情仇最集中发生的地方。谁与父母没有产生过冲突?谁与兄弟姐妹没有产生过矛盾?即便是亲如夫妻,也有吵得不可开交的情况。

在一个家庭中,我们要处理控制与被控制、主导与被主导的关系,也要处理生活习惯、价值观念之间的不一致,还要处理目标与行动方向、利益分配之间的矛盾。在家庭生活中,冲突是不可避免的。

心理学家约翰·戈特曼博士通过实证研究发现,即使是非常幸福的夫妻,他们的婚姻中也有 69% 的问题是无解的。只是这些幸福的夫妻没有让差异成为问题,没有让冲突成为真正影响婚姻关系的障碍,他们懂得如何跟差异和冲突相处,并把差异和冲突变成生活的调味料。婚姻中的冲突是常见的,它除了与权力等有关,还与人的自我和人格模式有关。

朋友之间的冲突,像是家庭关系冲突的延伸。这种冲突与个人的思想情感、价值观念和生活习惯息息相关。与家人、朋友之间的冲突,最终都会表现在情感上。

在职场中,冲突也广泛存在。这种冲突一般与个人情感无关,而与组织利益、岗位职责和岗位价值有关。在职场上,同事之间既存在合作,也存在竞争。同一批进入公司的人,不知不觉之中会比较彼此的岗位安排、机会获得、资源获得和工资回报,还会比较领导的肯定和鼓励是否公平和均等。这种比较心理带着强烈的主观性,也往往以自我为中心。但领导在做资源整合和机会分配时,首先考虑整个部门或公司的利益,考虑工作效应最大化,然后才考虑公平和均等。人都有进取心,都希望在职场发展上比其他同事更好,但过多的横向比较和过于追求个人,会导致激烈的竞争,甚至严重的冲突。对于一个组织来说,竞争和冲突并不一定是坏事,它往往蕴含着合作的机会。竞争也是必要的，它会促进员工差异化发展，各自发挥所长，尊重差异，找到合适的协同工作模式。

4. 利益的冲突

不管是在家庭生活中，还是在亲密关系、社团工作、小组合作中，都存在现实的冲突问题。比如，公平问题、资源分配问题、利益权衡问题等，这些冲突往往都与利益有关。

最典型的利益冲突是囚徒困境。囚徒困境是一种特殊博弈，两个嫌疑犯同时被抓到警局，但是警察没有实质性的证据，所以对他们分开审讯，希望他们招供。这时这两个嫌疑犯面临着两种策略，要么坦白认罪，要么打死也不认。如果两个人都不认罪，那么可能每个人都坐牢 1 年，如果一方认了，另外一方不认，那招认的这一方作为一个污点证人，可以无罪释放，而另外一方因为抗拒从严判 10 年；如果双方都认罪了，则各判 8 年。如果处于囚徒困境中，你会作何选择呢？

经济学家认为人是理性的。如果以理性经济人的观点做分析，双方都不承认的总代价是 2 年，这是最经济的。如果双方都承认则总代价是 16 年，如果一方招认而另一方不招认，那代价是 10 年。因为两位嫌疑犯是分开审讯的，他们没有机会沟通，也没有机会建立信任并达成共识而做出理性的决策。因此，选择激进策略还是保守策略，就成为嫌疑犯必须要面对的两难问题。如果选择不招认，那么可能会被关 1 年，但也有可能是被关 10 年，风险很大。如果选择招认，运气好的话可能会无罪释放，如果运气不好会关 8 年，这是中等风险但潜在回报很高的选项。囚徒困境是一个典型的利益冲突情境，但如何处理冲突与囚徒内心的状态和判断有密切关系。

10.2 如何化解冲突

安徽桐城有一条六尺巷，它的建造起源于清朝宰相张英家跟邻居家起冲突的一段故事。当时张英在朝廷做宰相，可以说是权倾朝野，很有威望。他们家盖房子时，为了把自己家盖得更宽敞一点，就把墙往外扩了三尺。邻居不服气，也重新盖个房子，也把墙往外扩了三尺。原本一条宽巷子，变得非常狭窄，很不方便，两家产生了激烈的冲突。张英的家人写信给张英，希望他出面施压，让邻居家把墙撤回去。张英回了一封信：千里修书只为墙，让他三尺又何妨，万里长城今犹在，不见当年秦始皇。张英的家人收到这封信，很惭愧，就把自己家的墙拆了，往回撤了三尺。那条巷子变宽了，可以行走了。邻居家看到张英家把墙撤回去之后，自己也觉得不好意思，也把墙撤回了三尺。这条巷子就变成一条六尺宽的巷子，成为一个著名的文化景点。

囚徒困境的计算机程序竞赛研究发现，一味的善良与合作并不能解决冲突，反而会纵容冲突。当然，一味的挑衅会不断地激化冲突。长期非理性的严重冲突，只会让冲突双方产生严重的消耗，进而严重削弱双方合作的可能性，也会蒙蔽双方对于合作前景的信心。

适当的冲突，不管是对个人还是团体或组织，都有一定意义上的促进作用。在自然界，鲶鱼效应是典型的通过冲突促进发展的案例。渔民发现，沙丁鱼无法长途旅行，当渔船返回港口时，很多沙丁鱼都死掉了。但有经验的渔民用鲶鱼解决了这个问题，他们在沙丁鱼的鱼池中放入几条鲶鱼，由于鲶鱼长得比较"凶狠"，喜欢到处游动，生性安静的沙丁鱼因为害怕鲶鱼，四处逃窜，这激发了它们生存的本能。因为鲶鱼的加入，沙丁鱼的死亡率大大降低了。

在人际关系中，又该如何面对冲突呢？冲突往往意味着彼此的期望、处理问题的态度和方式或利益分配的方案不一致。冲突也往往意味着矛盾双方觉得对方阻碍了自己实现目标，或者觉得对方占有了本该属于自己的东西。有人喜欢竞争，喜欢冲突，因为他们觉得通过冲突可以提升自己的能力，彰显自己的力量，甚至会为别人在与自己的竞争中处于劣势而高兴。而有人回避冲突，觉得冲突会破坏彼此的关系，或对自己的形象产生负面影响，他们面对冲突时感觉非常糟糕，因而不想面对这种糟糕的状态。

在冲突的处理中，很少有根本利益无可调和的情况，根本问题往往在于各执己见。尤其是家庭关系中，很难用对错去衡量和判断。所以在面对冲突时，有几条原则需要我们掌握。

第一，坦然面对和接纳冲突。冲突是生活的常态，是亲密关系中的一部分。核心问题在于冲突的多少，以及以什么样的态度去面对和处理冲突。中国人"说不打不相识"，不管亲子关系还是夫妻关系，对冲突的有效处理，是增进了双方的关系机会。还有一个说法是，"唇齿相依""唇亡齿寒"，这都深刻表明了危中有机、相互成全的哲学思想。

第二，明确表达自己的期望和立场，并积极主动地去了解对方的期望和深层次的心理需求。这有助于促进双方了解，进而促进双方感情的升华。"扮演记者采访对方"的刻意练习，可以帮助我们达到彼此深入、相互了解的目的。"记者"的任务是采访对方，在采访过程中不反驳、不澄清。当被采访者把自己的想法和感受表达出来之后，采访者要用自己的话语复述对方的意思，并让对方反馈自己的理解是否是对方要表达的意思。直到自己的理解与对方表达意思一致。

然后双方再互换角色进行采访。相互采访的过程，可以让双方充分表达自己的期望、感受和不满。也让双方在既定规则的前提下，能够用心地去倾听对方，了解对方的需求，同时反思自己的言行给对方造成的影响，反思自己的情绪反应是否根源于自己不合理的信念,反思冲突是否源于双方对彼此的误会,这能令彼此诚心、坦诚相待。这个过程会大大地提升信任感,进而巩固双方的关系。

心理学家总结了化解冲突的四个步骤。第一,接触。社会心理学发现增加接触会促进双方的喜爱度,甚至可以减少种族隔离或种族偏见的倾向。增加接触是面对冲突的态度和表现,只有保持耐心持续接触,才有化解冲突的可能性。对于冲突,如果不加以干预和调整,冲突不会自行消失,更不会得到改善。

第二,合作。如果是群体性的冲突,那么冲突本身就可以促进双方各自的合作状况。如果是个体之间的冲突,那么合作是化解冲突最重要的选择。中国文化中有"君子和而不同,小人同而不和"的观念,也有"求同存异""化干戈为玉帛"的智慧。求同存异就是思想上接受差异,接纳冲突,并主动寻找共同的价值或者利益所在。化干戈为玉帛,是在求同存异的思想共识之上,寻找合作的机会,探讨共赢的可能性,采取克制冲突、促进合作的行动。双方如果想做一些无法单独完成的事,那就需要合作,比如说交响乐团、足球队,需要整个团队中各个角色的分工才能完成。

第三,沟通。这里面涉及谈判、调解、仲裁、倾听、同理心的反应等等。沟通是化解冲突的过程中最重要的环节,通过沟通我们表达对冲突的感受,也表达对化解冲突的意愿。通过沟通,我们把对于解决冲突的期望、理解、方式等等告诉对方,同时也了解对方的期望、对方对于冲突的理解和处理方式,沟通是促进理解、促进共识的桥梁。

第四,和解。和解要遵循 GRIT 原则,即耐心(graduate),互惠(reciprocate),主动(initiative),减少紧张(tension reduction)。怎样才能真正地化解冲突?首先化解冲突是一个过程,在化解冲突的过程中要有耐心,要把看似不可调和的矛盾和冲突分解成一个又一个可以解决的小矛盾,逐个解决。其次,要遵循互惠的原则,解决冲突不是压倒对方,而是要寻找双方都能接受、都能获利的方案。再次,要主动积极地面对和化解冲突,再通过持续行动调节冲突。最后,减少紧张。减少紧张就是化解矛盾和冲突情绪,化解冲突双方在冲突过程中所产生的不满。

合作是人类社会的主旋律,也可以说合作是人类社会的永恒挑战,是最重要的人生命题和历史命题之一。合作是如此重要,以至于有很多学科从不同的角度展开对合作的研究。国际顶级的《科学》杂志,甚至把"合作"列入了 21 世纪的 100 个科学难题。

10.3 合作是什么

冲突与合作就是一组分不开的孪生兄弟。第一名只有一个,在资源有限、机会有限的情况下,冲突和矛盾总是存在的。如果大家都专注在一个维度上竞争,"千军万马过独木桥",既辛苦又低效。其实,每个人有每个人的精彩,每个人也有适合自己的路。如果我们各自在不同的赛道上奔跑,就算各自不是自己赛道上的第一名,不同赛道的同伴之间至少可以相互鼓励和欣赏。

1. 合作是发展的动力

回望来时的路,想想十年前与你竞争的对手,你还想要继续赢他吗?大多数人对这个问题的回答是一笑了之。时过境迁,眼前的竞争在未来也许是微不足道的。有人享受竞争,因为对手会督促我们更加努力,让我们成为更好的自己。那么,在这个层面上来说,竞争何尝不是一种合作呢?

在与人竞争的过程中,我们会看到他人的优点和长处,也更加了解自己的缺点和短处,取长补短,相互促进。

合作就是合两人或多人之力而更有作为,是相互支持,取长补短,发挥整体优势,获取个人努力所无法达到的成果。合作可以发生在人与人之间,也可以发生在群体与群体、团体与团体、组织与组织之间,国家与民族之间的合作也广泛存在。

合作是进化的第三动力,是人类进化和生存繁衍的需要。在人类进化的过程中,遗传变异是最重要的进化因素。根据达尔文的观点,人类进化是物竞天择、适者生存的结果。不适应自然环境、不适应人类发展需要的物种逐渐从自然界消失了。而在进化的过程中,人类通过合作对抗自然灾害,对抗其他物种的威胁,对抗种族之间的战争。相比遗传变异和自然选择,合作在人的进化过程中的作用,并没有引起足够的重视。人类在生物体征方面,相比于自然界的很多动物来说是很弱小的,但为什么人类在整个自然界处于生物链的顶端呢?有智慧,有学习能力,恐怕是最重要的原因。

合作是历史的车轮。从整个人类社会的历史发展角度看,合作在其中所起的作用不容低估。可以说全部人类社会历史就是一部冲突与合作的历史。战争就像是无休止的挑战,威胁着整个人类社会。在这个过程中,很多国家、民族永远地消失在历史长河中。而生存下来的,往往拥有深厚的历史底蕴和合作的社会文化。那些历史悠久的民族,往往是团结奋斗、自强不息的民族。从社会分工的角度看,合作会降低彼此的机会成本。因此全球化成为现代社会发展的必然选择。中国的改革开放史就是一部与国际社会分工合作的经济奋斗史,中国人利用自身的勤劳奋斗和人口红利,换取了先进技术和投资资源。可以说如果没有对外开放,没有国际贸易,就很难有今天的中国经济。

2. 合作是人类的需要

合作是群体的必然选择。合作对于一个群体是取长补短、相互扶持、凝聚人心的选择。不管是对于神州升天、嫦娥奔月这样的科技攻关项目,还是对于优秀的企业,合作无疑是根本性的成就因素。很难想象一个一盘散沙的群体,能够成就一番事业。简单地说,一个没有合作的篮球队、足球队是没有战斗力和竞争力的,一个没有合作、相互扶持和彼此成全的家庭是很难幸福的。

对于个人来说,合作是学习、生活、成长的基本需要。合作常常与兄弟姐妹之情、伙伴朋友之谊联系在一起。儿时玩的游戏,长大后与朋友的交往互动,也常常与竞争、合作联系在一起。对于一个游戏,如果没有竞争就很难有趣味性,如果没有合作就很难有吸引力。没有一个可以完全独立于他人的人,也没有一个只靠竞争就可以生活发展得很好的人。某种程度上,学习就是合作的过程。孔子说:"三人行必有我师",这是一种取长补短、相互学习的状态,也是合作的状态。在家庭生活中夫妻之间坦诚相对,生活上相互扶持,感情上相互依靠,事业上共同奋斗,在养育下一代的事情上协同配合,这就是合作。甚至可以说,如果没有合作就很难有完整的家庭。

3. 合作是人格的完善

在经验与感受前面,善于合作的人是受人欢迎、受人信赖的。而不善合作、排斥合作的人,让人敬而远之。儒家倡导"君子和而不同,小人同而不和","和"指和谐、和睦,也隐含了合作的意思。可见,合作是君子人格修养的一部分。

合作意味着自我觉察与澄清。孙子兵法认为,"知己知彼,百战不殆。"知己知彼的思想在合作中同样重要。一个没有清晰目标和期望的人,又怎么寻找合适的合作对象呢?如果没有对于共同认可的目标和追求,又怎么合作呢?某种程度上,合作是一个选择的过程,合作的基础是我们对自身目标和期望的了解程度。从这个意义上理解,合作是我们不断地澄清自己的价值观,并在行动上选择维护自己价值观的过程。

合作意味着互相成全与妥协。合作是一种态度,那就是共同创造一个大家期望的结果。合作也是一种行为过程,期望产生"1+1>2"的效果。但合作常常不能达到预期,甚至会出现"1+1<1"的局面。所以合作意味着行为成全与妥协,本质是取对方之长补自己之短。有时为了维护合作的局面和双方共同的利益,需要做出妥协和让步。从理性判断的角度看,妥协是以某种意义上的失去换取另外意义上的获得。从自我修炼的角度看,妥协意味着专注自己的目标并容忍适当的损失或让步。

合作意味着人格整合与完善。当合作成为习惯和态度,它就逐渐内化为我们自身人格的一部分,成为我们稳定的心理特征。合作往往从认识自己开始,从了解自己的理想、信念、目标和期望开始,从了解自己擅长和不擅长的领域开始。"君子有所为有所不为",某种程度上合作也是有所为有所不为的表现。合作需要沟通交流和持续互动,我们通过沟通明确目标、达成共识,通过持续互动调整行为、实现目标。合作意味着我们要相互信任、维护约定,契约精神是合作的基础,道德和法律是合作的保障。合作意味着我们要相信对方有契约精神,意味着我们要相信对方会遵守约定。善于合作的人,往往也是信守承诺的人。从这个意义上说,合作也是修炼自身人格的过程。

合作意味着积极的社会关系。合作是共同创造价值和意义的过程,也是促进积极社会关系的过程。在社会关系的意义上,合作是积极社会关系的纽带,也是社会凝聚力的黏合剂。新型冠状病毒肺炎疫情让中国人民空前团结了,全社会都在合作抗疫,戴口罩、测核酸、减少聚集和非必要流动,这些合作行动,联结了彼此,凝聚了彼此。

10.4 如何达成合作

对于个人,合作是我们的思想信念和行为选择。对于组织,合作是一种契约关系和组织互动形式。合作,促进个人的发展和成长,也促进组织的效能与创新。

1. 合作思维

在思想层面,是否意识到合作,是否体验过合作带来的好处,这决定了是否真的产生合作行为。从工具理性的角度说,合作是双赢思维的结果。

双赢思维是在面临利益冲突时的理性选择。由利益冲突引发的思想冲突,很多人常常会这样想,"一共就这么多,你多了我就少了",这是低效能的思维。高效能的思维,认为有足够的资源,我们可以共同创造,甚至还可以有更多。

这一组思维矛盾以及基于矛盾的选择而产生的行动,影响到我们与人的合作关系,影响到我们长远的发展,尤其对人际关系领域和团队合作领域影响更大。实际上,长期高效的人际关系和工作伙伴关系,只能以互惠互利的心态作为基础。

双赢是一种理想状态,达到这个状态并不容易。不仅面临着很多利益冲突和现实的关系纠葛,也面临着自我内在的思想矛盾。很多人在面临利益冲突或者关系冲突时,并不能理性客观地面对冲突,也无法在冲突中达成双赢的共识。有人在面临利益威胁或者关系威胁时,敌对和愤怒的情绪会自发地激活,本能地想要反击对方,好好保护自己。这种本能的防卫对于合作是一大障碍。

还有人觉得"无论如何我都要打败你",如果抱着这种你死我活的"赢输"心态,合作怎么能够达成呢?有些人因为害怕冲突,总是在妥协和委屈自己,表面上看起来很合作,但久而久之他们总会觉得自己是受害者,因此而失衡,不可能产生长久稳定的合作,这是一种"输赢"的心态。有些人觉得"我死也要找个陪葬的",他的关注点可能不在如何合作上,而是关注如何让自己不受损失,一旦感觉到自己面临威胁,也一定要让对方受到相应的损失,平衡自己的心态,这是一种"双输"的心态。不管是赢输、输赢还是双输的心态,对于合作都是灾难。

有些人只在乎自己赢,不在乎别人是赢是输,这是一种独善其身的心态。这种心态虽然看起来有它的合理之处,但谁愿意跟一个只顾自己不顾他人的人长期合作呢?

当然在寻求互惠互利的过程中,并不总是能够找到双赢的方案。人们常常因为一些现实的因素,无法达成双赢的结果。对于理性成熟的人来说,这个时候应该好聚好散,各自珍重。虽然暂时没有合适的合作机会,但这种友好祝福的心态,对于保留未来合作的可能性是很有帮助的,对于维持稳定的人际关系也是大有裨益的。

有人曾说过:"你不需要吹灭别人的灯让自己的灯更亮。"人的价值往往不取决于对手,而取决于自身。我们常常看不见自己,就需要通过对手来看见自己,肯定自己。

也并不是所有的关系都需要双赢。有很多短期的、一次性的关系,双赢可能只是一种道德和伦理上的导向,缺乏足够有效的现实调节作用。但是在相互依存的环境中,当一段长期的关系面临利益冲突或关系冲突时,培育双赢的心态、建立双赢的关系就显得尤为重要。

2. 合作协议

在行为上我们要平衡勇气与体量,寻求互惠互利,达成双赢的协议,建立双赢的体系。如果我们持续表现出合作行为,就会收获更好的结果,比如说更快地解决问题,建立更高质量的关系,收获更多的团队参与感等。

新东方的三驾马车俞敏洪、王强、徐小平,原本是很好的朋友。王强和徐小平放弃了美国的事业,回到国内和俞敏洪一起创业,他们之间的信任是很深厚的。但是他们对事业的理解不同,在创业过程中也发生了不少矛盾。

新东方的创业,是一个典型的合作创生的过程。一直以来,它的文化核心和组织核心是俞敏洪。俞敏洪作为王强和徐小平玩笑口吻中的后进生,一个需要帮助和督促的对象,是整个团队的核心,这很有趣。俞敏洪性格非常好,他持续投入,善于合作,懂得妥协,在创业过程中,他坚韧不拔,实现了个人成长和企业的快速发展。

后来因为合作出了一些问题,也因为各自有事业发展的新方向,王强和徐小平都离开新东方了。徐小平当时因为跟俞敏洪有矛盾,在一次吵架生气后赌气不去上课,触犯了俞敏洪的底线。俞敏洪在董事会上发起了投票,用投票的方式把徐小平请出了董事会。当徐小平被投票决定要离开董事会时，他反而清晰地认识到自己的错误，并感谢俞敏洪坚定又勇敢地做决定。他说他非常高兴，因为俞敏洪终于成熟了。

尽管俞敏洪、王强、徐小平不断发生冲突，但因为有非常深厚的信任，所以他们还可以相互地体谅和妥协。虽然王强和徐小平从新东方离开了，但现在三人依然是非常好的朋友，是一辈子的哥们。

传说在新东方初创时期，他们经常在开董事会时吵架，吵着吵着主题就跑偏了。从亚里士多德吵到柏拉图，再吵到苏格拉底等等。尽管吵架，但是他们也知道，把新东方做大做强，是对各方互惠互利的一件事情。

基于"一定要把新东方做大做强"的思想共识，哪怕面临着再大的冲突和矛盾，甚至吵到在会议室里抱头痛哭，他们彼此信任，对未来仍抱有希望。

双赢协议的达成绝不是一蹴而就的，通常需要反复的沟通，需要各方勇敢地提出自己的期望，也需要各方合理地做出妥协和让步。在捍卫自己的期望和合理地做出让步之间，需要情商，也需要智慧，这是一种平衡的艺术。过于执着自己的期望，会让人觉得太自我中心，甚至让人觉得自私自利，其结果必定变成孤家寡人。一味地妥协退让，也得不到对方的尊重，就会变相腐蚀掉长期合作的机会。

3. 合作体系

新东方的创始人团队在创业过程中，不断学习、相互妥协，甚至离职，同时也达成协议并履行了承诺。他们逐渐清楚各自在做什么、要达成什么样的结果、共享什么样的资源、遵守什么样的规则、利益怎么分配等等。达成协议的过程不仅是对双赢局面的维系，也是对感情的平衡和个人长期发展的维系。

稳定有效的双赢契约促进了双赢体系的建立。新东方从个人创业，到合伙人持股创业，再到成功上市，是一个双赢体系不断建立、利益分配格局逐渐形成的过程。虽然有人从新东方离开了，但他们可以通过股份套现获得创业的资本，也可以保留一部分股份继续获得新东方的回报。这种双赢的局面还在继续。

当我们面临长期的冲突矛盾和不断的重复博弈，或彼此任何一方都无法单独完成这项任务时就需要建立长期双赢的关系，即双赢体系。

建立合作体系在行动上包括两点：一是尊重差异，二是创造性地合作。

尊重差异，就是尊重差异性和多样性带来的合作的可能性。差异是客观存在的，世界上没有完全相同的两片树叶，更没有完全相同的两个人。尊重差异意味着不同的国家、不同的民族之间有和平共处的可能性。尊重差异也意味着我们可以以不同的视角、不同的路径丰富自己，发展自己。在科学研究中，不同知识背景的学者聚在一起讨论，会激发新的思想火花，促进创新科研成果的产生。当今社会，没有一项重大任务是个人单枪匹马可以完成的，重大的科研成果、重要的科技创新、新型的社会服务,都是不同领域的人才精诚合作的结果。

合作就是共同创造一个新的、共同认可的想法,创造我们从未经历过的可能性,创造共同期待的美好未来。合作是人类共创共生的需要,是相互支持和相互成全,当然也需要相互妥协,甚至相互牺牲。我们经历最多的合作是工作中的合作,针对工作理解有不同意见时,怎么处理这种差异甚至是冲突和矛盾,决定了合作的实效性和持久性。

当你有一个想法、我有另外一个想法时,是按照你的想法还是我的想法来做呢,还是我们共同创造一个大家都认可的更好的新想法?不管是在日常生活中还是在工作情境中,自动防卫是阻碍合作最常见的心态。当人们面临着与自己不同意见时,尤其是面对反对意见或重大矛盾时,我们的第一反应是本能地捍卫自己的观点,保护自己的地盘。如果合作的双方都抱着这种自动防卫的心态,合作就不可能发生。

我们需要审视自己的观点和心态。我的想法是不是有什么问题,是不是还有改进空间呢;他的想法是不是有一定的合理性,是不是也值得借鉴呢;我是不是掉入了自动防卫的陷阱;对方是不是陷入了自动防卫的陷阱;我怎么样才能帮助他走出自动防卫的心态。

我们要审视各自想法的优点是什么,长处是什么,目的是什么;如果按照你的方法来做,我会达到什么状态,面临什么风险;如果按照我的想法来做,又是什么样的状态,有什么风险;有没有可能把我们的想法合在一起,集合各自想法的优点和长处,产生第三个比双方各自的想法更优秀的方案。

4. 合作策略

计算机专家、经济学家阿克塞尔罗德开发了一个博弈模型,他邀请了不同学科的学者提交计算程序,参与重复囚徒困境博弈计算机程序竞赛。

有14位学者提供了程序。竞赛规则是:如果双方合作各加3分,双方背叛各减1分,如果一方背叛一方合作,那么背叛者得5分,合作者得0分。在这样的情况下,每个程序分别跟另外的13个程序比赛,每两个程序之间的比赛重复20轮。最终以各个程序的累计比赛成绩判断其比赛策略的优劣性。

到底什么样的策略可以获得更好的成绩?在阿克塞尔罗德的程序竞赛中,"一报还一报"策略获得了最好的比赛成绩。这种策略的第一步选择合作,后续比赛都按照对方上一步的选择决定比赛行动,如果对方上一轮背叛,那么这一轮就背叛,如果对方上一轮合作,那么这一轮就会合作。这是一种有仇必报、有恩必还的比赛策略。当对手认识到一报还一报的比赛策略后,就不敢再轻易背叛了。

另外一种策略叫唐宁,它在头两轮当中都会合作,都不背叛,然后根据条件概率来做决策。唐宁是典型的理性经济人程序,就是说它每一轮都会计算之前对方总的出牌概率,背叛的概率是多少,合作的概率是多少,然后根据概率判断决定自己的选择。唐宁也并没有真正获得成功,因为一旦它遇到倾向于背叛的对手,那么双方就会陷入不断重复的背叛之中,进入死局。

通过多次的比赛,最后发现"一报还一报"是最优策略。这与我们通常的理解好像不一样,我们通常不太赞同以眼还眼、以牙还牙的心态,比较推崇投桃报李。

在我们的现实生活当中,其实并不是所有的好人都有好报。在计算机模拟的前提下,实际上还有比一报还一报更优的策略——两报还一报。对方如果背叛一次,它会选择宽容,然后如果对方背叛两次,那么它就选择背叛。两报还一报的比赛成绩比一报还一报的成绩更好。各种策略组合在一起进行两两重复比赛,最后能够生存下去的都是一报还一报或者两报还一报。

一报还一报有几个显著的特点。一它生存能力很强,所以其他选手遇到它的可能性是比较大的。二是容易识别。对方知道它是一种睚眦必报、以牙还牙、报复性强的策略之后,不敢轻易地背叛。一旦被识别出来之后,一报还一报的不可欺负的特性是很明显的。所以,背叛的代价会让对手克制自己背叛的冲动。三是善良性,它从来不会主动背叛,只有当对方背叛之后才会背叛。在两报还一报的策略当中,对方如果背叛一次,它会选择宽容,所以它的善良性和宽容性会更明显。另外它还有报复性,不是永远能妥协退让的那一方,它有力量、有资本去还击。四是清晰明白,对方很容易知道它的特性,所以对方很容易来制定跟它竞争或合作的策略。

阿克塞尔罗德总结了促进合作的几个要点:

一是增加对未来的影响。如果不合作未来可能会面临更大的损失,合作的话收益较大,这个时候双方可能会合作。在范冰冰逃税事件之后,国家税务总局出台了政策,给了明星们一个补税时限。如果补税,则既往不咎,如果超过时限仍不补税,就会面临着非常严厉的处罚,所以很多明星选择了合作,主动补税。

中国人结婚一般都会公开举行盛大的婚礼,让亲朋好友做个见证,某种程度上,这也是增加对未来行为结果的影响。邀请众多亲朋好友见证盛大的婚礼,本身就是一种考验,考验是否在心理上做好了进入婚姻的准备。盛大婚礼之后如果离婚,就会面临着违背承诺的压力,也面临着向众多亲朋好友解释的麻烦。盛大的婚礼,是一种仪式,也是一种标志,把两个人的命运绑定在了一起。

二是改变收益值或者改变利益共同关系。为了鼓励交税,税务部门会做一些公益广告宣传纳税光荣的理念,还有制定退税降费的措施,让纳税主体觉得交出去的税还可以再返回到自己手上。以前定额发票比较流行时,大多数发票是可以抽奖的,很多人有交税抽奖的心态,也就选择了主动交税或者主动索要发票。

在企业合作中,为了避免陷入恶性竞争,往往会互相参股,参股就意味着利益绑定。利益链和产业链,往往相互渗透,是一个整体,某一个环节断了,对整个系统都可能造成不良的影响。一家有实力的公司,会带动很多上下游企业的发展,这些上下游的企业也会尽心尽力地帮助这家公司发展,因为他们的利益是一致的。

三是教育人们要回报。即要正确地认识冲突与合作。虽然在阿克塞尔罗德的计算机模拟竞赛中,一报还一报或两报还一报是最优的竞争策略,但是在现实生活中,其实大可不必睚眦必报。一报还报其实不是最优策略,在焦灼的重复博弈情形中,它是最优策略,而在现实的情形中,实际上道德上的合作可以达到更好的效果。道德上的合作要远远优于一报还一报。因为人有情感,有价值追求,人有可能在一开始就选择合作,并把这种相互合作的信任关系持续维持下去。而机器很程序化,很理性,往往不能宽容对方。两报还一报的策略也表明,宽容和善良是维持合作最重要的基础。

四是要有改进辨别的能力。传递警告信息,识别危险信号。在"信任的进化"这个游戏中,大家会发现"小粉红"这个角色是最惨,永远合作、永远妥协,但他永远会被别人所利用和剥削。如果当危险来临时,我们无法识别;想要反击时,我们不能给出警告,甚至当我们真正愤怒时候无力还击,着实很可悲,结果一定是很惨淡的。不管是在职场合作中,还是在恋爱关系中,一味做老好人委曲求全,只会牺牲自己。在恋爱关系中,如果一方是一个控制欲比较强的人,而另一方一味地忍让妥协的话,实际上这段关系并不稳定。有一天受不了,妥协的一方会反抗,而另一方会用更激烈的方式想控制对方。在这种激烈的矛盾冲突当中,双方的关系就可能变得糟糕。

总之,合作则共赢,争斗则双损。合作是个人成长和发展的动力,是组织壮大和创新的基石,也是社会和谐和凝聚的纽带。

推荐阅读书目

1. (美)斯蒂芬·柯维. 高效能人士的七个习惯. 中国青年出版社,2018.
2. (美)阿克赛尔·罗德. 合作的进化. 上海人民出版社,2010.

Chapter 11
第 11 讲

封闭与开放

如果一个人与外界没有任何交流,他的心理健康和发展状况会怎么样?如何避免陷入自我封闭的状态?开放的心理如何促进自我健康与发展?如何实现自我开放?

某种程度上,封闭具有自我保护价值,但封闭状态可能会错失自我更新的机会。开放,是敞开心扉拥抱新事物,也是突破自己走出舒适区,开放意味着与不确定性共舞,也意味着更多的成长可能性。

封闭与开放与我们的生活息息相关。小到个人，大到家庭、班级、社区、民族、国家，都面临着封闭与开放之间的矛盾，需要我们平衡好它们之间的关系。封闭与开放的问题，涉及我们内心的成长与发展，涉及我们与自己、与他人、与群体、与组织、与社会的关系。

地区的封闭或者开放政策，对一个地区的经济、政治、文化、教育等有着深刻的影响。1979年，邓小平在南海之滨画了一个圆圈，才有了四十年之后深圳的繁荣发展。深圳的发展，是中国现代化发展的缩影，映射出中国从封闭到开放、从落后到领先、从贫穷到富强的发展历程。

在社会关系中，封闭和开放也是很常见的现象。人们常用"自闭""死宅"等词语描述自己在生活和人际关系中疏离、孤独、回避社交的状态。如果把人比作一个系统，那么在人际交往中人这个系统与其他系统不断发生着思想、情感和信息交换，尤其是思想和内心情感的交流越多，两个人就越开放，关系也越靠近。发展人际关系的过程，也是彼此逐渐了解对方的过程。谈恋爱的过程，是双方逐渐进入对方情感世界和精神世界的过程。

封闭或开放，是人们在人际交往中可以选择的两种态度。不是所有人都愿意开放自己，有些人甚至在最熟悉的人面前也不愿意袒露自己的内心想法。也不是所有人都讨厌孤独感，适当的孤独反而让人自在。有些人看起来是开放的，但他的内心世界不一定让人了解和走近，有些人看起来是封闭的，也有人能跟他产生思想和情感的共鸣。

有些人显得"封闭"，不愿意参加集体活动。作为朋友，我们可以做些什么呢？或者更重要的问题是，对于那些显得封闭的人，真的需要做点什么去改变他们吗？

也有人问：自我封闭的人怎么打开自己并向别人敞开心扉？怎样沟通才能不至于伤害那些比较敏感的人呢？心理的封闭与开放和性格上的内向与外向有什么区别和联系？作为一个很迟钝的人，如何让忧心忡忡的朋友对我袒露心声？因为害怕被他人伤害，我很多时候都不知道是否应该对他人敞开心扉。

封闭与开放这个主题涉及人格健全、自我评价客观、人际关系和谐、社会适应良好、身心年龄一致、自我建构与整合等心理健康的标准。平衡好封闭与开放之间的关系，有利于促进心理健康的形成与发展。反之，当这些心理健康的标准内化为内在的心理素质后，也有利于我们处理和平衡封闭与开放的关系。

11.1 封闭是什么

封闭是什么？个人认为，存在着三个层面的封闭：个人层面的心理封闭、群体层面的心理封闭和文化层面的心理封闭。

1. 自我心理封闭

自我心理封闭，就是自我作为一个心理系统，在信息交换和与外界互动层面是不通畅的。个人层面上，我们把人的心理类比为一个信息加工系统，个人层面的心理封闭指这个信息加工系统停止了信息输入和输出。

大多数情况下，人与环境发生信息交换，人的信息加工的材料来源往往是环境。获得信息的关键环节是感官，主要包括视觉、听觉、嗅觉、味觉、触觉等，这些感觉器官把物理、化学等外在信号，转化为可以被神经系统所识别的生物化学信号。这些信息传递到大脑后，会进一步发生非常复杂的信息加工工作，短时记忆、长时记忆会参与进来，我们的注意功能会被激活，分析、分类、概括、综合、比较、评价、想象、推理等认知功能会被调用，最终我们将通过语言、动作、表情等输出我们的加工结果。

在我们对这些信息进行分析之后，还可能会作出行为反应。比如，当遇到危险信号时，要决定战斗或逃跑，并在危险来临之前采取切实的行动；当感觉到饥饿或口渴时，会采取行动寻找食物或者饮用水；在竞技场或战场上时，要根据竞争对手瞬息万变的情况，制定比赛策略，执行竞争战术。这是一个复杂的信息加工过程，信息的获得是整个过程的第一步，也是这个过程的基础。

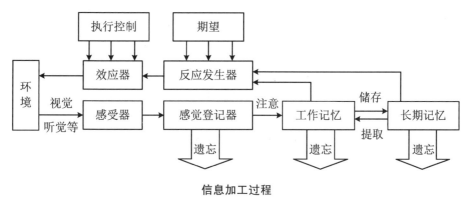

信息加工过程

输入信息加工系统的信息有具体形象的，比如感觉、知觉、表象、知识、语言等，也有概括抽象的，比如理想、信念、情感、价值、意义等。

这些信息输入我们大脑中，被我们理解接受之后，与我们的自尊自信、归属感、情绪模式、成就感等心理功能相联系，构成了我们完整的心理反应系统。

比如说对患有精神疾病的人来说，他们对所接受到的信息的理解可能是完全错乱的，甚至"接收"到不存在的信息，如出现幻觉、妄想。有些患阿尔兹海默症的人会不记得自己的亲人或者叫错亲人的名字。这些功能紊乱的表现，表明了人作为信息加工系统，在处理信息的某个环节上出了问题，或闭塞，或错乱。

感觉剥夺实验是心理学家模拟实施的极端心理封闭现象的实验。想象一下，你待在一个类似于棺材一样狭小的空间里,被剥夺了一切与外界的联系,没有手机,没有电视,没有书籍,没有任何有意义的信息输入。你想与外界产生互动但却得不到任何反馈,就像是在万籁俱寂、广袤无垠的宇宙之中,你是唯一的存在,那么你会在心理层面上会发生什么样的变化?孤独、无助甚至恐惧和绝望的感受会不会奔涌而来?你在这样的环境中能待多久?

"狼孩"和"猪孩"是教育史上非常有影响力的两个案例。人类的婴儿如果脱离了人类社会,脱离了父母的照顾和监护,跟动物生活在一起,他们会怎么样? 如果婴儿错过了语言发展的关键期,那么当他们再次回到人类社会,也无法习得高级的人类社会文化了,他们无法真正学会人类社会的语言,也无法形成人类的情感和人类的审美品质,他们的寿命也很短。

在人类发展的过程中,社会文化信息是很关键的。如果缺失了外界的信息,那么人类的心理成长就会失去相应的精神营养。如果不跟外界接触,没有持续对外输出信息、价值、意向、动作等等,那么我们跟外界的联系是割裂的。

心理结构内部的各个模块之间,如果没有协调平衡的关系,没有恰当的整合,心理结构的各个要素之间相互封闭的,那么我们的心理功能就会发生紊乱或者偏差。

2. 人际心理封闭

人际层面的心理封闭,指自我在人际关系层面的信息公开性、共享性和获得性较差。互不来往,某种程度上就是人际心理封闭。《道德经》中"鸡犬相闻,老死不相往来"所描述的是一种极简的生活方式,在人际关系的层面上是封闭的,但在自我整合上是完整的。

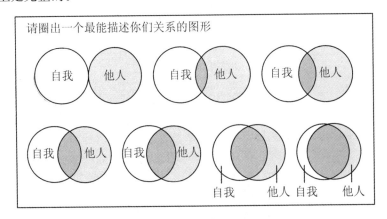

自我包含他人(IOS)量表

如果你处于浪漫关系当中,哪个图最能表达你和你伴侣之间的相互依赖性?利用自我包含他人(IOS)量表的研究发现,那些最明显地认为其他人包含在自我之中的人,也恰恰最有可能保持对关系的承诺。

如上图所示,左上角的两个圆,一个代表自我,一个代表他人。自我和他人之间,如果仅有非常少的一点点接触,没有交集,那么这两人之间的距离就比较疏远,甚至没有关系。而右下角两个人的自我之间重合度非常高,代表两人之间有很高的亲密度。心理学家研究发现,在亲密关系中越认同他人是包含在自我之中的人,他们的亲密关系就会越持久。最开放的自我有利于维持亲密关系,同理,开放的自我也有利于建立和维持友谊或一般的伙伴关系。

对我们来说,我与他人在互动交流时,我对他人敞开了多少,分享了多少我的秘密,我了解对方多少,我能在多大限度上进入对方的内心世界等问题很大程度上决定了双方的友谊和亲密。比较文学的表述是,我能不能走进你的心里,能不能"住"到你的心里去,或者说你是否活在我的心中。

交往过程中,两人之间的心理是否相互开放?双方是否有相互交流、彼此关爱、相互帮助的机会?如果双方的心都是向对方打开的,彼此可以进入到对方的心里,彼此又可以保持自我,那么双方的关系就比较亲密。

在与他人互动的过程中,自我边界是否清晰、封闭与开放的状态是否平衡,是发展独立而成熟的自我的关键矛盾。有些人界限分明,甚至对人敬而远之,总是独立于人群之外或沉醉于自我之中。也有人界限不清,常扎在人堆里,看似热热闹闹,其实是害怕独处。

不分彼此,是极其少见的,因为每个人都需要独立的自我。而绝对独立,更是不可能的,因为人是群体动物。

人际层面的自我封闭,是指不与他人进行人际互动,具体表现为内心的思想认知、情感价值、意向行为等心理互动终止了人际层面的互动性,既不进入别人的精神世界,也不给别人进入自己精神世界的机会。

如果我们的心理活动、内心的情感价值、思想认知不对别人开放,那么我们在人际关系层面就是封闭的。如果他人不对我们开放,他人对我们是封闭的。开放度不一致或者不对等,在交往中是常有的事。自作多情,某种程度上与人的情感开放度有关,一方热情付出且满怀期待,而另外一方却不为所动或浑然不知。好朋友或亲密关系之间的交往,一般是相互开放的。

但是,即便是同生共死的兄弟、亲密无间的爱人,也需要做自己、保持自我,需要有独立成熟的人格。开放不等于没有原则和立场,更不是没有隐私和秘密,而是在独立、成熟的前提下,对关系发展的可能性保持开放的态度,对彼此未知的部分保持好奇,在合作的事情上互助共赢。

人际层面的心理封闭,是达成共识的障碍,是合作共赢的阻力,也是自我成长的退缩。

3. 文化心理封闭

这里的"文化心理封闭",不是指文化本身封闭,是指人的心理封闭和人际封闭具有文化差异。这三个层面的心理封闭具有相互包含的关系,人际层面的封闭包含了自我层面的心理封闭,而文化的层面的心理封闭同时包含人际层面和自我层面的心理封闭。

北京大学朱滢教授研究发现,在中国人的人际交往中,中国人的自我包含着父母、家人、兄弟姐妹等诸多家庭元素。而西方人的自我相对比较独立,并不包含父母、兄弟姐妹等家庭元素。中国的文化是一种集体文化,中国人之间的关系离得更近。中国是一个人情社会,如果没有人情往来,就会显得疏远。

当然,随着时代和社会的变迁,中国人的自我向着更加独立的方向发展。但无论如何,中国人的文化心理自我与西方人文化心理自我都不可能完全相同。

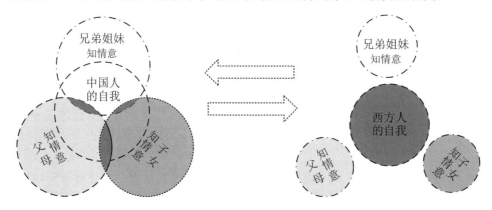

中西文化心理自我的差异

中国人到哪里都期望有自己的圈子,期望在思想情感、理想信念有更多共鸣,喜欢抱团取暖、集体行动。中国人倾向于加入一个被共同认可的群体或组织,有时会通过群体或组织来标榜自我。

同时,中国人的隐私意识也很强,虽然有很多人情往来、家长里短,但这主要限于自己熟悉和融入的圈子。对于相对陌生的场合,中国人更倾向于谨言慎行。

中国人的自我会把周围的亲朋好友、兄弟姐妹包含进来,西方人的自我相对独立,这在教育和职业领域都会产生深刻的影响。在团队合作层面,中国人的配合度很高,从抗击新冠病毒疫情的情况中看,中国人民全力配合党和国家的号召与管理,自觉践行人类命运共同体理念。这是共生的状态,命运相连,一方有难,八方支援。在维护集体利益和关注他人需求的层面上来说,中国人实际上比西方人更加开放。

西方人会觉得,中国人不大去分享批判性观点,这并不表示中国人没有批判精神,只是由于中国人维护关系的自然倾向,会比较克制表达批判性观点。

相对于表达看法或批判性的观点,中国人更倾向于分享情感,会说"我很关心你""我很支持你""你对我的帮助让我非常感动"等等。在开放的信息类型层面,中国人跟西方人有较大的不同。

在个体、群体和文化三个层面上处理好封闭与开放之间的关系,是获得稳定、和谐又不断发展的存在状态的关键。

11.2　如何避免自我封闭

自我封闭是一种闭塞的状态,是心理系统不能有效接收、响应、处理和输出反馈的状态,因而自我封闭的最终状态是个人变成了"孤岛",而人际关系与情感交流在自我封闭的状态下被削弱甚至切断。

某种程度上婴儿是"自我封闭"的,他们的心理还不能接收和理解成人世界的信息,也很难有效地输出信息与外界互动。婴儿与外界的联系又是天然而紧密的,婴儿依靠与父母的互动而获得发展和成长,在此过程中,他们的心理系统不断丰富,变得越来越开放和灵活。我们的成长过程中,心理系统的丰富性与开放性的动态变化,有助于我们觉察自身的心理特性并逐渐发展出调整自身心理特性的能力。

如何避免自我封闭呢?

1. 保持活泼心理

好奇心。人天生具有好奇心,好奇是认知和智慧的开端。想想小时候的经历,可能我们对什么都感兴趣,遇到新事物都想瞧一瞧、摸一摸。对于2～3岁的儿童来说,好像有一种天然的倾向,对于所有未接触过的事物,都有一种了解的渴望。但是在我们长大之后,反而好像失去了这种好奇心,失去了拥抱未知、探索未知的天性。也可以说,失去好奇心是我们走向自我封闭的开始。顺应好奇心,探索新事物,拥抱新事物,是避免走向自我封闭最基本的态度。

关注细节。关注细节表示我们是心理敏锐的,是有区分能力的,也是有好奇心的。对于细节的关注和理解,在很大程度上影响了我们对于事物理解的准确性,也反映了我们的洞察力。对于心理活动来说,忽略细节意味着关闭了信息获取通道,也关闭了与奥妙的外界产生深度互动的机会,往往意味着远离真相,忽略本质。

扩大心理舒适区。孔子曾经批评他的学生冉有"画地为牢,裹足不前"。很多时候,我们做不成事不是因为能力不够,往往是因为心态上自我设限。可能是对新事物的恐惧,也可能是对熟悉的、让自己感到舒服的事物的眷恋,很多人会自觉、不自觉停留在让自己的舒适圈,久而久之,能力可能会退化,心理舒适区也会变小,简单说就是不适应社会,更难以应对社会的变化。

建立成长性思维。万事万物时时刻刻都在生长变化,大江大河奔腾不息,树木花草日新月异,我们的脑细胞也在时时更新。古人也有"苟日新、日日新、又日新"的态度,把握事物永恒成长变化这一本质属性,坚持事物不断发展变化的内在信念,保持持续成长发展的行为习惯,有助于我们避免自我封闭、激发生命活力。

激发创造性。创造性是心理健康的高层次表现。有创造性的人,心理是活泼的、好奇的、开放的,关注事物发展的各种可能性,也敢于突破条条框框的限制,敢于打破稳定的封闭状态。可以说创造性是对自我封闭的一种消解。

总之,保持好奇心、关注细节、扩大心理舒适区、建立成长性思维、激发创造性,可以帮助我们在的层面上避免封闭。

2. 保持人际互动

在人的层面,避免自我封闭的根本途径就是开放自我、建立人际关系。婴儿对人有天然的兴趣,会被母亲的笑容所吸引。某种程度上,人的情感发展和精神发展,主要是通过人的人际关系影响和塑造的。一个缺乏人际交流的人,心理上是孤单的。一个没有经历过人情冷暖的人,也很难拥有大爱的情怀。

觉察和提升人际信任感。婴儿向父母开放自己,是因为他们自身的需求能够被父母满足,父母的照顾是他们安全感的重要来源。期待建立信任的、安全的人际关系,回避不安全的、有冲突的人际关系,是人的天性。人和人之间的关系,是一场未知的旅行,恰恰是因为这种未知带了来期待,值得我们投入和探索。建立人际关系,走进别人的内心世界,或者让别人进入我们的内心世界,我们可能会感受到不舒服。有人会因为信任感比较低,而放弃甚至拒绝建立人际联结。但我们如果因此而裹足不前,放弃探索人际关系的可能性,那我们又怎么能感受到人生的美好和幸福呢?

互为人师的学习态度。孔子说:"三人行必有我师焉。"《论语》开篇就说:"学而时习之,不亦说乎?有朋自远方来,不亦说乎?人不知而不愠,不亦君子乎?"可以说学习是避免自我封闭最根本的方式,也是开放自我、建立自我的重要途径。尤其是与人沟通、交流互动,更具有预防自我封闭的价值。学习是扩展和丰富人际系统最重要的方式,俗话说:"读万卷书不如行万里路",又有人开玩笑说:"行万里路不如名师指路"。不管是哪一种学习方式,让我们接收到新的信息,了解新的领域,产生新的行动愿望,归根结底都会对我们产生一定的影响。同时互为人师的学习态度和行动,本身就是拓展自我的开放性和建立良好人际关系的重要途径。如果我们抱着一种"人人皆可为我师"的学习态度,那么我们在与他人互动的过程中自然会抱着好奇和期许,相互学习会大大拉近彼此之间的距离。

将心比心的情感交流。积极情感是人际关系的润滑剂,会促进人际关系的形成,改善人际关系的质量。将心比心的情感交流,就是表达和分享自己的情感,理解和接纳他人的情感,设身处地,换位思考,这就是同理心沟通。同理心沟通是一个人走入另外一个人的感情世界最重要的方式。它是一种可以学习的技巧,更是一种尊重他人、理解他人的态度和价值观。可以说,寻求知己而不可得是一种遗憾,而相互理解是两个人的幸运,要获得相互理解的幸运并不难,靠的是真诚和相互关心。

11.3 自我开放是什么

开放不仅是一种拥抱未知的心态,也是通过沟通与人建立关系、让彼此融入对方生活的行动过程。开放是什么？如何从封闭走向开放？这些问题也可以从心理、人际和文化等三个层面来理解。

1. 灵动与灵性

在个人心理层面,开放的状态是灵动的、具有灵性的。

某种程度上,人的心理是一个信息加工系统。信息的输入、加工和输出是人的心理系统维持功能的基本过程。如果我们也得不到任何外界信息,心理就会发生扭曲,甚至出现功能紊乱。

由于自我意识、心理和行为习惯以及环境的局限,我们可能会在信息加工层面遭遇一些困难和障碍,可能会忽略和遮蔽某些关键信息,对于信息的加工可能是主观的、有偏差的,对信息的输出可能是不及时的、不准确的。在这种情况下,我们的心理系统是相对封闭的。

从心理系统的信息输入方面来看,我们最常见的局限是过分依赖某些感觉信息的输入通道。有的人更擅长通过视觉获得加工信息,而有的人更依赖听觉获得加工信息。

一个完善的心理系统,一定不是封闭的,因为封闭的系统很难有效响应外界的刺激。如同失明的人很难欣赏绘画之美,失聪的人很难欣赏音乐之美,缺乏想象力的人很难欣赏文学与舞蹈之美。处于这几种情况的人,他们的心理系统都缺失了某方面的重要信息来源,他们的心理系统是不完善的。

开放的心理系统是灵动的、具有灵性的。灵动,直观理解是灵活机动,是一种聪明又迅速响应外界变化的状态。灵动的心灵,具有细腻的感受力、深刻的洞察力、丰富的想象力和新奇的创造力。"问渠那得清如许,为有源头活水来",学习就是灵动心灵的源头活水。灵动的心灵是持续学习、持续成长的心灵。而心灵成长的最终追求,是灵性,是真、善、美。

灵性,是人的心灵成长的最高境界,是人的心灵系统自成体系、超越当下、超越现实、超越自我的状态。灵性是心灵成熟到超越个人存在,关注意义和价值,关注人与自然、人与自我、人与他人、人与社会的和谐与平衡的状态。灵性的心灵是一种精神性的心灵,永远追求意义和价值的实现,追求精神的自我满足。灵性的心灵是一种自愈性的心灵,它能超越当下的困难和局限,就像监狱困不住曼德拉领导南非人民走向独立的精神追求,肉体的折磨阻挡不了陈延年追求共产主义的决心。灵性的心灵是一种温暖和普惠的心灵,灵性的心灵具有一种温柔而坚定的力量,就如同唐僧一般性格平和但拥有普惠众生和永不放弃的决心。

2. 共享与共创

在人际关系层面,开放的状态是共享与共创。乔·哈里窗(又译约·哈利窗)是一个直观又深刻的模型,可以帮助我们更好地理解人际层面的心理封闭与开放。它有"我和你"以及"知道和不知道"两个基本维度,交叉组合成四种区分明确的人际沟通状态。"我知道你也知道"的区域是公开区;"我知道但是你不知道"的区域隐私区;"我不知道但是你知道"的区域是盲区,是对于"我"而言的盲区;"我不知道你也不知道"的区域对于双方来说是未知的,也称为潜能区。

乔·哈里窗

	我知道	我不知道
别人知道	公开区	盲区
别人不知道	隐私区	未知区

基于这样的区分,乔·哈里发展出了两个核心的行动建议:一是不断地披露自我的信息,二是不断地回应别人的信息。

对于公开区,要共同经营,不断扩大。从"我"的角度来说,核心行动是不断地披露,包括我的思想、我的情感、我的成长经历、我的兴趣爱好、我的背景,我期望的职业、我期望的伴侣、我跟谁相处、我的生活习惯等等。分享得越多,披露得越多,对方就了解得越多,也就越有可能交往下去甚至成为朋友。当我们分享得越多,对方自然就回应得越多;当对方也愿意跟我们分享他/她的秘密时,双方就会有一种自然的亲近感,这是共享的魅力。

对于盲区,要寻求反馈以获得自我觉察,尽量缩小它的范围。哪些事情是我们不知道,但是别人知道的呢?比如我们的性格特点、坏习惯,可能我们意识不到,但我们的家人、朋友、导师,甚至心理咨询师等却知道。每个人都有自己的盲点,甚至弱点、缺点,如果我们不去寻求反馈,尤其是好朋友、兄弟姐妹或家人的反馈,那么我们怎么减少自己的盲点、怎么让自己变得更智慧、更开明呢?

隐私区,包括我们的心愿、愿望,甚至阴谋等。在好朋友的层面适度地分享隐私,分享秘密,可以极大地促进彼此之间的关系。可以说,分享隐私的过程,也是建立友谊甚至亲密关系的过程。

对于未知区,双方可以进一步探索。比如说我不知道你的性格,你也不知道我的性格,我们不知道彼此之间有没有共同话题,有没有共同的兴趣爱好,有没有成为好朋友的可能性,有没有一起搭档的可能性,有没有一些共同的经历或者共同的价值观等等,如果不接触、不探索,这些对于双方永远是未知。只有双方不断地接触、交流,才可能相互了解。未知区也被称为潜能区,持续探索,才可能创造惊喜。

共享的直接效果是促进了解和建立联结,但了解和联结只是手段,共创共生才是目的。共创共生是高层次的合作,是取长补短、精诚团结、共创未来的状态。也可以理解为这是人际关系层面的灵动和灵性的状态,是一个群体或一个团队富有生命力和创造力的表现。一个相互不了解的群体是封闭的,一个没有创造力的群体是低效的,封闭低效的团体是不健全的。一个有生命力、有团体动力的群体,可以接纳和包容彼此的弱点,支持和鼓励彼此的发展,分享和分担彼此的情绪,也可以促进彼此的融合与开放。从这个意义上说,寻找并加入一个有生命力的、开放的团体,本身可以帮助我们变得更开放、更有活力。

3. 求同与存异

在社会文化层面,开放是求同存异、美美与共的状态。

《圣经·创世纪》中有一个巴别通天塔的故事。传说人类社会一度非常繁荣,人们说着同样的语言,拥有同样的梦想——建一座高塔,高可通天,去跟上帝交流。但是上帝是"封闭"的,上帝并没有对我们开放,他对人类如此伟大的团结创造忌惮了。他发现人类使用同一种语言沟通起来方便又高效,如果任由人类这样合作下去,那么可能真的有一天人类可以到达天堂与上帝直接对话,甚至取代上帝的存在。于是上帝便给人类下了一道诅咒,让人类不再说同一种语言,而是各说各的。当人们的语言不通之后,沟通就出了问题,误会变多了,矛盾就产生了。随后发生了冲突、争执甚至战争,以至于到最后建设巴别通天塔的伟大任务也无法完成,人类又重新散落到世界各地,过着各自的生活,还面临着不断发生的冲突、战争、犯罪等人性和道德的困境。

虽然这是一个神话故事,但却反映了封闭和开放的冲突与矛盾。通过语言交流思想、解决问题、促进融合,对于人类来说是一个永恒的挑战。

差异是永远存在的,也正因为差异的存在,人与人之间才显得多样和丰富,这本身是美好的构成部分。但差异也造成了很多不必要的误会、隔阂甚至封闭。而开放的态度,就是坦然面对和真正参与的状态。

费孝通先生说:"各美其美,美人之美,美美与共,天下大同。"儒家提倡"君子和而不同,小人同而不和。"和而不同、美美与共,这是求同存异的最高境界,也是社会与文化开放的最高境界。

11.4 如何实现自我开放

保持自我的开放与发展,是值得投入一生的修炼。每一天的生命都是我们未经历过的,都值得用一种面对奥秘的好奇心去探索、实践和创造。

1. 自我对话与自我开放

现实层面的自我对话或自言自语,常常被认为是"疯"了。但主动操控的心理和精神层面的自我对话,却是一种高级的精神活动,也就是能意识到自己的存在,并跟自己对话。

阅读和写作,是两个提升自我意识、进行自我对话的最根本途径。朱永新先生说:"一个人的精神发育史就是一个人的阅读史,一个民族的精神境界取决于这个民族的阅读水平。"

阅读经典是与大师对话关于宇宙人生问题的基本。与大师对话,就是站在大师的肩膀上去看这个世界,去和这个世界相处。通过阅读经典与大师对话,我们在精神层面上就慢慢地活成了大师的样子,阅读为我们的精神成长发展提供营养。如果我们不去阅读,那些蕴含着伟大思想的文字信息,只是静静地躺在那里,只是一堆客观存在的外在信息而已。一旦这些信息通过阅读进入我们的大脑,它们就变得活跃起来,不断充实我们的知识体系,丰富我们的思想方法,甚至拓展我们的人生格局。

更深入的自我对话是写作。写作是智力训练和元认知训练最好的方法之一,通过写作我们可以在更抽象的层面上进行总结和提炼。

所谓元认知就是关于认知的认知,是"我"对"我"的思想活动的认识。写作对思想活动有很好地促进、提升和发展作用,可以提升我们的反思、总结能力、表达能力力概括能力和描述世界的能力。写作实际上是跟自己对话。

持续的阅读和写作,会对我们产生潜移默化的影响,慢慢地,我们逐渐学会像大师那样去思考宇宙人生的重要问题。

人类对于探索自我有着孜孜不倦的永恒追求,其中的关键就是自我意识的觉醒,意识到"我"的存在,意识到"我"是与众不同的,进而思考我是谁、我从哪里来、我要到哪里去。"自我"是一种看不见的客观存在,朋友家人之所以爱"我",不仅仅是因为我们的身体样貌,更因为我们有人格和精神层面的稳定的"我"。同时,"我"又是一种思想流、意识流,也就是说,思想中"我"是一系列关于"我"的信息整体,是一段信息流。这段关于"我"的信息流每天都在发展和变化,每天都有新的经历或信息往里添加,每天也可能流失一部分信息和要素。总之,在意识流的层面上,我还是"我",但已不是过去的"我"。

冥想、反思、总结,听音乐、看画展、欣赏各种艺术作品,这些都可能促进自我对话,也都有助于提升自我意识。

自我对话的最终目的,是让自我觉醒,要让自我统御内心的各个要素,让它们协同运作。只有我们真的理解自己,才有可能真正理解他人,这是我们与人交流互动的基础。

2. 人际沟通与人际开放

人际沟通是通往人际开放最重要的途径。斯蒂芬·柯维在《高效能人士的七个习惯》中,深刻剖析了人际沟通思想方法和行为习惯,值得我们学习和借鉴。

关于沟通,低效能的思维是:听是为了回应;而高效能的思维是:听是为了理解。以理解为目的的倾听,帮助我们更好地理解对方,理解我们的处境和面临的问题。相互之间有深入理解,我们才能更好地沟通和交流,才有更好的人际关系。这就是人际沟通和人际开放的基本原则,以高效的交流和理解为基础。

关于沟通与开放的人际关系,斯蒂芬·柯维提出来这么几条建议:

第一,先诊断后开方。这是一个类比,就如同去医院,如果医生都不问具体症状,就直接你开药,你会放心吗?对于日常的沟通交流来说,如果对方不理解我们,就急于给出评价和建议,我们通常是难以接受的。"处方式的沟通"常常损害人际关系,但很多人对此不大了解也不够重视。沟通包括信息、编码、传输、接受、译码、干扰、反馈等方面。从"我"的角度看,信息编码就是对方把信息组织成语言信号,通过书面、口头、肢体语言等形式传递给我们。由于每个人的语言组织能力和沟通能力有高低差异,他人传递给我们的信息未必是完整和准确的,再加上噪音、背景性干扰、个人理解差异等因素,会造成我们的理解与对方传递的信息可能有偏差,因而需要我们多了解确认后再回应或反馈。

第二,同理心倾听,意思是将心比心、换位思考,进而准确理解对方要表达的意思和情绪。同理心倾听就是要听出对方没有说出来的意思和感受,而不是急于给出建议或评价。同理心沟通的目的是为了理解,尤其是要理解语言背后的情绪和言外之意。关注肢体语言,是获得准确理解的重要途径。通过解读对方的肢体语言,我们才能真正理解对方的情绪,这些情绪会极大影响沟通的效率和效果。

同理心倾听可以达到"打开心扉"的效果。我们感觉到对方的内容话题或者语言中有一些强烈情绪,包括愤怒、激动、被遗忘、误解、紧张、犹豫、尴尬等,就不大适合急于往前探究了,可以先停下来寻求理解,再表示关心和支持。我们的回应要传递出对于对方情绪的感同身受,"根据我的观察,这段时间你好像不是很开心,看起来好像不舒服,你听起来情绪不高、很有压力、很难过……"同理心倾听,有助于卸下双方的心理防卫,帮助双方更加坦然地面对自己,也更加尊重和理解对方,从而进入人际开放的状态。总而言之,先理解情绪,再处理问题。否则,可能会僵持不下,或进入更加封闭的心理状态。

第三,从对方的角度来寻求被理解。换位思考,站在对方的角度思考和行动,这样对方更容易接受和理解。如果我们能做到这几点,那么我们的影响力会提升,解决复杂问题的能力也会提升,对于事实的理解会得到澄清。柏拉图曾经提出过一个著名的思想实验:洞穴比喻。洞穴中有一群囚徒,他们背对着山洞口,看到的只是投射到洞壁上的影子,这些囚徒以为他们所看到的就是全部世界。其中一名囚徒碰巧被释放了,当他转过身时,感到了光的炫目,慢慢地他看清楚了原来从未看到的事物,他继续往外走,看到了阳光下的真实世界。他可以继续向外探索,但他选择了回到山洞里,向他的同伴描述他所看到的世界,也劝他们走出山洞。然而他的同伴根本没有任何类似的经验,认为他不过是在胡言乱语而已。可见,视角不同,观点和思想也会不同。如果那个最先被释放的囚徒有一面镜子,那么他就可以帮助其他囚徒在不转身的情况下看到不同的世界。换位思考,帮助我们理解对方,也帮助我们获得对方的理解。从不同的角度看世界,我们会看到世界的不同。

3. 组织学习与系统思考

组织学习与系统思考,是指组织层面或者社会层面的开放。这种开放更多指思想和价值观的开放,指对心理模式的觉察和调整。彼得·圣吉在《第五项修炼》这本书对这个主题进行了深刻的论述和剖析。这本书是组织学习和系统思考的集大成之作,对于领导者和团队管理者具有重要而深刻的参考价值。其中一个有趣的问题是:团体中每个人的智商可能都在100以上,为什么集体的平均智商只有62呢?

彼得·圣吉认为:"在西方世界里,我们的社会组织已经被分割得四分五裂。我们把生理的健康与心理和精神的健康分割开来探索,以至于人们虽然活得久些,但整体身心健康状况却每况愈下。所支付的社会成本也愈来愈高。"

不管是对于组织的发展,还是对于个人的发展来说,有没有系统思考,有没有系统地整合好各个要素之间的关系,有没有让每一个要素都物尽其用,有没有让系统要素保持适度的开放性和共生性,直接关系到系统发展的效率和水平。

彼得·圣吉总结了组织学习的七个核心障碍,也是导致组织走向封闭的思维障碍。他引用壳牌石油公司的研究,发现世界500强公司的平均寿命不超过40年。通过研究之后,他们发现这些公司的消失,几乎都跟这些原因有关:思考局限、归罪于外、缺乏整体的思考、专注于个别事件、不能觉察渐进变化的威胁、经验学习的错觉和管理团队的钩心斗角。

20世纪七八十年代以来,日本汽车逐渐赶超美国汽车业,为什么呢?美国人发现,日本汽车的设计跟美国汽车的设计思路不一样,美国的思路是分工模式,而日本的设计是思路模式。美国的分工很细,同样一台车可能有几十种型号的螺丝钉,日本汽车则不同,他们把螺丝钉的设计分给同一个部门,部门领导会整合所有的螺丝钉设计,所以对于日本汽车来说可能有5~10种型号的螺丝钉,而美国汽车则有十几种甚至几十种螺丝钉。因此,日本汽车与美国汽车相比,组装和维修成本也更低,这是日本汽车赶超美国汽车的重要原因。显然,日本汽车行业比美国汽车业有更高的系统思考水平,他们相互协调配合的效果也更好。

在行动层面,深度会谈和团队学习可以促进团队或组织的系统思考水平。

深度会谈就是对话,就是透过文字和意义去沟通和交流的过程。深度会谈的目标是要超越任何个人的见解,而达成双方或者超越双方个人见解的更优方案。它有三个核心条件:一是悬挂假设,就是将自己心中的假设呈现出来,探讨心中假设的客观性和其他假设的可能性。二是伙伴关系,就是要超越阶级的差别,消除自动防卫并建立一种和而不同的良好关系。三是整个会谈或者商讨的过程,要有一个好的组织核心,可以是教练,也可以是团队领导,负责把持整个会谈的过程,保持谈话的开放度。

什么叫悬挂假设?中国典籍《列子》中记载了一个"疑邻偷斧"的故事。话说有一个人丢了斧头,他怀疑是邻居家的孩子偷走的,但是拿不出证据,又不好直接说,所以他就每天观察这个孩子的行为表现,怎么看都觉得这个孩子像小偷,又贪小便宜又贪玩。很久以后,他在自己家某个偏僻的角落里找到了斧头,终于明白是自己错怪了那个孩子。这时他再看那个孩子,怎么看都觉得那个孩子可爱、热情又主动。

是什么影响了他对邻居家孩子的判断呢?是他心中的假设和偏见,这是一种自我证实的偏差。我们抱着什么样的观点,就会寻找什么样的证据,我们的假设会不断被"证实"。殊不知,很多所谓的"眼见为实"只是自己心中偏见的表现而已。

深度会谈是团体学习的关键,掌握了深度会谈这把钥匙,打开团体学习与团体合作之门。团体学习是有组织地走向开放、创造和成熟的状态。

推荐阅读书目

1. (美)彼得·圣吉.第五项修炼.中信出版社,2018.
2. (美)维纳.人有人的用处:控制论与社会.商务印书馆,1978.

Chapter 12
第 12 讲

异化与整合

  扭曲、割裂的心灵是如何形成的?"想做自己而不能"对我们的健康与发展有何影响?如何避免自我异化?自我整合是什么?如何自我整合?

  异化不仅仅是一个稍显抽象的哲学概念,更是现实生活中真实存在的异常心理现象。整合也绝不仅仅是一个乌托邦式的口号,更是渗透每个人一生的成长目标。就如"存在与毁灭"是人生大课题一样,"异化与整合"同样是无法回避的人生课题。

通俗理解，异化就是异常的、不好的变化，是对于事物正常状态的扭曲。哲学家特别关注人的异化现象，关注人的发展偏离本性的状态，关注人"想成为自己而不能"的状态。而整合，有整理融合之意，在人发展的层面上，就是把异化的、疏离的、破碎的心理活动和经验加以整理融合，使其具有整体性、协调性和生长性。

异化与整合是一组比较抽象又比较哲学的概念，很多人对这两个词感觉到陌生，似乎没有什么经验和体会。其实它们跟我们的生活息息相关，与我们的发展和成长也紧密相连。

当工人成为流水线上的"机器"时，劳动异化了；当高考状元成为标榜教育成功的"榜样"时，教育异化了；当爱情成为房子、车子的附属品时，亲密关系异化了；当孩子成为父母实现自己理想抱负的主要依托时，家庭关系异化了；当自然资源被过度开采以满足人的欲望乃至引发自然灾害时，人与自然的关系异化了。

可以说，异化与整合，是人发展的两个不同性质的方向。异化是无处不在的，而整合也是须臾不能离的。某种程度上，曾子倡导的"吾日三省吾身"的心灵生活方式，是一种防止自我异化的重要修炼。

《魔戒》中有一个特别的角色——斯密戈（咕噜），他受到特别的诅咒，控制不了自己内心的欲望，总是要到盗取魔界至高圣物——指环。由于他力量弱小，渴望得到指环但又无法实现，而内心的渴望却不断增强，因而他非常痛苦和扭曲，这种无尽的精神折磨摧毁了他的身体和心灵，变成了一个"人不人鬼不鬼"的咕噜模样。

异化与整合本身就是心理的两种不同形态，异化的心灵当然不健康，而自我整合是通往心理健康的必由之路。心理的异化是一种人格疏离、偏离本性的状态，比如，丢失了好奇心的愚钝的心理，扭曲了依恋模式的焦虑和回避人格，缺乏理想信念和价值追求的空心病，心理功能支离破碎的精神分裂，如此这些都是心理发展背离了人性的状态。简而言之，异化就是本性的偏离，而整合就是保持本性、固守本心。

12.1 异化是什么

生活中有很多现象与异化有关。某中学教学楼走廊的栏杆外全都安装了铁栅栏，目的是防止学生跳楼，这个现象反映了一个残酷的现实——即高考压力非常大。高考的重压之下，在很多人感到自己成为学习和考试机器，这就与正常的身心发展需求相悖，也与人的本性偏离。这是教育对人的异化，人不是作为活生生的、感性的人而存在，而是作为考试机器、作为分数的"奴隶"而存在。当然，教育本身，总是披着理想主义的外衣，哪怕里面包裹着的是极不协调的"现实主义皮夹克"。所以，在刺眼的铁栅栏上，悬挂着很多励志的标语，如"学习中每一个问题的解决都是你进步的标志"。一边是防止跳楼的铁栅栏,另一边是励志的学习格言;一边代表着自我的异化和人性的偏离,另一边是不断成长和自我整合。

长时间投入在枯燥、单一的活动中,会让人感到不适、焦虑,甚至心理扭曲,这是我们需要警惕的。

北京大学钱理群教授提出了"精致的利己主义者"这个概念。他说:"我们的一些大学,包括北京大学,正在培养一些'精致的利己主义者',他们高智商,世俗,老道,善于表演,懂得配合,更善于利用体制达到自己的目的。这种人一旦掌握权力,比一般的贪官污吏危害更大。"这就是一种光鲜亮丽的异化,他们披着社会的外衣,但本质上与人的真、善、美的本性相悖。

钱理群教授描述的这些学生平时学习努力,课堂上积极发言,课后也积极地向老师请教问题,目的就是为了获得推荐信或者获得高分。一旦他们获得推荐信或者是得到了理想的分数,那么他们曾经跟老师探讨的那些问题,那些曾经在课堂中表现出的理想和追求,对他们来说可能就不重要了,甚至不存在了。

从心理学的层面看,异化的具体表现有哪些呢?

1. 片面的认知

认知是感知觉、注意、记忆、思维、想象、言语等心理活动,它帮助我们认识外界、理解外界,是我们与外界互动的基础。片面的认知是指认识效果是不客观的,或片面、或扭曲甚至错误。

严重的认知扭曲,常与精神疾病有关。幻觉、妄想、思维奔逸、思维迟缓、记忆错乱、痴呆、智力发育迟滞、胡言乱语等,是精神疾病的核心症状。在生活经验层面上,偏激、主观、绝对化等是常见的认知异化现象。

认知能力指向人的理性,也是人类认识世界、改造世界的基本动因。亚里士多德称"人是理性的动物"。马克思歌颂人的理性,"人的自我意识是最高神性的。一切天上的和地上的神,不应该有任何神同人的自我意识相并列。"他认为自我意识是整个宇宙的"神"。这个观点跟尼采的观点类似,尼采宣判"上帝死了",那真正活着的是什么呢?是人,是理性的人,是有权力意志的人,是要成为自己"自为的人",即自我认识、自我驱动和自我实现的人。

在人对自然的认识还很局限时,宗教和迷信也是常见的认知异化现象。在马克思看来,人的自我意识在整个宇宙人生中处于非常高的地位,同时人又经常"充满激情地、片面地对这些东西做出自己的判断"。所以人创造出"上帝"和"宗教"的概念,而这些创造本身,就是人类理性的误入歧途,是对真正理性的背离。"神"不是人类理性迷误的原因,而是人类理性迷误的结果。也就是说,人的理性发生了偏差,才创造了神,才创造了宗教。

根据理性情绪疗法的观点,人面临着糟糕至极、过分概括、绝对化三种认识偏差。这些认识偏差,会导致我们糟糕的情绪状态,进而可能引发心理问题或精神病性症状,比如说幻觉、妄想、思维奔逸、思维停滞等等。概括地说,人的认识能力是一种辩证的存在,既有客观正确的一面,又有主观片面的一面。

2. 疏离的情感

情感指人的情绪体验、情绪状态和情绪反应模式的综合。疏离的情感,指情绪体验波动过大、情绪状态的稳定性和灵活性不够、情绪反应模式不能满足日常社会心理生活的功能需求。

心理异化会表现在情感活动上,表现为情感的疏离,即情绪活动与应有的情绪体验或情境的偏差,如不受克制的愤怒、不合时宜的愉快、不明原因的抑郁等。抑郁、焦虑、恐惧、躁狂等,是常见的负面情绪,它们的特点是消耗大、体验糟糕。如果我们持续两周以上不明原因地经历这几种情绪,那意味着我们可能正经历某种心境障碍或情绪障碍,需要就医问诊,必要的话配合治疗。

马克思认为,要"勇敢地抗御各种激情的风暴,无畏地忍受恶的盛怒"。对情绪的占有是我们本性发展的应有状态,要勇敢地抵御各种激情的风暴,而不是在情绪的渲染中迷失自己。马克思肯定头脑的激情,但批判激情的头脑。因为激情的头脑是非理性的,是迷失的,甚至是冲动、狂暴的。

激情是心理活动的一部分,是自然的存在。我们与愤怒、焦虑、犹豫等非理性情绪的对抗,效果常常适得其反。因而,接纳生气、愤怒、恐惧等负面情绪的存在,是我们内心和谐和自我修养的重要方面。我们不能被激情和愤怒的所湮没,更不能成为激情和愤怒的奴隶。

在有关"情商"的讨论中,我们引用过亚里士多德的一句话:"生气谁都会,但什么时候对什么人生气,生气到什么程度,这是很难学会的。"生气人人都会,"有效的生气"只是少数人才有的修养。喜怒哀乐是人的情绪的正常表现,但人的情绪要与环境相适应,情绪表现的程度也要与环境相匹配,过度亢奋或者过度低沉都是与正常状态疏离或偏离的。

人作为一种高级动物,应该有道德感、理智感、美感。而异化的情感,就无法表现出道德感、理智感和美感。

疏离的情感,甚至已成为时代和社会的问题。冷漠、麻木、自我防卫,是这个时代必须面对的挑战,更是每一个人必须面对和超越的自我修炼。

3. 软弱的意志

意志是一种选择目标和采取行动的心理能力,坚定的意志帮助我们追求理想,而软弱的意志往往意味着糟糕的选择和无力的行动。软弱的意志是对理想信念的偏离,是对现实困难的妥协,是心理功能的异化。

意志的发展和觉醒,是人成为自己的内在基础,是自我确定和自我实现的必经之路。马克思说:"智力的贫乏最终企图靠性格的软弱,靠道德败坏的无聊的鲁莽行径来维持自己。"也就是说非理性的人,最后要么依靠一个外在更强大的力量,要么依靠一些投机取巧的手段来实现自己的想法和追求。

"当意志像锁在大桡船上划桨的奴隶那样被锁在极其渺小而狭隘的利益上时,这种精神还能做什么呢?"如果一个人在精神上把自己圈在小小的利益点上,那么他的格局也就只有那小小的一点。如果一个人的意志不能指向与他的良知相匹配的目标,那么他是软弱的。如果一个人的意志偏离了良知而又不自知的话,他不仅软弱,而且懵懂。浑浑噩噩,又缺乏目标和勇气,这样的人靠什么在这个复杂多变的社会中安身立命呢?

亚里士多德说:"一个勇气的人,怕他所应该怕的,坚持他所应有的目的,以应有的方式,在应该的时间。一个勇气的人,要把握有利时机,按照理性的指令而感受,而见于行动。"儒家也有类似的观点:"知者不惑,仁者不忧,勇者不惧。"勇气是人之为人的根本因素,或者可以理解为,坚强的意志是人之为人的根本因素。

人的意志与目标有关,与选择有关。什么样的目标才是合理的?什么样的选择才是有价值的呢?一方面这取决于我们的良知,另一方面这取决于社会价值需求和社会伦理规范。如果我们的选择偏离良知,违背本心,甚至有害社会,这就说明我们的意志被异化了,被异化为蒙昧良知、价值混乱的状态。试想一个蒙昧良知、价值混乱的人,他的立身之本在哪里呢?又何谈立功、立德、立言呢?

4. 畸形的人格

人格是一个人稳定的心理品质,是人的心理结构中最稳定的部分。其中,知、情、意是最重要最基本的三个元素,它们构成了人的心理活动的"铁三角"。某种程度上,是知、情、意的稳定特征构成了我们的人格。

人格有健全不健全、完整不完整之分。某种程度上,自然的人就是健全的、完整的。马克思说:"阉人歌手即使有一副好的歌喉,但仍然是一个畸形人。自然界即使也会产生畸形儿,但仍然是好的。"从这个角度来说,顺其自然是保持事物完整性的基本原则。也就是说,自然、本源的状态,在存在层面上是完整的,在哲学层面上是善的、道德的。

人需要与外部世界来往,需要合理运用满足欲望的手段。正如马克思说:"如果一个人只为自己劳动,他也许能够成为著名学者、大哲人、卓越诗人,然而他永远不能成为完美无疵的伟大人物。"当然,伟大人物的成就是可遇不可求的,但伟大人物的人格却是我们每个人都可以努力去追求和修炼的。

社会和教育环境中也广泛存在异化现象。当教育不能展现自身的本质特性,作为促进人和发展人的活动而存在,而是作为政治教化的工具而存在、作为迎合社会分工和利益追求的手段而存在时,教育就异化了。教育异化成工具和手段,而在异化的教育活动中受到的教育也必然与人的本性相背离。

资本的力量会吞噬价值原则。早在一百多年前,马克思就说:"生产不仅把人当作商品、当作商品人、当作具有商品的规定的人生产出来;它依照这个规定把人当作精神上和肉体上非人化的存在物生产出来。"

社会分工解构社会生活,也对人性本身产生了异化作用。马克思说:"分工使工人越来越片面化和从属化;分工不仅导致人的竞争,而且导致机器的竞争。因为工人被贬低为机器,所以机器就作为竞争者与他相对抗。"

曾经震惊全国的富士康13连跳事件,让很多人到现在还记忆犹新。那些生产线上的工人,完成的是程序化的工作,高强度的连续加班,单调又没有娱乐的生活,再加上可能面临一些生活的困难或者感情的困扰,有人抑郁了,甚至有想不开的冲动和行动。这就是分工对于人的异化,人只能作为生产流水线上的一个环节,久而久之感觉到自己变成了工具,没有价值,没有情感生活,甚至觉得在工作上人际沟通和交往是多余的。久而久之人变成了机器和工具,而作为人的那些丰富的、感性的心理需求被异化了,甚至被抽离出了人本身。

在这个纷繁复杂、快速多变的社会,我们经受信息爆炸、价值观多元的冲击,如何固守本心,保持本性,做真实的自己?

心理是一个连续的集合体,我们的认知、情感和意志品质,时时刻刻都在发展和变化。这种变化可能是积极的成长,也可能是扭曲和异化。片面的认知、疏离的情感、软弱的意志和畸形的人格,都是人的本性的偏离。幸运的是,人有自我意识和创造性,可以进行自我建构与整合。

12.2 如何避免异化

如何在适应环境变化中发展自己?如何在追求理想信念中成就自己?如何在克服困难与挫折中超越自己?如何在异化与整合中建构自己?

没有永远的整合,也没有永远的异化。避免异化,不是要消灭异化,而是将本性的背离控制在一定范围内。

就如同我们不能消灭负面情绪,只能疏导和调整负面情绪。你能不能梳理出20种让自己变得开心快乐的方法?我们到底是做情绪的奴隶还是主人,这个问题的核心是否能够调节负面情绪和创造积极情绪。

1. 顺应天性

人皆有自己的本性,孟子说人有是非之心、恻隐之心、羞愧之心和辞让之心,这就是人的本性。随着环境的力量超过我们自身的力量,我们有可能会被环境影响和干扰,我们的天性可能就会被遮蔽。

"天性"是指人的自然特性,是与生俱来的本原属性及其规律。顺应天性,就是站在人的本原起点上,尊重本原起点的动力、作用和方向。从人的天然属性看,心灵中的认知、情绪和意志分别对应了人的三个基本天性,即知性、灵性和德性。"天性的完整"是指人要全面丰富人的知性、灵性和德性,要引导人朝向真、善、美,不能有所偏废。

启发知性。知性是人获取知识、学习知识、发现知识、运用知识和创造知识的内在本原特性,其最终目标是以"真"为皈依的智慧。亚里士多德认为,"人是理性的动物","求知是人的天性"。康德假设,人有基于"先天综合判断"的纯粹理性,只有人才能发现知识和创造知识。保护好奇心的训练包括分析、综合、归纳、演绎、分类、比较等形式在内的认知能力,培育感知力、注意力、记忆力、思维力等认知要素,尊重从感性到理性、从个别到一般的认知规律。这些也是启发知性的基本目标。

知性指向真理,朝向智慧。智慧源于好奇,源于探索奥秘的好奇心和改造世界的行动力。实践出真知,实践是检验真理的标准。发展知性,提升智慧,要有敏锐强烈的好奇心,还要有训练有素的行动力。片面的认知,是对知性的偏离,是对客观真理和思想智慧的偏离。避免片面的认知,就是要有全面、客观的认知,要有敏锐的洞察力、细致的观察力、持续的注意力、良好的记忆力、深刻的思维力、精准的语言力、丰富的想象力和新奇的创造力。

培育德性。德性是人基本的内在特性,人用德性获得道德规范,理解和认同道德规范,培育和养成道德品质,其终极目标是"善"。德性是个体的自然生命向社会生命的转化,也是个体现实性向超越性的发展。"在现实性上,人是一切社会关系的总和",人作为关系的存在,平衡人的内在本能需求和外在社会规范之间的关系,也依靠德性。

德性的基础是良知,是恻隐之心、是非之心、羞愧之心和辞让之心,这些都是人的天性,人人皆有,生而有之。养成德性,就是养成对是非的判断能力,对美丑的感受力和正义的行动力。养成德性,要处理好现实性与超越性、思想性与实践性之间的关系。德性不仅要处理当下的问题,也要指向美好的未来,不仅是关于美丑善恶的是非判断,更应该是积德行善的行动实践。总之,养成德性,就是养成正确的道德判断、美好的道德情怀、坚定的道德意志和健全的道德人格。

2. 发展个性

如果说"天性"指人的自然属性,那么"个性"则指的是自然性和社会性的融合,是人在自然性基础上发展出的独特的社会性。

成为完整而有个性的人,是站在天性的原点上迈向感性的现实生活,是生物性的人、社会性的人与精神性的人的综合,是在全面丰富人的知性、德性和灵性的基础上,养成高尚健全的人格品质,获得知识、生命与生活的统一,获得身、心、灵的统一。

身、心、灵的统一,是个性完整的自然追求。"身"是物质存在,是"心灵"和"灵"存在的前提。"心"是反映性存在,是联结"身"与外界的"操作系统"。"灵"是精神存在,是人超越动物乃至人类的最高表现,是对宇宙人生的高度觉解。身、心、灵的和谐统一,是人完整存在的表现。

傅佩荣先生认为,完整的人必须同时具备必要条件和充分条件。人的必要条件是身体健康、心理正常。若没有必要条件,则充分条件就失去凭借,"灵"亦失去功效。但是,"一个人即使身体健康、心理正常,学业、事业、家庭的发展一切顺利,仍然会觉得不够完整,因此还需要具备充分条件;'灵'就是一个人的充分条件,一个人如果不接触'灵'的世界,最后会发现这一生都没有意义,亦即无法被充分理解"。

傅佩荣先生认为,个性的发展就是提升自我意识、确立价值取向、力求全面发展和培育独特人格。

提升自我意识是要提高对自己的觉察水平,不断地探索诸如"我是谁""我从哪里来""我到哪里去"这样的一些根本问题,也不断地追寻"我的天性是什么""如何实现我的天性";不断追寻对于自己的认知能力、情绪特点和意志品质的认识。

理想信念是我们成长和发展的灯塔,而价值观是我们成长和发展的风向标。确立价值取向是要建立一个普适规范而又个性鲜明的是非轻重的判断标准。我们要明确,什么对我们来说是最重要的?我们应该遵循什么样的原则?我的最高追求是什么?我的底线是什么?为了追求这个最高目标,我可以放弃什么?在追求目标的过程中,我平衡好个人、家庭和社会角色了吗?我是否有沦为工具人的危险?我是否过于功利主义、实用主义或者消费主义?人格上我是否独立?是否面临着沦为他人附庸的风险?

全面发展意味着人的天性或潜力全面充分地呈现,人的知识、能力、情感、态度、价值观的全面获得,人的社会角色和社会责任的充分实现。对于成长中的个体,更重要的是掌握一种全面发展的自我反思方式,也就是不断地全面反思自己的天性和潜力有没有充分呈现,自己的知识能力、情感态度、价值观有没有充分地形成,自己履行的社会角色和承担的社会责任是否平衡。

独特人格是一种独特的自我存在方式,是独特的人格品性。一个认为自己有独特人格的人,认同自己的独特性和差异性,往往认同个人的存在价值和社会价值。人格的形成过程,也是自我确认和自我教育的过程,绝不是人云亦云的投射性认同。

具有独特人格的人会像管理大师德鲁克一样追问,"我想为这个社会做些什么,我能为这个社会贡献什么?"找到自己的价值所在,并用自己独特的方式去实现它,这是自我实现的过程,也是培育独立人格、展现个性魅力的过程。

12.3 自我整合是什么

"存在还是毁灭,这是一个问题(To be or not to be, that is a question)。"这是莎士比亚在《哈姆雷特》中向世人发出的思想警告,也是对人类存在和社会存在最深刻又最直观的追问。

异化与整合,一直是思想家们关注最多、思考最深的问题之一。人类能不能成为自己,要不要成为自己?作为个体,我们怎样看待自己的存在?我们对于自己作为人的禀赋是否有真切的觉解?

最根本的问题,是我们如何选择。是走向毁灭,还是成为我自己?是走向混沌,还是走向有序?是走向异化,还是走向整合?这对我们来说,这是一个选择问题,也是一个成长问题。

1. 心理要素的整合

自我整合首先是心理活动各个要素之间的整合,是认知、情感、意志的整合。

整合与分化是相对的,婴幼儿的心理活动既没有整合好,也没有分化好。对于0~1岁的婴儿,他们的心理活动是混沌的、无序的,甚至是混乱的,而外界环境对他们来说也是混乱的、无序的。他们不能很清楚地认知外界,不能用概念和理论去表述自然现象,很难认清自己,也不能用语言表述自己的思想和情感。

随着年龄的增长和教育经历的丰富,青少年的认知、情感和意志活动逐渐分化出来。但如果缺少有效的整合,那么这些分化的心理活动就变成了孤立的、片面单一的存在。比如有些人在校学习成绩很好,但却不能够认识自己的兴趣爱好、性格和情感;有些人情感很丰富,但却常常被冲动的情绪左右,当激情爆发时,会把自己的理性淹没;也有些人的意志活动没有得到充分的发掘,或没有清晰的目标,或把老师和父母的期望当成了自己的目标,这些目标并不是基于自己深度的认知探索和丰富的情感体验,因而也就很难给自己提供持久的动力。如果我们一边学习,一边又渴望通过游戏来娱乐和寻找成就感,这就是认知情感和意志活动相对不协调的表现。

认知、情感和意志的整合,意味着这些活动相对集中地专注在某些方面。比如,热爱科学的人以科学发明为目标,通过理论建构和实践探索新的知识,从而获得好奇心的满足和成就感的提升;热爱旅行的人,对于未知的自然界、未尝试过的生活方式、未了解的风土人情充满好奇,他们通过旅行拓展认知、丰富情感和磨炼意志,学会设定目标和平衡取舍,不断更新自己的生命状态和生命态度、结识新的朋友、找寻新的机会。

2. 思想与行动的整合

思想与行动的整合要力求知行合一。我们的思想认知可以远远超越当下,超越我们的行动,但却无法替代活动实践所提供的感性经验。

在心理学的发展史上,不可否认精神分析学说是最有影响力的理论之一,是一座里程碑。但同时它却无法被证明是正确的,也无法被证明是错误的。不管是学术理论还是思想认识,如果离开了实践的检验,就失去了生命力。中华民族是很务实的民族,王阳明提出知行合一的思想,既精准总结了中国人的特性,也深深地影响了历代中国人。

思想与行动的整合,在我们出生之后就开始了。通过行动表达思想和意愿,是人的天性,是我们生而有之的天赋。但是在我们成长和发展的道路上,很多人并没有很好地利用这一天赋,以至于出现了很多思想的巨人、行动的矮子。知行合一,是不断学习拓展我们的认知,实践丰富我们的经验,还要用理论指导实践、用实践丰富理论。

3. 过去、现在、未来的整合

过去、现在和未来是生命经验的经度,串联了生命历程的始终。时间,是生命经验的刻度,也是透视生命发展状态的顺序视角。

按照杜威的哲学观点,有成长性的经验,具有一致性和连续性两个基本特征。连续性指在时间、空间和过程维度上应该是前后连贯的,而不是中断的、割裂的。中断的、割裂的经历会把我们碎片化,削弱整合的自我。从时间纬度看,当下的"我"由过去的"我"所塑造,而未来的"我",由现在的"我"所塑造。

不妨反思一下,你的过去、现在和未来是一致的、连贯的吗?或者说你的过去"我"、现在"我"和未来"我"是不是一个"我"?丰子恺在《不宠无惊过一生》中写道:"不乱于心,不困于情。不畏将来,不念过往。"不畏将来,就是以大无畏的力量、决心和勇气,探索未来的"我"。不念过往,不是忘记过去,而是放下过去的执念,放下对过去的纠缠和懊悔,以开放、自由的状态过好当下的"我"。

过去的"我"、现在的"我"和未来的"我"的整合,绝不意味着一成不变,更不意味着一蹴而就,而是不断发展、持续成长的状态,是从量变到质变的状态。过去、现在与未来的整合,意味着活在当下的同时还能回望过去、展望未来,也意味着终身学习与持续发展。

4. 自我与社会角色的整合

自我与社会角色的整合是个人、群体、社会的整合。绝对个人的自我是不存在的,很难想象一个完全脱离社会关系的人,如何才能够生活下去,如何才能实现自己的价值?

个人层面的自我,总要依托于群体或者社会关系才能存在,同时也通过群体的对比或者社会比较获得发展的动力。想象一下,如果你是这个地球上唯一的人类,除了能够确认在数量上你是唯一的存在之外,你如何才能肯定你具有独立的自我呢? 在这种情况下,有没有自我还是一个有价值的问题吗?

通过群体和社会的肯定或反对,我们可以逐渐确认自我和自我价值,就像3～6岁儿童会玩类似于过家家的游戏从而获得一种想象的自我认同,青春期的少年会通过反抗成人并追求同伴的认同从而逐渐发展出真实的自我。

换句话说,与我们有社会联系的重要他人,对我们的自我发展会产生重要影响。我们通过融入不同的社会关系中,扮演不同的社会角色,并承担不同的社会责任,逐渐发展出自我的不同侧面,进而发展出整合的自我。角色与责任的整合,须通过人与人之间的关联与情感而开展。如马克思所说:"人同世界的关系是一种人的关系,那么你就只能用爱来交换爱,只能用信任来交换信任。"

自我整合的人,会努力平衡好作为子女、兄弟姐妹、父母、爱人、朋友、公民、同事等不同的角色,也会努力在这些角色上实现自我的价值。

自我整合是持续一生的,就像终身学习要持续一生一样。一个不学习的人,跟不上社会变化的节奏,适应不了新的社会需求,无法与身边的同伴协同合作。而一个没有自我觉察和整合意识的人,可能陷入到"不知道"有自己、"不能够"有自己的状态。

12.4　如何自我整合

异化是对人的天性的背离,是人性的扭曲,是自我的不协调、不完整,那么自我整合也要从人的天性入手。天性不是一个神秘模糊的概念,而是人生而有之的、活生生的、感性的身心特性。好奇、依恋和自主分别是认知、情感和意志活动的原点,即逻辑起点。如果人没有好奇心、依赖性和自主性,人的心理活动就很难展开,人的人格也很难形成。

自我的异化,就表现为认知、情感、意志和人格的异化,而自我整合,也要从认知、情感、意志与人格入手。

认知、情感和意志活动协调平衡地参与到我们的学习和社会生活中,是我们成长和发展的基础和关键。认知、情感和意志活动是人的行为产生的基础,不断重复的行为会形成一种惯性和倾向,转化为习惯,进而内化为人格。

人格是一种中性的存在,可能是积极的,也可能是消极的,可能完整的,也可能是割裂的。这取决于人格形成的过程是否符合人的天性,也取决于人的社会化程度,最根本的决定因素是人的自我整合程度。

古往今来,众多哲学家、思想家在"何以为人"这个问题上进行了深度的探讨。康德哲学的三大批判分别对应了人的认知、情感和意志活动,《纯粹理性批判》研究人的认知活动,《实践理性批判》研究人的意志和道德活动,《判断力批判》研究人的情感和审美活动。儒家描述了人格修养的三大境界——知者不惑、仁者不忧、勇者无惧,也分别对应了人的认知、情感和意志活动。儒家所描述的这三大境界,既是人格修养的标准,也是人格修养的价值所在。

从人天性中的心理起点,发展为人格中的积极品质,需要遵循品格发展的基本逻辑和规律。其中最重要的支撑因素或杠杆因素,不容忽视。掌握这个因素,就如同掌握了打开宝藏之门的钥匙,往往事半功倍,至少顺应自然,不至于产生对人性的异化。如果我们的父母、老师或者我们自己,不理解这些因素,不尊重它们的杠杆作用,那我们的努力往往事倍功半,就如同拿着错误的地图去寻找目标,结果是显而易见的。

那么人的认知、情感和意志又分别指向什么?追求什么呢?思考和探讨这些问题的过程,也是自我整合的过程。

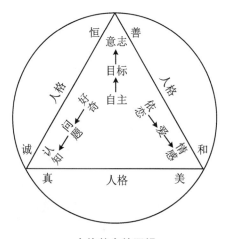

人格整合的逻辑

1. 发展理性与智慧

智者不惑,智慧的人慎思明辨,不为假象所迷,不为人生所惑。形式上,它的起点是好奇心,以不断探索的科学精神为原则,以批判性思维、创造性思维为手段,抽丝剥茧,发现真相,解决问题,不断创新,以至于通透明白,发现科学真理,洞悉事物本质。这其中的核心,是"真"。

好奇心的杠杆是奥秘和问题。不管是在正规的学校教育中,还是在日常生活中,我们通过思考和解决问题发展好奇心,探索事物的本质和真相。就如同爱因斯坦说:"发现问题比解决问题更重要。"发展正确提问的能力,培养问题意识,并把它们内化为我们的求真精神和研究能力,进而转化为"真"的品质。

是什么让好奇心转化升华为勤学好问、慎思明辨的品质,或发展出批判、归纳、演绎、分析、综合和创新思维?这一系列跟认知有关的品质,实际上是通过不断问问题、解决问题、挑战问题实现的。我们作为有认识能力、有理性思考的人,持续与外界互动,接触新世界,接收新信息,不断打开自己,去面对新环境,从而发展了认识能力和理性。

好奇心好比是人的理性发展的支点。这个支点可以发挥一种类似于"阿基米德支点"的作用,撬动了人类的理性发展。对于我们的成长和发展来说,我们不断地面对新事物,追求解决一个又一个的问题,因而我们的好奇心、探索精神就会保留下来,而我们的理性认知能力和科学技术水平也在不断提出问题、解决问题、创造问题和超越问题的过程中发展起来。

在发展智慧的过程中,我们也都面临着一系列的认知冲突。

传承与创新的矛盾。是站在巨人的肩膀上创造,还是独立开创一个新的领域?如果没有继承,没有科学巨人所奠定的概念和理论基础,我们很难做出更好的发明创造。

接受和发现的矛盾。接受学习,往往不针对特定的问题,因而相对被动;发现学习,往往针对特定的问题,目的性和主动性比较强。发现不一定是创新创造,也可以是发现旧的知识。发现是一个主动探究、归纳和总结的过程,而接受则缺少探究的过程,因而接受式的学习对于思维和认知能力的训练是不够的。如何把被动的接受学习转变为主动的发现学习呢?这取决于我们是否主动探究,是否带着问题钻研和学习。以发现的视角和游戏的心态学习,你会发现知识的乐园很有趣。

理智和直觉的矛盾。偶然和直觉是通往科学发现的重要方式,比如脱氧核糖核酸(DNA)双螺旋结构的发现就很大程度依靠直觉的作用。詹姆斯·沃森和弗朗西斯·克里克做了很多实验,不断思考,也没能准确描述出 DNA 的结构。而是在一次睡觉时,詹姆斯·沃森梦到了双螺旋的结构,这帮助他清晰地描述出 DNA 结构的理论模型,二人也因此获得了诺贝尔生理学和医学奖。有时,直觉是在持续的理智探索基础之上的顿悟,或者是自动理性的加工工作。直觉在意识层面上不被操控,它是一种高度自动化或跳跃的状态,更加流畅和高效。

外显和内隐的矛盾。外显学习是我们能意识到的,有计划、有意识、有目标的学习。而内隐学习是我们意识不到的,在无意识的过程中自动完成的学习,如一些价值观念、行为习惯的习得就是受环境的影响自然形成的。通常,学习是显性的理性认知活动。但内隐的、模糊的、混沌的、无序的、潜移默化的学习,对我们的发展也有巨大的影响。我们在理性的学习之余,有没有主动接受情感的熏陶?有没有去关注身边美好的、让人感动的事物?有没有关注身边那些需要改善的事情?从身边的现象中有所顿悟,是自然发生的、重要的学习方式。内隐学习不是理性概括的结果,但是它的影响是持久的,它的作用是自然发生的,而且它的效果是不容易改变的。

我们在不断的继承与创新、接受与发现、理智与直觉、外显和内隐的学习中,思考、探索和创造,进而形成稳定积极的认知品质,如勤学、好问、慎思等。

2. 培育情感与仁爱

仁者不忧,仁爱的人慈悲善良,不为苦难而持续忧伤,不为生活而长期烦恼。形式上,仁爱的起点是依赖性和安全感,以不断丰富的情感体验为途径,以追求幸福完整为原则,以爱为手段,也以爱为目的,在爱和幸福的氛围中滋养自己、成全他人。其中的核心是"美"。

依恋的发展杠杆是爱。出生时因为自身的弱小,我们需要依赖比我们更强的亲人的照顾。对于成人社会来讲,关爱一定是有条件的,对于0~3岁的幼儿,关爱应该是无条件的,但可以是有规矩的。在社会分工中,我们由于某方面能力的不足或时间、精力有限,会依赖与他人的交换与合作。社会性的依赖,不是单方面的,而是交互性的,也是促进性的,我们在社会分工中相互依赖,相互合作,从而降低成本,获得比个人奋斗更好的结果。在社会层面,契约的存在可以帮助相互依赖的双方建立更加稳固的关系。而在个人的内心深处,能建立安全感并长期维持关系的决定性因素就只有爱,除此之外别无其他。正如马克思说过:"我们只有用信任去交换信任,用爱去交换爱。"因为爱,我们的安全感和信任感得以发展,它就像是润滑剂和催化剂,对于好奇心和探索精神的促进作用也是显而易见的。除了对人的依赖,我们还逐渐发展出对物的"依赖",发展出欣赏和审美,依赖美的事物带给我们积极感受。广义的"美",代表了我们对于美好关系和美好事物的追求。

在培育情感的过程中,我们要处理一些天然的、固有的矛盾,如感受与表达的矛盾、被爱与不爱的矛盾、乐观与悲观的矛盾、幸福与痛苦的矛盾。这些词汇,既代表具体的情绪体验,也代表创造这些情绪的心理倾向。

感受与表达的矛盾。情绪的感受与表达就像硬币的两面,感受情绪是表达情绪的基础,没有感受就无从表达。对于情绪的自我整合,要平衡好感受与表达之间的关系。理工科思维的人,理性非常发达,但不一定拥有准确敏感的情绪感受力。准确敏感的情绪感受性,需要有较高的自我觉察意识和丰富的情绪词汇。表达情绪是沟通和建立人际关系的基础,在团队合作与个人发展中,有重要作用。感受性的获得,取决于是否有丰富的情绪情感体验,是否有丰富的生活经验和社会阅历,以及我们的情绪中枢特性。情绪的表达与所处的文化有密切关系,亚洲人受儒家文化影响,比较低调内敛,相对不善于或不愿意表达情绪。

被爱与关爱的矛盾。谈到爱,人们总是想到爱的感受、爱的感觉,总是希望有人爱自己,这种理解主要指被爱。与之相对应的是付出爱、关爱,是非常重要的另一面。弗洛姆认为,爱是一个动词。用行动去付出爱,与感受别人的关爱一样重要。其实心理学的研究发现,表达爱、付出爱的过程,本身也让我们的内心充满爱,一样可以激发内啡肽和多巴胺的分泌。相比被爱,付出爱对于内啡肽和多巴胺分泌的促进作用毫不逊色。从性质上分析,付出爱给自身带来的改变更加主动积极。人的情感非常奇妙,我们越是付出爱,往往我们的内心越充满爱。爱就像是源源不断的内在资源,滋养着我们。当然,一个不断索取爱的人与一个不断付出爱的人相处,是不平衡的,他们的情感会被耗竭。如果两个人都相信爱别人就是爱自己,都愿意多付出一点,那么这种关系就能平衡和谐。

乐观与悲观的矛盾。乐观者相信事物的积极面,相信事物会朝着好的方向发展变化。悲观者相信事物的消极面,认为事物会朝着不好的方向发展变化。正如我们之前讨论过乐极生悲与否极泰来,乐观与悲观是可以相互转化的。积极心理学之父塞利格曼在《活出乐观的自己》一书中,用科学实践的研究说明了乐观的价值,推崇乐观心态的修炼。实际上,盲目乐观未必是一件好事。适当的悲观,其实也有它的价值。比如说做质量管理或产品经理,某种程度上需要悲观的心态,这对于产品的质量把控是有帮助的。当战争或危险来临时,一个悲观且有行动力的人,更有机会远离危险。而一个悲观的战略家,再配合一个勇敢的战术指挥家,可能是非常好的组合,既能够让他们避免危险,也能够让他们抓住机会。

幸福与痛苦的关系。"福兮祸之所依,祸兮福之所伏",福祸相依,相互转化。其实没有痛苦,我们怎么能够感受到幸福所带来的巨大喜悦呢?如果没有幸福,我们怎么有力量、有信心面对痛苦呢?"人有悲欢离合,月有阴晴圆缺",世事无常,但也有其规律。有福祸相依的眼界,不管我们面对顺境还是逆境,依然可以做到宠辱不惊。面对困难和痛苦的韧性,追求幸福的勇气和理想,可以帮助我们乐极而不生悲、否极而泰来。

在自我情感层面,处理好感受与表达、关爱与被爱、乐观与悲观、幸福与痛苦之间的矛盾,利用它们之间相互转化的张力,可以帮助我们发展出同理心、仁爱和感恩等积极心理品质。

3. 磨炼意志与韧性

勇者不惧,勇敢的人目标坚定、韧性十足、无所畏惧。形式上,它的起点是自主性,以目标为指向,以克服困难和障碍为台阶,以合理计划和持续行动为手段,在不断达成目标中丰富自己、实现自我,在不断选择中积德行善、整合自我。其中的核心是"善"。

自主性的杠杆是目标。目标为我们提供动力和方向,它也是自主性的催化剂。对于儿童来说,区分"我的目标"和"你的目标",是发展自主性的第一步。在众多目标之间进行选择,是发展自主性的第二步。发展出评定目标选择的价值标准,并运用这个标准有效排除干扰目标和现实困难,是发展自主性的第三步。发展出执着追求目标的韧性和毅力,把自主性转化为坚定的意志品质,是发展主动性的第四步。

要发展意志品质,需要协调和平衡好主动与被动、赏识与挫折、内控与外控、坚强与柔和之间的矛盾。

主动与被动的矛盾。做一个主动积极的人,而不是被动适应、被动迎合、被动合作或被动付出的人。同时也要明白,不是所有的付出都一定会有回报,主动也不是获取资源和把握机会的唯一方法。忙碌时要懂得停下来,用一种相对被动的方式停一停、看一看,再想一想,以退为进也不失为一种有智慧的策略。当然消极被动是不可取的,靠等是不可能真正获得资源和机会的。要发展化被动为主动的能力,要寻找变被动为主动的机会和资源。

赏识与挫折的矛盾。赏识教育和挫折教育都曾一度流行,但它们表达的意思却是相反的。是实行赏识教育更好,还是实行挫折教育更好?根据什么标准和条件进行选择呢?一个人受到赏识,他会获得信心、力量和勇气。一个人遇到挫折,如果加以合适的引导,会锻炼他的韧性、磨炼他的心性。对于每一个个体来说,最重要的是缺乏赏识时不妄自菲薄,获得赞誉时不忘乎所以,遇到挫折时不失望气馁,一帆风顺时不高枕无忧。

外控和内控的矛盾。我们是自我控制的,还是由环境控制的?人们对这个问题有不同的答案,这反映了内控和外控的矛盾。控制我们的核心因素是指向外部世界,还是指向内部世界?关于控制的信念反映了我们对于挫折和困难的态度,也反映了我们的人生态度,它影响到我们工作生活的方方面面。失败时,从建立信心的角度来讲,我们需要适当找一找外在的、客观的原因。找到了外在的客观原因,我们就离达成目标或者解决问题更近了一步。而成功时,从积累信心的角度来讲,也需要找一些内在的理由不断巩固,比如持续的努力、不断的思考和探索、细心耐心的品质等。外控和内控都有它的优点,也面临一些挑战,平衡好内外不同的归因方式,对于我们稳定情绪、提升控制力有积极的作用。

坚强与柔和的矛盾。过于刚强,其实易碎,因为缺乏柔韧性;过于柔软则没有力量,面对高强度的压力和挑战时,难以支撑。要处理坚强与柔和之间的关系。以男性和女性对比为例,是女性更坚韧,还是男性更坚韧?很多人都觉得男性更坚韧,其实未必。从抗压强度看,可能男性更坚强。但从抗压的韧性看,其实女性更坚韧。俗话说"为母则刚",女性连生孩子这么大的痛苦都能忍受,那么还有什么事是她们不能面对的?生养孩子的过程对女性是很大的挑战,也是巨大的滋养。除了催产素的因素之外,爱和温柔是让女性变得坚强的重要因素。对男性来说就缺少这样的磨炼机会,男性在社会文化中总是被鼓励要成为坚强的、勇敢的、不怕苦、不怕累、有泪不轻弹的铮铮铁汉。中国传统文化中有"柔中带刚,刚中带柔"的训诫,值得我们学习。

树立和坚定朝向真、善、美的人生大目标,处理好激发智慧、培育情感、磨炼意志的过程中所面对的各种矛盾,平衡好它们之间的关系,利用好它们的辩证矛盾促进我们自身的人格成长和发展,这是形成系统的自我发展思维的核心要义。

在拥有正确思维的前提下,不断行动,持续耕耘,养成习惯,有助于我们形成好问、勤学、慎思的认知品质,共情、关爱、感恩的情感品格,以及勇气、节制、温良的意志品格。

在团体和社会的层面,形成公正、合作、担当的品格。在超越个人和世俗社会以及精神追求的层面上,要形成智慧、幸福和灵性的品质。灵性在这里指灵活性、创造性、整合性以及高度自我觉醒的状态,并不是指所谓宗教层面的灵修状态。

4. 平衡自我与群体

我们每个人都同时扮演了很多角色,比如自己、子女、朋友、男女朋友、公民、社团成员、学生、兄弟姐妹等,随着社会阅历的增加,我们还会扮演诸如上司、下属、商业伙伴、父母、爱人等角色。每一个角色对我们都有所要求,比如学生这个角色要求我们努力学习、刻苦钻研,公民这个角色要求我们爱国、敬业、诚信、友善。

不同的角色之间会面临着一定的冲突,这种冲突如果超过一定的限度,会对我们产生一种巨大的消耗,不利于自我建构与整合。因此,平衡自我与群体,就是在平衡各个角色关系的基础之上,发挥积极心理品质的作用,在群体和社会实践中提升个人内在修养,从而达到自我整合的目的。

不妨通过角色满意度雷达图来体验自我角色与群体关系的整合。第一,确认你自己现在扮演的各种角色,如自己、子女、朋友、爱人、公民、社团的成员、学生、兄弟姐妹等,把它们写下来,然后进行重要性评估,保留你认为最重要的5~7个角色。

第二,画一个雷达图,把你现在所扮演的角色,均匀地排列在这个雷达图的周围。这个雷达图直观形象地反映了你的发展状态和自我状态,反映了你所关注的各个方面和各个维度。

第三,评估自己对于各个角色的满意度。每一个角色都承载了一定的期望,请对每一个角色愿望的综合满意度进行1~10之间的评分。然后在雷达图上把每一个角色的分点位置标出来,再用直线把各个点连接起来,角色满意度雷达图就绘制完成了。

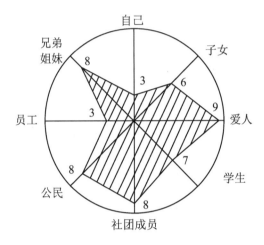

角色满意度雷达图

第四,进行总结和反思。通过雷达图,我们可以直观地了解满意度高的角色和满意度低的角色,反思分别是哪些因素帮助或阻碍我们履行好自己的角色?各个角色之间有没有冲突?如果出现角色冲突我们怎么协调和整合?另外尤其要注重对于低满意度角色的反思,是哪些因素阻碍了我履行好这个角色,与之相关的人、事、物为什么不能发挥支持和帮助的作用?

第五,行动计划与展望。为了实现自我建构与整合,确认角色冲突和角色满意度的核心问题之后,要通过行动予以协调和改善。在每一个角色的层面,写下1~2条我将要做出改变的核心行动,以及行动之后期望得到的结果。比如,如果要协调理想和现实的冲突,大方向可能就是要脚踏实地一点,给自己想要做出的改变进行操作性的界定。如果你的目标能具体到每一天、每一周、每个月、每半年、每一年,然后再长远到3年、5年、10年、20年,如果大目标能分解为小目标,小目标目标都符合SMART原则,那么在自我意识的层面,你已经平衡了理想和现实的关系了。

这样的反思和总结,有助于我们在自我层面上更清晰地意识到:我是谁?我从哪里来?我要到哪里去?在群体和自我的层面上,这几个问题已不再是抽象的哲学问题,而是感性的现实问题。明确角色,就是在自我意识的层面明确"我是谁",

我承担了什么样的角色和义务,我该履行什么样的职责。分析相关的影响因素,明确角色期望,评估角色满意度,找出提高角色满意度的途径和方法,就是在自我意识的层面明确"我从哪里来,我要到哪里去"。

5. 理顺自我层次

神经语言程序学家罗伯特·迪尔茨总结出自我的六个层次,分别是环境、行动、能力、价值观、身份、愿景层次。

不妨以我们正在做的、占用我们较多时间的一件事为例,总结和反思我们的自我层面。比如,考研究生或者换工作,就可以很好地反映我们的自我层次及它们之间的协调性。

如果你是一位普通本科毕业但立志要考取北大清华研究生的人,那么不妨想想你的志向的动力来源是什么?是想成为一个大学者或对社会有贡献的人吗(愿景),或是想成为一位名校毕业生(身份),或想依托名校的品牌优势谋求一份体面的、受人尊重的职业(价值)。如果你对这几个问题的答案都相对确定,那么接下来你可能就会思考:我有能力考取北大清华的研究生吗?(能力)我该怎么做?(行动)我可以利用的环境和资源是什么?(行动)

愿景层。以自上而下的方式展开自我的人,也可以理解为愿景驱动型的人。这种人理想信念坚定,对于未来有清晰的愿景和目标。

身份层。我们以什么样的身份去实现人生的意义?我是谁?我想拥有什么样的人生?很多人是抱着理想信念进入大学或步入社会,或想成为像钱学森那样的一流科学家,或想成为乔布斯那样的一流企业家,或者成为你自己心中的某种人,这些形象和我们将要成为的样子,就是愿景。我们认同科学家、企业家、工程师等,以与我们的愿景相符合的身份行动,并以实现这些身份为价值依托。

价值层。配合我的身份,什么样的价值观对我比较重要,什么样的不重要?价值是我们存在的根本,是我们协调与周围人、事、物的关系的参照系统。比如,有人认为金钱和地位很重要,有人认为地位和声誉很重要,而有人认为开心和快乐比较重要。有的大学生认为学习成绩很重要,而有的大学生认为丰富大学生活比较重要,而有些大学生认为谈恋爱比较重要。

能力层。对于那些重要的事情,我有没有能力实现它?如何实现?怎么实现?我该怎么做?会不会做?能不能做?做不做得到?

行动层。接下来具体行动是什么?这些行动的目标是什么?如何衡量行动目标实现与否?有没有定期反馈和总结以调整行动方向?

环境层。即环境和现实条件,时间、地点、资源、困难分别是什么?有哪些信息和经验可以为我所用？

愿景驱动的人往往是理想主义者，不一定能够脚踏实地，有时显得不接地气。而有些人相对现实，他们不大谈论他们觉得虚无缥缈的理想和情怀，他们更注重现实和行动。

有些人看中理想和情怀，有些人看中身份和地位，有些人看中意义和价值，有些人看中金钱和回报，还有些人注重提升自己的能力和行动力以改善环境。那些靠理想信念驱动、抱着某种坚定的理想和愿望上大学的人，是自上而下的愿景驱动型。

我们也不难判断哪一个层次对自己比较重要。仔细想想，不难发现没有哪一个层次是可以抛弃的，脱离任何一个层次，自我都是不完整的。

不管是自下而上的环境驱动型，还是自上而下的愿景驱动型，它们没有好坏之分。不管是哪一种自我成长路径，都会面临着挑战。对于愿景驱动成长型的人来说，可能他的愿望过于抽象或宏大，因而显得不接地气。而对于环境驱动成长型的人来说，一旦环境发生了改变，一旦实现了眼前的目标和追求，他们可能会陷入不适应新环境或者没有目标和追求的状态。

实际情况是，我们可能无意中专注于某一个层次，而忽略了其他的层次，忽略了理想和现实之间的平衡。

有些人可能没有远大的理想和目标，使命、价值和信念可能也并不清晰，但他们在顺应环境中激发行动，在持续努力中提升了能力，在成功中明确了价值，在价值认同中认可了身份，进而发展出了使命愿景。环境驱动型的人可能占大多数。

不管我们在哪个层面上遇到问题，都可能会产生一系列的影响。我们要么有清晰的发展愿景，要么有良好的行为习惯，更重要的是平衡好这两者与身份、价值、能力和行动之间的关系。

发展我们内在潜力朝向真、善、美，平衡好自我与群体，平衡自我的愿景、身份、价值、能力、行动和环境，我们就走在了"成为自己"的路上。

推荐阅读书目

1. 傅佩荣. 哲学与人生. 东方出版社, 2018.
2. 傅佩荣. 心灵的旅程. 东方出版社, 2012.
3. (美)斯科特·派克. 少有人走的路. 北京联合出版公司, 2020.

Chapter 13
第 13 讲

虚无与意义

为什么人们常常陷入虚无之中？"空心病"真的存在吗？精致的利己主义者会不会感到虚无？意义是什么？如何从虚无中寻找意义？如何实现意义？

虚无不会无故产生，意义也不会凭空到来。虚无可能是有价值的"放空"，但常常是无价值的"侵蚀"，侵蚀自我价值和自我效能。意义，不仅仅是一种自我肯定的积极体验，更是一个不断探索的历程。当微小的美好不断累积，阶段性的挫折不断转化为成长，意义也就逐渐形成并呈现了。

"虚无的意义是什么,意义会不会是虚无的?"这是一个很有意思的问题。如果虚无本身没有意义,或者意义最终是虚无的,这就陷入了死循环。迷茫中的人常常陷入这样的思想迷雾中不能自拔。

如果我们也这样问了,那么问它的意义是什么呢?妄图通过思想的自我辩论和自我领悟而寻找到生命的意义,似乎有些困难,因为理性常常无法穿越或强烈或混沌的情感所产生的障碍。

罗丹的著名雕塑《沉思者》展示了人类深沉思考的形象,赞美了人类的理性。还有一个与之相反的有趣说法,"人类一思考,上帝就发笑。"上帝作为人类理性的创造者和人类意义和价值的评判者,似乎在嘲笑人类理性之中的非理性,嘲笑人类在追求意义的旅途中迷失方向,嘲笑人类的无知与荒唐。

当我们看不到、也认识不到意义和价值时,能不能听得到、感受得到、做得到?意义的生成和传递,常常不仅仅依靠思想本身,更依赖情感、体验、经历和领悟。

转换成不同的方式,与不同的人,往不同的方向和目标,进行不断尝试,也许我们会发现生命的意义与感悟就蕴藏在不断探索之中。

这个不断探索的过程,也是在虚无与意义的对立统一中自我整合的过程。

13.1 虚无是什么

不管虚无的意义是什么,它的本质是虚幻缥缈、无所皈依。我们越是感到虚无,我们就越渴望价值、意义和认可。对大多数人来说,某种程度上,虚无变成了追求价值与意义的动力。有觉醒、有反思的虚无,比懵懂的、无知的价值更有意义。

古人有"乐极生悲"和"否极泰来"智慧,认为它们是相互转化的,那么虚无与意义本身为什么不能相互转化呢?

我们在百无聊赖之后,总想要有所改变,有所进步,某种程度上,虚无是滋长意义的条件之一。

如果人的一生必将走向死亡,那么对于大多数人来说,人本身好像是虚无的。但对于那些精神力量和情感力量并不会随着自然生命的结束而结束的人来说,人并不虚无。从自我建构的角度看,虚无与意义,并不仅仅依托于生命而存在,也依托于人是否能看见意义超越生命而存在。

当虚无占据生命本体时,仍然相信意义存在的可能性,甚至相信意义不会因为生命的结束而结束,这就是信仰的力量。如张载"为天地立心"的豪情壮志,庄子"判天地之美、析万物之理"的崇高品味,无疑都超越了他们的个人生命本身,穿透时空联结并激励了一代又一代炎黄子孙追求丰富的心灵生活。

所有为自己努力赋予意义的过程,绝不是肤浅的自我安慰,而是一种彰显人性的自我探索。

1. 生命苦难的洗礼

当一个人无聊、空虚、混沌的状态越严重,那么他寻求趣味、充实与整合的渴求也就越强烈。很多人被《肖申克的救赎》这部电影感动,感动于主人公在含冤入狱的绝境中依然设定生命目标、寻找生命意义的人性张力。他不但在艰难的环境生存下来,还在钩心斗角、尔虞我诈、朝不保夕的恶劣环境中活得更精彩。怎能不让人感动?

但他是如何做到的呢?是什么样的心理品质,支撑他从如此恶劣的环境中解放出来?

还有一个比《肖生克的救赎》更真实、更精彩的故事。奥地利精神科医生维克多·弗兰克尔,1943年被抓到纳粹集中营。他在两年的时间里辗转6个集中营,遭遇了各种非人的待遇。其中最臭名昭著的集中营是奥斯维辛,大约有150万犹太人在这个集中营惨遭杀害。但他也是幸运的,像他这样辗转6个集中营,还活下来的人寥寥无几。弗兰克尔原本有机会在入狱前移民美国,但他选择留下与家人在一起。他们一家人都被抓进了集中营,除了他妹妹,其他人都没能够活着出来,其中包括他最亲爱的妻子。

弗兰克尔在入狱前已经是一位小有成就的精神病学家,当时他正着手写一部关于意义疗法的书籍,但他快完成的手稿在监狱中遗失了。

出狱后,他花了9天的时间把集中营的经历写成一本书,这本书就是《活出生命的意义》。这本书最初只有五六万字,后来增补了理论部分,并成为一本全球畅销书,被翻译成30多种语言出版。

"知道为什么而活的人,便能生存。"

弗兰克尔很欣赏尼采的这句话,并在书中多次引用。他对那些因放弃对未来的渴望而放弃生命的狱友嗤之以鼻,因为这些人死亡的原因不是因为食物或药品的匮乏,而是因为缺失对未来的渴望和不知道自己为什么而活。弗兰克尔则不同,他心中无时无刻不牵挂着自己的妻子,内心充满了思念,因而怀着强烈的求生欲望期盼有朝一日能够活着与爱妻重逢。

是爱的力量让他坚持了下来。其实远不止是爱支撑着他,信念、意义和希望,是他坚持活下来的最重要的因素。

弗兰克尔在《活出生命的意义》这本书中描述:

> 我永远不会忘记,一天夜里,一位囚徒在梦中的呻吟惊醒了我。我看见他胡乱挥舞着四肢,很明显是在做噩梦。我一直很同情做噩梦和精神错乱的人,便下意识地伸出手准备唤醒这个可怜人。但我还是猛地把手抽了回来,一想到会叫醒他,我突然有点后怕。那一刻,我强烈意识到,不

管梦有多恐怖也比集中营的现实状况要好得多。而我如果那样做,只会让他从恐怖的梦境回到比梦境更恐怖的现实之中。

这段描述描述,记录了他们当时的处境是多么艰难、残酷和恐怖,以至于活下去都需要勇气。在那样的艰难处境中,好像放弃生命、寻求死亡反而变得更容易,反而是一种解脱。弗兰克尔看到很多身体还不错的狱友,比那些身体更差的人更早死去,因为他们在思想上、精神上已经放弃了,恐惧、绝望压倒了他们。

在这种艰难的环境中,人非常依赖一种精神上的幻想和美梦给人带来的虚幻快感。

如何活下去?如何能够变得更加有价值、有意义?这是弗兰克尔在狱中的灵魂反思,通过思考活下去的意义,他完成了精神上的超越和升华。

2. 精神力量的缺失

当我们衣食富足、事业有成、儿孙满堂之后,如果总觉得人生缺点什么,那么我们就可能触及精神界限这个层面的问题了。实际上绝大多数人会停留在前两个层面。

弗兰克尔曾说:"(虚无)是 20 世纪普遍存在的现象,……可能是因为人们在成为真正的人的过程中遭受了双重丧失,……赖以产生安全感的动物本能,……和作为行为根基的传统。"随着人类的进化,我们的动物本能越来越弱化了。随着社会的进步,文化传统也不断被消解,社会变迁、科技发展和多元价值观念的冲击层出不穷,我们的文化和行为传统也慢慢发生了改变。

在传统和现代之间,在上一代和下一代之间,面临着很多冲突。如果冲突无法化解,它就会变成一种存在之虚无,让我们在"人之为人的成长"这个层面上,遭遇长久的挑战。

弗兰克尔认为:"虚无主义不仅狡辩存在是虚无,甚至声称一切都无意义。"甚至有人认为,"宇宙之中没有任何宏伟的目的,它不过是存在而已。你今天所做的任何决定都是没有意义的。"

这是一种强烈的永恒的虚无态度。如果我们的人生陷入这样的状态,当然会觉得痛苦、迷茫。但往往这种痛苦和迷茫,会激活我们的感受性,刺激我们的思想,激发我们的行动。

弗兰克尔这样描述他在思想上实现超脱的那一刻:

> 我对时时刻刻想着这些琐事的状况感到厌烦了,迫使自己去想别的事情。突然我看到自己站在明亮、温暖欢快的讲台上,面前就是专注的听众。我在给他们讲授集中营心理学,那一刻我从科学的角度,客观地观察和描述折磨着我的一切。通过这个办法,我成功地超脱出当时的困境和困难,好像所有的这些都成了过去。我和我的痛苦都成了自己心理研究

的有趣对象。

斯宾诺莎在《伦理学》中谈到:"作为痛苦的激情,一旦我们对它有了清晰而明确的认识,就不再感到痛苦了。"

弗兰克尔超越了生命界限,实现了他的生命意义。他想象着有一天能够再遇到他的妻子,能够回到他热爱的大学讲台,对学生讲述集中营的经历,用他的经历去激励年轻人,去帮助这些年轻人找到生命的意义和方向。每当他这样想时,他就感觉到生命充满了意义。

3. 心灵空虚的弥散

2013年,北京大学心理中心副主任徐凯文副教授提出了"空心病"的概念。他说北大有34%左右的学生可能受到空心病的困扰。他们情绪很低落,可能符合抑郁症的诊断,没有什么兴趣,感觉不到快乐;他们很孤独,有强烈的孤独感和无意义感,害怕甚至恐惧被评价,强烈厌学、厌考;他们的人际关系很好,在外人的眼中他们都发展得很好,都很优秀;他们对自己却并不认同,很痛苦,缺乏支撑其意义感和存在感的价值观;他们感觉到迷茫、自我厌恶,甚至严重到产生强烈的自杀意念。

这些描述看起来很像抑郁症,但"空心病"与抑郁症最大的不同就是它的历程比较长。如果持续两周有抑郁症状,差不多就可以构成诊断,空心病持续的时间一般在一年以上。另外就是空心病药物治疗无效,电抽搐治疗无效,经颅磁刺激治疗无效,心理治疗基本无效。

如果我们在人生意义的抉择上遇到困难,找不到目标、价值和方向,可能就会陷入空心病的状态中。

靠什么才能帮助他们?靠哲学治疗。只有在思想上的领悟和突破,才能帮助他们找到人生的价值、意义、目标和方向。哲学治疗是思想上的一种辩论和讨论,它的根本目标是帮助人面对生存意义和价值选择的问题。

有些人这样描述:其实在生活中做很多事情时,都感觉是没有意义的,追寻意义真的有那么重要吗?对于那些意义为上者来说似乎是这样的,但做一件事情真的需要明白它的意义才做吗?

没有事做而感到空虚,却又不想做有意义的事(如学习),怎么办?如何计划目标使自己忙碌起来而获得充足感?想知道如何从关系不亲密的班级里获得意义感和价值感?

对于绝大部分事情,我们通常无法一开始就看清楚它的意义,而是在不断尝试和行动之后,它的意义才会呈现,或者说是我们靠行动创造了它的意义。未必每件事都需要想得非常明白,但是面对每一件事我们都需要努力探索。没有事做而感到空虚,却又找不到有意义的事。这似乎成了普遍存在的矛盾,尤其是当感到我们压力、疲惫、烦恼时,总想要停下来,偶尔这样是很正常的。

但如果持续缺乏动力,会严重影响我们的工作、学习和生活,那么就应该有所改变。

空虚或虚无,是我们常常遭遇的状态。可怕的不是空虚的存在本身,而是任由空虚存在的态度并放任空虚占据我们的全部心灵,是拒绝改变的行为选择。这种放任自流、自暴自弃的态度,是对个人主体性的绝对抛弃。

一个失去个人主体性的人,或像牵线木偶,甚至像行尸走肉,麻木而迟缓,无力而软弱。一个没有脊梁骨的人,如何自由奔跑,又如何顶天立地呢?

"空心病"是否成为临床上被正式命名的疾病,尚不得而知。但空心这种丧失主体性、犹如无根的浮萍的现象,却不得不让我们警醒。如果说人是万物之灵,那么心就是人之为人之魂。如果心都空了,那么人又谈何发展呢?

与空心相对应的是充实和完整,在概念层面上谈论心灵的完整,可能过于抽象和复杂,如果在感受层面上谈论心的充实与完整,却是现实与鲜活的。不管是否接受过心理学的教育,甚至不管一个人是否接受过现代教育,我们总知道自己的心灵是空虚的还是充实的。

13.2 如何避免虚无

人在觉得事情特别多、特别烦躁时,总会停下来思考这样继续下去的意义是什么,总感觉每天重复过着一样的日子没有尽头,有时候很难找到继续下去的动力,只能告诉自己这样是有意义的,是要坚持的,但其实自己也不知道意义在哪,为何坚持。很多人一直"在路上"却找不到方向,其实这种"在路上"的状态值得肯定。

当我们看不到方向,没有明确的目标,只要我们不断地行动,持续努力,总有找到方向的时候。环境驱动型的人就是这样,通过不断努力探索,寻找机会。当然,在寻找方向的过程中,如果能得到贵人帮助,或者有人生导师给予鼓励和点拨,再配合积极的探索与行动以及主动的思考与总结,方向就会逐渐清晰。

1. 发展辩证思维

生活中的挫折与幸福,学习上的枯燥与乐趣,工作上的竞争与合作,精神上的空虚与满足,都是生命的常态。人不能永远站在巅峰之上,因为"高处不胜寒"。人也不会总处于低谷中,因为人不满足井底之蛙的状态,总想要看看外面的世界。

万事万物都具有两面性,往往是消极与积极并存,机会与挑战同在的。看似矛盾的事物之间,往往是可以相互转化的。"不积跬步无以至千里,不积小流无以成江海",这是最自然的辩证发展。

有人怀疑自己能不能有所贡献,如果生前不能为世界留下可以传世的精神财富,那么死后,所有人都会将他忘记,这样碌碌无为的人生还算有意义吗?黑格尔说:"存在即合理。"既然我们存在于这个世界之上,总有其存在的理由。苦难与虚无,卓越与平庸,本身就是存在的一部分。

我们都希望自己能让这个世界有所不同,实际上大部分人都是平凡人,但是平凡人可以有不平凡的梦想。也许仅仅通过一个人的成就,来评判这个人的人生是否有意义,这种做法过于功利,也不符合实际。人存在的意义本身,不仅在于人能创造卓越的成就,更在于人追求卓越本身。"尽人事,听天命",儒家的这个思想对我们或许有所启发。承认自己是个普通人,这本身不容易。人总是期望为这个世界带来更多的物质财富和精神财富,或者像古人那样立功、立德、立言。但如果不能在一项伟大的事业上创造不凡的成就,那把自己的家庭经营好,与朋友交心,与恋人相爱,与子女相伴,做力所能及的事,不断超越自己,本身就有意义。

很多人在真正面对生命界限和精神界限时,在面临重大挑战和考验时,才会真正去思考意义和价值是什么。

大多数人可能按部就班地生活,如果他出生在一个相对幸福完整的家庭、拥有良好的生活习惯,他可以继续很幸福,也会为周围带来积极的影响和改变,但他对于自己为什么以及如何拥有这些可能并不觉察。

尽管这些人并没有真正思考"为什么活着"这样的根本问题,但他们靠着文化惯性,以合适的方式在践行"活着是为了什么",这同样值得肯定。对于绝大多数普通人来说,过好自己的小日子,为周边的人带去力所能及的积极改变,这就够了。

未必每一个人都像周恩来那样,清清楚楚地知道自己要"为中华之崛起而读书"。觉醒的人不断思考和探索我们到底想做什么,我们能做什么,我们应该做什么,这个社会需要我们做什么,再对这些问题进行梳理、整合、思考、总结,然后转化为行动。觉醒并行动,于个人成长有意义,于家庭、社会甚至整个国家、民族来说也有意义。

面对抑郁或情绪低落,比如失恋,陷入对于意义的怀疑或抽象的虚无世界时,应该怎么办?

面对失意的状况,如果情绪不失落,那才显得不正常。当然,不断经历挫折和失败,会让我们陷入自我怀疑,甚至抽象的虚无世界中。

解决问题的办法往往不在产生问题的层面上,而在于在新的思维水平或新的环境条件。"树挪死,人挪活",以开放的心态迎接新事物,尝试新挑战,学习新知识,以日新又新的态度面对生命的变化,这是生命的灵动状态。

对我们来说,保持不断更新的状态,不管是对于意义的探索,还是对于个人情感的满足,都是有价值的。

与心理咨询师或哲学家聊一聊,或不断探索和认识自己,或看看感兴趣的领域的名人传记并学习他们解决问题的思维方式,这些都能给我们启发,帮助我们成长,给我们滋养和激励。

常常迷茫但总在路上的人,是可爱的。可爱之外,还有可敬之处。可敬之处在于,他们努力处理好当下与未来的关系。过不好当下,就会削弱未来把握机会的可能性。不思考未来,可能让当下的行动迷失在"乱冲乱撞"之中。理解和处理好当下与未来的关系,让当下成为走向未来的一部分,则虚无将不断被消解,而意义也会自然浮现。

2. 确立自我存在

丹麦的哲学家克尔凯郭尔认为人生有三绝望:不知道有自己,不想有自己,不能有自己。或可以理解,虚无就是不能确立自我。而要避免虚无,就要从确立自我着手。

"不知道有自己"就是自我没有觉醒,不知道自我的存在,没有意识到我们要独立面对世间的种种。不知道有自己的人,可能生活在别人的世界观、价值观中,他们按照着别人设定好的理想、信念、路径活着。

克尔凯郭尔曾经有一个比喻,他说不知道有自己的人生,就像是一个醉酒的人驾着马车回家,实际上不是他驾驭马车,而是马按照本能和习惯,用老马识途的方式载着他回到家里。这种没有意识、没有觉察、也没有觉醒的状态,就是"不知道有自己"的状态。处于这种状态中,当问题和困难来临时,他往往也不能够及时做出调整和改变,无法加速或减速,只能任由这匹马把他拖到马想去的地方。回家,不是他的意识和努力达成的结果,而是马的本能和习惯让他碰巧回到了家里。

很多人说,日复一日地重复自己不喜欢的生活,真的很无趣,需要找一些自己喜欢的、感兴趣的事情去做,这表示我们的自我意识觉醒了。但是,探索自己的兴趣和方向,追寻生命的意义,必然会让我们面对更多困难和挑战,甚至遭遇挫折和磨难,很多时候这个探索过程是艰难的、苦涩的。有人不愿意面对这样的艰难和苦涩,他们"不想有自己",因为想要有自己,就意味着要努力、忍耐与坚持,这与享乐主义的感官本能是相悖的。不想有自己,某种程度上意味着不愿意改变,不愿意努力,不愿意学习和成长,不愿意独立面对责任。用通俗的话来理解,是不够成熟,不想长大。

不能有自己,表明我们的存在本身面对着很多永恒的困境。生老病死必将到来,我们无法彻底改变这种现状。但是,黑暗中有阳光,狭缝中有生存机会,有无相生本来就是亘古不变的道理。在不能有自己的狭缝中,活出自己的精彩,活出独立的自我,拥有精彩的人生,这难道不是一件很有意思的事情吗?

不能有自己,是人生的一大悲剧。《庄子·大宗师》里有一句话:"相呴以湿,相濡以沫,不如相忘于江湖。"鱼到了陆地上,它们相互挨在一起,靠彼此的口水让对方苟延残喘,甚至都不能勉强活下去。如果这么艰难,靠牺牲自己来成全对方的话,还不如"相忘于江湖",那样更加自然自在,更加舒适痛快。

从自我和虚无的层面来说,"不能够有自己"是因为客观条件所限,还是因为个人的兴趣、价值、资源或能力所限?在强烈的渴求和无法做到的矛盾之中,自我反复经历纠结、矛盾和挣扎,久而久之就会怀疑生命的意义,陷入虚无的状态。

当我们追求男女朋友失败,这种挫折只是外在的,它未必是对自我的否定,也许只是因为不合适而已。但如果我们无法做一个人格独立、勇敢无畏、情绪稳定的人,我们就进入了"不能够有自己"、甚至全面否定自我的状态。做自己,并不是说要把不可能的事变成现实,而是顺应自然规律发挥潜能,成就自己。

有人说,有时你突然发现,好像只有你自己还孤独地走在这条路上,早已经无法回头,更看不到未来的方向,就算再坚定的你,也忍不住开始怀疑起来,这条路到底要不要一路走到黑?这样的感觉,常常与选择有关,而选择又与自我有关。比如,有的大学生选择了某个专业却发现不是自己期待的那样或遇到了这样那样的困难读不下去,有人选择与某个人厮守终生又怀疑自己的选择对不对。对于"要不要一路走到黑"这个问题,答案可能不在于选择本身,而在于自我,在于自我觉醒之后的自我期许和自我抉择。

3. 超越人生界限

德国哲学家雅斯贝尔斯讨论了人生的三种界限:身体的界限、心理的界限和精神的界限。

一是身体的界限。生命是有限的,但很多人对此并不觉察或过于担忧。我们常常面临生老病死时才思考人生的意义,生命走向尽头时,才开始思考我们的一生有什么。或者,有人过于在意身体的界限,甚至认为生命终将结束,一切眼下的努力和现实都归于无,他们认为如果活着的最终结局都是死亡,那么当下的努力还有什么意义呢?这就陷入了虚无。不觉察生命的界限,或过分在意生命的界限,会让我们陷入懵懂或虚无的状态。

其实,生命的向度,绝不只有时间这一条线。除了长度,生命还有宽度和高度。同样是一年,有人的经历平淡如白开水,有人的经历丰富多彩而成长也日新月异,这是生命宽度的不同。同样是上国内顶尖学府,有人成为了精致的利己主义者,而钱伟长弃文从理立志报国,这就是高度的不同。超越身体的界限,架构生命的长度、宽度和高度,生命才不至于虚无。

二是心理界限。我们的注意力、记忆力是有限的,我们的爱和毅力是有限的,我们的心理资源也是有限的。就如庄子说:"吾生也有涯,而知也无涯,以有涯随无涯,殆已。"也就是说,对于智力活动,我们所能学习的知识是相对有限的。如果过于追求对无限知识的掌握,那么难免就会思想上懈怠、倦怠,甚至过早衰老。所以,了解自己的决心和局限,知道自己的缺点,发挥所长,才更容易成就自己。不了解自己,就会撞上"心理的界限"这座隐形的墙。

而心理的界限,有时候又成为我们画地为牢、裹足不前的借口,甚至成为我们逃避现实、走向虚无的理由。"如果不能改变现实,那就接受现实。"很多人奉行这样的处事原则,这样的原则看似很有道理,其实很迷惑人心。接受现实不等于放弃努力,改变现实也不是要改变世界。如果因为自身的心理局限而放弃努力,如果因为短期没有结果而放弃奋斗,这就陷入了思想上和行动上的习得性无助状态。"佛系青年"有他的可爱之处,淡定从容,不争不抢。但"佛系青年"也有他的"可恶"之处,过于"佛系"近乎于放弃理想信念,容易陷入虚无。既要接纳心理上的局限,也不放弃希望,才能彰显生命的力量和韧性。

三是精神的界限。荣格曾说:"到我这里来治疗心理疾病的人,大都是上层社会的人,他们身体健康、心理正常,但是并不快乐。"现代中国社会也是,很多人很富有,但是并不快乐,很多人有成就,但是并不幸福。这些健康、富有但并不快乐的人,常常遭遇精神的界限。有人很富有但一副暴发户的嘴脸,财大气粗不受人尊敬,这种精神上不被认可、财富无限但却被贵族阶层排除在外的状况,一定程度了激发了虚无感和无意义感。

人要在精神上肯定自己和超越自己,常常不是靠自我标榜完成的,就像人不可能不借助外力而把自己提起来一样。我们常常通过他人的认可而获得精神上的满足,通过我们的存在给他人和社会带来的积极影响来衡量自我的价值和精神高度。某种程度上,这是一个从群众中来到群众中去的过程。过于在意自我,执意放大自我,反而会让自我变小。把自我融入到一个更大的群体或组织之中,比如融入到奋斗者精神和科技自主创新事业之中,自我的精神力量才得以彰显和放大。

超越人生界限,就是超越自己生理上、心理上和精神上的局限、盲点、缺憾甚至过失,并以此为起点投身到创造和奉献中。古人说:"闻过则喜",意思是知道了自己的过错,心中充满喜悦,因为我们找到了接下来行动的方向和重点,同时获得了避免犯同样错误的警示。

超越人生界限,是以一种日新月异的生命态度,面对已知的界限和未知的奥秘,消解虚无、创造意义、确立自我。

13.3 意义是什么

对于整个浩瀚的宇宙来说,人类实在是太渺小了。宇宙人生之中,到底有没有意义?这个意义是神赋予的,还是人类自己创造的?即便人类的意义是确定无疑的存在,也不能保证每一个人类个体都活得有意义,也不能保证每一个人类个体都感觉到意义的存在。

第13讲 虚无与意义

有人忽略了人生的过程,认为每一个人类个体的人生结局,都是走向死亡。这种万人一样的人生结局,似乎说明人类的命运是同一的,人类的意义也没有什么不同。这种说法既不符合常识,也不符合人类个体的实际情况。

从我们自己的经验出发,每个人的存在似乎都有他自身的理由。或为了家庭,或为了子女,或为了工作,或为了自身的享受,努力活着、努力奋斗。虽然有时我们会迷失、焦虑、抑郁,觉得没有价值、没有意义,甚至看不到人生的方向和希望,但这些终将过去,而经历这些使我们的生命变得更加丰富。

似乎老人更有经验和资格去谈论人生的意义与价值,他们对于虚无的体验比我们丰富和深刻,他们对于意义的创造也比我们真实和感性。对生命意义的追求,无法在抽象的概念上凭空产生,而应该在真实的生活实践中演绎,它塑造着我们的经验和感受,不断丰富我们的思想和情感,激发我们的意义感和使命感。

同时,意义也应该超越感性的经验,超越我们的情绪感受。意义具有普遍性和实质性。意义的普遍性联结凝聚了人类,很多伟大的团体之所以伟大,是因为他们有共同的伟大目标和对意义的共同认识。意义的实质性指它的本质特征具有一致性和规律性,可以被我们所认识、讨论和传递。

意义是使命。这是一种类似于本能的做出某种积极贡献的强烈内驱力。就像孟子所说:"父母俱在,兄弟无故,一乐也。仰不愧于心,俯不怍于地,二乐也。得天下英才而教育之,三乐也。"像宋代的张载说:"为天地立心,为生民立命,为往圣继绝学,为万世开太平。"儒家的出世精神就是一种强烈的使命感,是一种修身养性以兼善天下的行动哲学。使命感代表着对于某种目的、意义和价值的选择和认同,它是儒家安身立命的根本,也是孔子所说"三十而立"的基础。

意义是被需要。如果说意义是使命稍显抽象,儒家关于使命感的论述呈现出强烈的教育乌托邦色彩,是一种对于中国人人性中的实用主义倾向的改造理想,那么,从人们相互满足彼此需要的角度来理解人存在的意义,就显得更具有现实性。人们从抚育子女的过程中体会到为人父母的快乐,从帮助他人的过程中感受到人之为人的价值,从投身革命的过程中感受到解放人类的历史使命,即使这些都没有办法实现,人们仍然可以从满足自己需要的过程中感觉到自己还活着,某种程度上活着就有意义、有价值,活着是最低的使命。

意义是成就。为了活着,人总得做点什么,也总会做点什么超越仅仅活着的状态。不管是为了活着,还是为了超越活着做点什么的状态,总能给我们带来自我肯定和自我满足。这种总要做点什么的趋势不断持续,这种做了点什么的状态不断积累,久而久之就会变成一种成就,或者更准确地说是一种成长。成长是获得成就的内在条件,成长也是自我发展的意义和使命。一个有内在要求的人,一个不断追求内在成长和进步的人,总能做出点成就,这是顺理成章、水到渠成的事情。成就,现实层面是做出的成绩和贡献,自我层面是成就和确立了自我,人际层面是成全和帮助他人进而完成共同目标。

意义是幸福。幸福是人类的至高追求，它不仅仅是身体的快乐，也不仅仅是情绪的愉悦，常常还是精神的满足，是至高的"善"。从这个意义上说，追求精神的满足，追寻至高的"善"，就是人类存在的意义。可以说，追求幸福，是一种"在明明德，在亲民，在止于至善"的天下大道。回归到世俗意义上，追求幸福应该归结为一种爱的意识和能力。这种爱，既有自我接纳、自我关注之爱，也有超越自我、普度众生的人间大爱，是一种"天若有情天亦老，人间正道是沧桑"的天地情怀。而这种爱的能力，就像弗洛姆所说，归根结底应该是一种行动。从这个意义上说，给自己和他人带来幸福快乐，不就是一件很有意义的事情吗？

字面上，意义是可实现、值得追求的目的；感情上，意义是满足和幸福；精神上，意义是使命和价值。而追寻生命的意义，就是追寻生命的自我实现。

13.4 如何实现意义

为什么有人感觉到有意义，而有人感觉到虚无呢？也许更加重要的问题是，如何摆脱虚无？如何让我们的生活变得更有意义？

感知意义，是人类的天赋。而创造意义，是人类独特的能力。人类拥有与动物相比更加复杂和高级的大脑，它让人具备心理功能，具备感知觉、注意、记忆、思维、想象语言等，让人表达理智感、道德感、美感、气质、性格、能力、价值观，这些复杂性的功能让人类对于客观现实有了复杂多变的感知能力、认识能力和创造能力。这些心理功能本身的意义，在于它像是一座与外部世界的桥梁，同时也不断地感知与创造意义与价值。

一个人从封闭抑郁、颓废甚至虚无的状态，如何转变成有活力、有热情、懂交际、有目标感和意义感的生命状态？这种转变的发生依赖我们的心理功能，依赖我们运用自身所拥有的这些天赋去不断感知丰富的外部世界，并且不断建构自己的主观世界。

1. 工作、爱与苦难

弗兰克尔认为我们追寻生命意义有三种主要的方式：一是工作，二是爱，三是苦难。

一是工作。这是帮助我们找到存在感和价值感的最佳方式，也是我们确立自我、肯定自我和表现自我的机会。对于大学生来说，某种意义上学习是我们的工作，通过学习和各种社团活动来表现我们的努力和优秀程度，以此获得在大学期间的存在感和价值感。工作可能是对一个人来说，是最重要且投入时间最长的一项任务。

二是爱。爱让我们体会到美好和幸福,付出爱让我们体会到价值和被需要,这些是生命意义的基本构成要素。爱是我们的本能需要,爱是亲子之间、恋人之间最重要的纽带,如果没有爱,亲子关系会被破坏,而恋人关系也可能走向破裂。

孔子说:"三十而立",通俗理解就是成家立业,其核心就是爱与工作。成家,让激情的爱转变成责任的爱,让这份爱包含了相互包容、彼此成就、患难与共和共创未来的意义。立业,是选择和持续投入到一份事业中并创造价值。养家糊口当然是立业的目的之一,从这个意义上,爱赋予事业更有温度的意义。同时,立业还可以创造价值回报社会,赢得相应的尊重和肯定。

三是在苦难中寻找意义。在《活出生命的意义》这本书的后记里,另外一位心理学家威廉·J.温斯莱德这样描述弗兰克尔:

> 他全身心地投入工作。1946 年他重写了第一次被驱逐时毁掉的手稿《医生与灵魂》。同年他仅用了 9 天就完成了《活出生命的意义》这本书。写作是他的精神自由港,他希望通过自己的著作治愈个人的异化和文化的偏差,这种异化和偏差困扰着许多人,使他们感到'内在的空虚'或'自我的虚无'。也许这一系列活动也让弗兰克恢复了对于生命意义的把握。

越南战争后,美国的很多退役老兵经历了抑郁症和创伤后应激障碍。痛苦难忘的经历,会作为一种负面因素,影响我们的生命和成长,甚至影响到我们的本性,让我们的本性发生偏离。

在集中营里待过的人,可能出狱之后对于人性是不信任的,对于环境和他人时刻警惕,对于亲人的离世可能是时刻准备着的,这种战战兢兢、如履薄冰的状态,影响了他们获得幸福感、面对挑战的勇气和能力。

弗兰克尔在书中写道:

> 人们跌跌撞撞地走了几英里,在雪地里滑倒,再爬起,互相搀扶着行进。尽管默默无语,但我们都在心里思念着自己的妻子。有时,我偶尔望向天空,星星慢慢消失,清晨的霞光在一片黑云后散开。我的思想仍停留在妻子的身影上,思绪万千。我听见她回应我的话,看见她向我微笑和她坦诚鼓励的表情。不论真实与否,我都坚信她的外貌比冉冉升起的太阳还要明亮。忽然间,我一生中第一次领悟到一个真理,它曾被诗人赞颂,被思想家视为绝顶智慧。这就是:爱是人类终身追求的最高目标。

2. 超越存在界限

存在,即人之为人之所是。存在主义心理治疗大师欧文·亚隆认为,死亡、自由、孤独和无意义，是四个根本的存在议题。每个人都无法避免遭遇这四大根本的生命挑战，应对这些挑战方式和应对效果，决定了一个人的存在状况。

死亡，是生命的终结，是自然生命的结束，但也可能是精神生命的"重生"。过分纠结自然生命的结束会陷入虚无，适当关注精神生命超越自然生命而延续可以帮助我们找到方向。西方人提倡以终为始，以生命的终极关怀为皈依指导当下的行动。中国人强调慎终追远，用仪式化的形式表达了中国人对于父母和祖先精神生命继续存在的寄托，也用祖先庇佑后代的思想激励当下的人为子孙后代谋幸福而奋斗。理解死亡的意义，才更明白生活的价值。

自由，是人拥有属于自己的生命主动权，拥有对于自己的思想和言行的控制能力。自由的状态是在规则与自律之间达成平衡，它是人格独立的前提，也是人之为人的基础。自由绝不等于肆意妄为，忽视自然规律和社会规范会侵犯他人的自由。自由意味着选择，选择意味着付出机会成本和承担责任。厘清自身价值，敢于选择，勇于行动，可以帮助我们超越"自由陷阱"，成为感性的、有生命力的人。意义的生成，从选择开始。

孤独，是人与人之间互不联通的状态，是心灵的孤单与不被理解。孤独意味着"我"的意识已经发展到一定程度，否则我们意识不到孤独。孤独也意味着对人际关系有更深的期待，期待彼此在思想上有共鸣、情感上有联结、行动上有支持。在周国平先生看来，人格独立的人才有资格谈论孤独，甚至他们享受孤独。享受孤独是一种自我肯定、自我创造的状态。我们也常常需要超越孤独，因为建立积极的、有意义的关系，可以在社会属性和精神属性上丰富自己。

无意义，就是没有目的感、价值感和幸福感。死亡常与目的相连，选择（或者说自由）常与价值相连，而孤独常与幸福相连，它们看似矛盾，实则密切联系。处理好生命中有关死亡、自由和孤独的议题，我们在普遍层面上就获得了生成意义的基础。

然而，在个人层面上，意义的获得则更感性、更现实、更个人化。欧文·亚隆在他的经典著作《存在主义治疗》里，提出了获得个人意义的九大途径。

超越普遍的意义就是寻求个人的、感性的、现实的意义。对于人与社会的割裂，人在虚无的世界中如何寻找意义，我们要有思考和觉醒。

反抗荒谬。如何让我们的生活和生命变得更加有趣、更加有创造性、更加丰富和完满？反抗荒谬是让我们的心理和精神获得更有合理性、趣味性和创造性的过程。

利他与助人。利他和助人就是指助人为乐，它基于我们的助人情怀和我们对人与人之间关系的体认，彰显了我们的生命力量与热情。助人自助，意义在克服困难、传递温暖和共同成长中自然滋生。

理想奉献。当我们为崇高理想奋斗时，会感觉自己属于一个伟大组织的一部分。如果我们的贡献得到了肯定和承认，我们就体会到意义和价值。

创造性。人最健康的状态应该就是创造性充分发展的状态。很多人实际上一辈子都带着问题生活,但不断创造的状态帮助我们消解问题进而实现成长。

体验生活,或者感悟生活。推荐一部名为《触不可及》的电影,可以品味一个人如何从琐碎的生活事务中以及与他人的关系和联结中感悟生命的意义。

自我超越。自我超越是指追求超越个人层面的目标,包括集体目标、组织目标,甚至国家和民族层面的目标,也指不断更新自我状态,以日新又新的生命状态超越过去的自我。

尊重生命周期。我们曾讨论过艾里克森的人格发展阶段理论,人的每个阶段都有应该完成的关键成长任务,完成各个人生阶段的心理发展任务,这本身就是意义。

3. 传承爱与智慧

《相约星期二》一书中讲述了布兰戴斯大学的社会心理学家莫里,在生命弥留之际,与他的学生里奇·阿尔博姆探讨人生的意义与价值等问题的故事。

他们探讨的话题包括世界、自怜、遗憾、死亡、家庭、感情、衰老、金钱、爱的永恒、婚姻、文化、原谅等,这些主题本身就是生命的意义,讨论持续了十几周。一位是有丰富生活经历和高深学术智慧的老人,另一位是年富力强、有丰富阅历和生活经验的职场精英,他们之间的对话深刻而有趣。

在书中,莫里教授喜欢他的学生称呼他为教练,这是他对自己教师身份的体认。莫里教授可以帮助每一位学生去认识和思考意义,但他无法帮助每一位学生直接体验和创造意义。生活是无法替代的,每个人都得自己经历,才能感受到属于自己的独特的存在价值,才能创造生命的意义。

里奇·阿尔博姆是这样看待这门课的:

> 我的老教授一生中的最后一门课每星期上一次,授课的地点在他家里,就在书房的窗前,他在那儿可以看到淡红色树叶从一棵小木槿上掉落下来。课在每个星期二上,吃了早餐后就开始。课的内容是讨论生活的意义,是用他的亲身经历来教授的。
>
> 不打分数,也没有成绩,但每星期都有口试。你得准备回答问题,还得准备提出问题。你还要不时干一些体力活,比如把教授的头在枕头上挪动一下,或者把眼镜架到他的鼻梁上。跟他吻别能得到附加的学分。
>
> 课堂上不需要书本,但讨论的题目很多,涉及爱情,工作,社会,年龄,原谅,以及死亡。最后一节课很简短,只有几句话。
>
> 毕业典礼由葬礼替代了。
>
> 虽然没有课程终结考试,但你必须就所学的内容写出一篇长长的论文。这篇论文就在这里呈交。
>
> 我的老教授一生中的最后一门课只有一个学生。
>
> 我就是那个学生。

书中的记录让人感动,也引人深思。在这位老教授的讲述中,我们更近距离地感受到生活的原貌,领悟到生活的真谛。

相约星期二,这是莫里教授与他的学生们的约定,也是他们探讨人生意义、传承生命智慧的仪式化安排。

星期二一直是我们的聚会日。莫里的课大部分在星期二上,我写毕业论文时他把辅导时间也定在星期二——从一开始这就是莫里的主意——我们总是在星期二坐到一块,或在办公桌前,或在餐厅里,或在皮尔曼楼的台阶上,讨论论文的进展。

所以,重新相约在星期二看来是最合适的,就约在这幢外面栽有日本槭树的房子里。我准备走的时候跟莫里提了这个想法。

"我们是星期二人,"他说。

"星期二人。"我重复着他的话。

莫里笑了。

"米奇,你问及了关心别人的问题。我可以把患病以后最大的体会告诉你吗?"

是什么?

"人生最重要的是学会如何施爱于人,并去接受爱。"

他压低了嗓音说,"去接受爱。我们一直认为我们不应该去接受它,如果我们接受了它,我们就不够坚强了。"但有一位名叫莱文的智者却不这么看。他说"爱是唯一的理性行为"。

他一字一句地又重复了一遍,"'爱是唯一的理性行为'。"

就这样,米奇·阿尔博姆与莫里教授每周二见一次面,这既是思想与智慧的传承,也是爱与责任的交融。米奇传承了莫里的情怀与智慧,他的生命也由此而经历了一次深刻的灵魂洗礼。莫里奉献了他手心里最后的光,不仅点亮了米奇的人生,也通过米奇的写作点亮了千千万万在生命历练中上下求索的人。

这样的传承,是一个灵魂唤醒另外一个灵魂。这样的唤醒,与金钱、地位、权势没有直接关系。意义,常常产生于人与人的联结之中,产生于传承与鼓舞之中。

意义是一个不断实现的过程,它与生命的丰富性、可能性、适应性和创造性有关。在我们不断调整自己适应变化时,生命也就在实现它的可能性。当生命的可能性不断彰显和呈现时,生命的意义也就逐渐生成。

推荐阅读书目

1. (美)米奇·阿尔博姆.相约星期二.上海译文出版社,2007.
2. (奥)维克多·弗兰克尔.追寻生命的意义.华夏出版社,2018.
3. 傅佩荣.傅佩荣细说论语.上海三联书店,2009.

Chapter 14
第 14 讲

叙事与生命

你的生命故事由自己主导和书写吗?谁能参与到你的生命故事中?如何通过行动叙述自己的故事?如何在叙事中疗愈自己和发展自己?生命的自然属性、自我属性、社会属性和精神属性分别代表什么?如何平衡、整合地发展自己生命属性的各个方面?如何丰富生命?

叙事,可以是对过去故事的叙述,也可以是对未来故事的描绘和展望,是整理、整合自己的经验,也是塑造和发展自己的未来。生命,在行动叙事的过程中展开,在自我期许和自我实现中成长。

顾名思义,叙事就是讲故事。如何把自己的故事设计、演绎并叙述好,是人生很重要的事。

有这样一个故事:

A先生,58岁,黑皮肤,美国人。他出生时母亲18岁。

还没满岁时父亲就抛妻弃子,母亲改嫁生了一个妹妹,他6岁时就被母亲和继父带到一个遥远的穷乡僻壤。

读小学时他被人戏弄欺凌。再后来,母亲又与继父离婚,可是母亲选择留在乡镇,他被送回家乡跟外公外婆一起住。

中学时代的他不知道生命的意义何在,逃学,整天在街头游荡,是每一个老师的噩梦,甚至还染上了吸毒和滥交的恶习。

高中毕业后进入一个不起眼的大学读本科。

另外一位B先生的情况是:

B先生,同样是58岁的黑皮肤美国人。

也从小生长在混合家庭。母亲、继父和同父异母的妹妹。

家里经济条件不错,所以从小学到高中读的都是当地最好的学校。他对家庭关系和朋友关系都比较满意。

高中时他是一个善于交际的活跃分子,英俊潇洒,很多女孩子青睐他。

他的本科学校名气很一般,可是后来转学到全国最好的重点大学修读一个不错的专业。

实际上A和B是同一个人,只是不同侧面、不同方式的描述。仅从文字描述来看,好像是截然不同的两个人。如果把两段文字合在一起,好像也没有大的矛盾。

这个人叫奥巴马。他的青年时期可以说是放荡不羁,也曾游手好闲,但是他上大学之后奋发图强,后来成为美国第一位黑人总统。

同样的经历可以呈现出不同的故事,不同的理解就会有不同的人生。那就像是两个有同样经历的人,他们的心境可能不一样,他们对自己的经历的感受、幸福感、态度、满意度可能都会不一样。

对于自己的经历的诠释、理解,这种主观的解读构成了我们自己的真实人生。我们的生活经验,我们主观层面上的思想意识,对于我们来说是客观存在的,它实实在在地影响了我们对事物的理解,看待事物的态度,以及与周围世界的关系。客观经历的事件,对于不同的人来说,感受和认识也可能是不一样的。

叙事,是自我建构与整合的思想方法。在自我觉醒之前,我们的心理健康状态受到环境、遗传、家庭文化和社会背景的影响比较大。在自我觉醒之后,我们到底以什么样的生活态度或心理状态,去面对工作生活的种种挑战,更多取决于我们自己的主观理解和主动选择。未来的生活到底怎么样,可以说主要是由我们自己来建构的,这就是叙事。

14.1 叙事是什么

叙事疗法(narrative therapy),是心理治疗流派中比较后现代取向的心理治疗方法。叙事(story discourse)就是叙述故事、讲故事、编故事、述说故事、呈现故事、分享故事,叙事者把自己的经历用语言表达出来或分享给他人。

我们用语言表达自己经历的过程本身就是"叙"的过程,跟别人分享是相互共享信息的过程。

当然,我们不用具体了解心理治疗师或者临床心理学家在开展叙事治疗时具体是怎么做的。对于我们而言,有价值的是这个治疗流派的生命态度和行为方式,包括对未来人生选择的新的思考方式和思考路径。

叙事的基本元素包括事件、人物、情节等等。人的主观世界是按照时间顺序串联起来的行动蓝图。实际上,在我们的日常生活中,我们的自我认同或人际关系,会赋予我们意义。

叙事的过程,涉及欲望、动机、目标、理想、期待、信念、价值观、决心、愿望、意图等等。比如,人在恋爱了之后,对未来的生活可能会有更多憧憬。那么恋爱这件事,就赋予了我们生活的意义与动力,它会让我们对于未来的共同生活充满了向往。恋爱中的双方为了共同创造美好生活,可能会一起努力,在涉及未来升学、就业的重大决定时,可能会要做共同的决定,到底要不要一起升学、一起就业,去什么样的地方,是否可以暂时忍受异地恋的状态等等。

在自我的内容层面,过去经验的总和构成了现在的自我,而现在的我又是将来的我的一部分。叙事就是通过自我认知、自我体验、自我行动和自我监控呈现自己,整合过去、现在和未来的我。

在叙事心理学家看来,自我的形成和发展实际上就是对于事情"叙"的过程。叙事更强调"叙"的过程,它的动态性和意义赋予过程的主观性、变化性。

按照叙事的观点,我们把自己类比为人生的导演,我们设定以及建构我们自己的人生。虽然我们受环境、遗传和家庭的影响,但是本质上我们应该做自己人生的导演、编剧、主角,而不应该成为配角,更不应该成为别人的配角,不能成为别人设计和控制的牵线木偶。

叙事理论有三个理论背景:后结构主义、社会建构论和福柯的"知识即权力"理论。

1. 自我结构的自己

叙事强调人的主人翁态度,强调人的主体性,它根源于后现代哲学,即建构主义或后结构主义。与之相对的是结构主义,它在关于事物的结构、意义和自我认同方面的基本观点与结构主义截然不同。

在现代科学背景下,人们追求确定的行动逻辑或确定的结果。但后结构主义否定有恒定的结构,消解了"社会有一个中心"的逻辑假设。后结构主义认为事物并非都是由不变的元素组成的,它们是不断变化的。

关于意义,结构主义认为意义是事物的一种元素,是确定的,几乎不变的。但后结构主义认为意义是通过叙述建构的,每个人都有自己对意义独特的阐释和建构。

最重要的是关于自我,结构主义认为人有稳定的心理结构,有人格,可以用心理结构人格来解释人的行为,认为是心理结构和人格决定了人的行为和自我认同。后结构哲学观认为自我是社会历史文化的产物,人的本质带有历史偶然性,自我是由风俗习惯和制度规范所塑造的。后结构主义消解了人格这个概念,也消解了人的心理结构。

很难用对错来判断结构主义和后结构主义的关系,以及后结构主义是否完成了对于结构主义的超越。他们各自关注的侧重点不同,结构主义关注要素和要素的相互关系,后结构主义则关注事物整体的发展变化。也许,从不同角度看事物的思想方法,对于我们保持更灵活更开放的心态和不断拓展自己的潜能会有帮助。

人是整个社会历史大系统中的一小部分。在这个意义上,我们是被决定的。当然,这并不代表我们要任由这种力量产生影响。恰恰相反,叙事疗法启发我们,让我们觉醒,帮助我们意识到我们被更强大的社会力量左右和控制的部分,从而让我们从被控制、被影响、被决定的状态中解放出来,做真正的自己。

这就是叙事疗法的核心目标,希望每一个个体都能够做自主的、主动的自己。

2. 主观建构论的实现

社会建构论认为没有确定的现实。它认为现实不是客观存在的,而是等待我们去发现的,是在人与人互动的过程中建构的,也就是说它带有一定的主观性。人们常有一个观念:"这个世界就是这么回事儿,这就是现实。"其实这只是我们的主观理解,我们通过主观理解"建构"了我们所在的世界,每个人建构世界的方式和图景是不一样的。

那些所谓恒定的标准,比如说漂亮、成功、优秀、善良、大气、友好等等,都带有很强的个人建构色彩。比如,人们对于成功的理解也有很大差异,有人认为身体健康、家庭幸福就是成功,有人认为必须要挣很多的钱才是成功。

一方面,社会价值导向在塑造我们;另一方面,我们自己的价值观念也在塑造我们。如何达成这两者的平衡,是自我成长要面对的核心问题。

3. 知识就是权力

福柯认为主流知识即权力,"谁控制论述,谁就控制了什么是真正的、正确的知识",也就占据了权力位置。

在我们的成长过程中,是谁控制的话语权呢?在我们小的时候,父母有话语权。我们长大以后,可能是更大的机构或者是我们的领导有话语权。在成人的现实生活中,很多人都希望自己有话语权,至少是拥有个人生活的话语权。但是,我们总存在于一定的社会关系中,我们的话语权经常会被家人、朋友、爱人甚至竞争对手分享,甚至"剥夺"。

在这样的背景下,我们总是会受到来自家庭、学校、社会等方面的,权力更大、地位更高、观点更主流、影响力更广的因素的影响,甚至在某种程度上成为它们的一部分。

客观上,我们会受到比我们更强大的力量的影响,或受到我们未觉察的因素的影响。从叙事的角度看,我们需要从这种力量中挣脱出来。主流知识带有压制性,对我们来说,某种程度上需要解除甚至反抗这种压制,从而促进自我觉醒,让我们做自己。

有些"主流观点"认为侃侃而谈是出色的,或活泼外向是好的。很多人不自觉地以为外向是更优秀的,而内向是不优秀的。其实不然,有很多内向但很有成就、很优秀的人,也有很多外向但碌碌无为甚至到处添乱的人。

我们的价值观和思想观念,对于正常、异常、成功、失败等的评判,其实都带着一定的文化烙印,有一定的主观性。所以,自我的觉醒就表现为对于主流知识规定性的觉察,甚至是批判或反抗。对于个人独特性的好奇和开放,不断追求成为独特自己,也是"编写"自己人生故事的过程。

比如说好孩子这个判断标准,存在很大的个人差异性。有人认为成绩好、体育好、积极参加社会活动的孩子是好孩子;有人认为,学习认真、听话、乖巧的孩子是好孩子;也有人认为热爱生活、独立思考的孩子是好孩子。对于这些所谓主流知识的判断和认同,很大程度上影响我们自我叙事的方向和格局。

有人认为孤僻、不合群、害羞是性格不好,真的是这样吗?孤僻、不合群、害羞是由人的神经活动类型决定的气质,还是由人的行为习惯构成的性格呢?气质有没有好坏之分?如果由人的神经活动类型决定的气质有好坏之分,这不就说明人天生就有优劣之分吗?顺着这个思路深入,你会自然发现,"孤僻、不合群、害羞是性格不好"这种观点未必合理。

这些主流的知识可能强化也可能伤害了我们的自我认同。比如说"以瘦为美"的观点,如果你比较瘦,那么这种主流知识就强化了你的自我认同。如果你比较胖,那么"以瘦为美"的主流知识就伤害了你的自我认同。

我们如何从这种主流价值观中挣脱、解放出来呢？这取决于我们是否有足够觉察、灵活的思维方式、日新又新的生活态度和对新事物足够的中立和开放。

人们通过叙述自己的和自己文化的故事来组织经验，为我们的生活赋予意义。在叙事的背景下，一方面我们要叙述我们的经历，建构我们的自我，表述我们的故事，同时又不能过分解读，还要尽量保持一定层面上的客观。比如单相思就与过度解读了自我或过度解读了他人有关。

在叙事理论看来，心理现象是一种社会文化和语言的建构。文化和社会中的位置和资源，塑造了个人的故事和自我认同。

14.2 如何展开生命叙事

人们通过叙述自己的和自己文化的故事来组织经验，为我们的生活赋予意义。

1. 把握生命主权

如果以戏剧来做类比，在你的人生经历中，你扮演哪个角色？是主角、配角、导演还是编剧呢？

某种程度上，在高考之前，我们可能是一个主演。父母对子女往往都抱着很高的期望，对于子女上什么大学、去什么城市上大学、读什么专业、以后做什么工作，往往都有比较明确的规划。有的父母很强势，不允许我们讨论，更不允许反抗，在这种情况下，其实父母既是导演又是主演，而子女只是配角。

如果你父母的设计也是你期望的，那么你就是主角。但你有没有机会做导演和编剧，这才是最重要、最根本的问题。关键的时候，是谁站出来决定故事的走向？高考填志愿、恋爱、结婚、去哪里工作生活，诸如此类的重大决定，往往反映我们是否真正把握了生命的主动权。

不管是对于个人、组织，还是一个国家，都需要讲故事的能力。这种能力是想象力和创造力的表现，也是生命力和影响力的表现。

中兴事件和华为事件告诉我们，被动就会挨打，主动才有希望。华为最了不起的不是它的经营业绩，而是它科技创新和创造民族品牌的决心。是对于技术研发的高投入，对于创造民族品牌的执着，对于奋斗者精神的诠释，让华为实现了连续二十多年业绩的高度增长。

拖延往往意味着时间管理不当、自我控制不利或者是完美主义心态作祟，但同时适当的拖延也可以提高创造性。往往在任务的时间截点来临时，我们的思想可能更集中、想法更多。适当的拖延，对于任务完成的质量和创造性是有帮助的。当我们这样想时,我们就用了一种新的视角来看待拖延这件事,心理压力也就没那么大了。拖延虽然让人焦虑,甚至会耽误事情的进度,但在结果可控的情况下,一定程度的主动拖延,对任务完成质量的提高是有帮助的,是可以接受的。

凡事都有两面性,有消极被动的一面,也有积极主动的一面;可能有不好的一面,也可能有在长远背景下变好的一面。走向积极走动,还是走向消极被动,取决于我们的叙事方式。

2. 确立价值取向

价值观是人安身立命的根本。请大家一起做一个练习,来选定你珍视的价值观。价值观是我们对于事物重要程度和价值程度的判断,比如有人看重诚信、友善,有人看重家庭、亲人,有人看重成就和金钱。请您找一个安静的地方静下来想想以下几个问题。

你生命中有谁知道你拥有这个价值观?他们怎么知道的?

这个价值观出现的第一个可能的标志是什么?

多大的时候你比较完全地意识到它对你生活的重要性?

找到有相同价值观的人是我们展开生命叙事的重要一步。通常我们会寻找一个角色榜样,引领我们树立理想,激励我们行动,从而渐渐塑造我们的价值观。同一个公益组织的人,彼此知道"公益和服务"是大家共同的价值观。即使我们不说出来,或明确讨论过,也不影响彼此共享相同的价值观这个事实。加入公益组织、参与公益活动,本身就是一种有生命力的叙事活动。

如果你没有特定的、让你觉察自己价值观的经历,怎么办?也可以运用我们的想象力、自我意识和创造性去做一些练习,比如说想想谁是对你影响最大的人,你有没有榜样、偶像,他们的哪些方面是你比较钦佩或喜欢的?尽可能列出3~4个不同的方面,把它总结成价值,比如正直、善良、上进、体贴、细心、负责等等,这些就是你比较认同的价值观。

确立了自己的价值取向,当遇到困难和挑战时,我们就有更多的资源和力量去应对。

你在多大时完全地意识到价值观对你生活的重要性呢?当人生理想和人生目标比较明确时,我们就能够承受因为这个目标所带来的挑战和痛苦,就算有方向偏离的时候,我们也知道该怎么调整才不会导致精神上的迷失。

有人想做科学家,有人想做工程师。乔布斯是无数梦想成为企业家、工程师的人的典范。乔布斯曾说:"活着就是为了改变世界。"他还问:"如果不能改变世界,那活着又是为了什么呢?"这是一种不断驱动地创造和改变的价值观。

3. 丰富生命内涵

一方面是外化问题，获得面对问题的力量。叙事疗法的创立者怀特说过："人不是问题，问题才是问题。"

对问题的外化，不要把问题都归咎于自己，不是推卸责任，而是把问题与"我"区分开。这样不仅可以缓解自我怀疑、自我纠结的矛盾情绪，也可以帮助我们整合资源并找到解决问题的方向。

另一方面是发展支线故事。主线故事是特别凸显的、不断储存的记忆，它常围绕着特定时间和空间内的某个主题而展开，比如经历过高考的人，高三的经历基本都与高考有关。高三的学生基本是宿舍、食堂、教室三点一线，然后才能不断逼近金榜题名的目标。这就是高三的主线故事。在这个过程中，可能会有一些与时下主流的任务不同的其他经历，比如同学之间相互帮助、面临异性的追求或暗恋别人、遇到家人生病等，这些都是高考这个主线故事的支线故事。

支线故事某种程度上也有可能会成为左右我们人生发展的重要事件，比如可能因为恋爱分手而影响高考，或者因为恋爱双方相互鼓励并同时考上理想的大学。从支线故事中，甚至从琐碎的生活经历中，我们可以汲取意义或创造意义，让我们的生命变得更加充实、更加丰满。

一个人的生命是否完整，情感是否丰满，思想是否深刻，一定程度上取决于主线故事和支线故事是否足够丰富，同时它们之间是否可以相互转换和相互整合。比如有人说，要做学霸中街舞跳得最好的，要做跳街舞的人中学习最棒的。诸如此类的表述，就是在寻求主线故事和支线故事的平衡与整合。

生命对每个人提问，我们需要通过对事情的理解，来诠释和表述我们的经历，进而回应生命对我们的提问。每个人都有关于生命的理解和叙述，在相互交流的过程中，人与人之间诉说着彼此的故事，彼此也在成为对方故事的一部分。这是一个相互建构、相互影响、相互赋予对方意义的过程，同时也是自主建构意义、建构自己的过程。

叙事是一种主人翁精神的生命态度，叙事是我们把自己当成人生的作者、编剧、导演和主演。当然，人也不可能永远当主角，总有偏离了理想，忘记了初心，失去了目标，丧失了生活和工作的信心，跟周围人的关系变糟时，但只要我们始终保有这种叙事的生命态度，努力做生命的导演和主角，我们终归会回到生命的常态。叙事的生命态度，将促进自我实现和自我超越。

14.3 生命是什么

什么样的生命是健康的、有活力的？什么样的生活有价值、有意义？古人说，生命"或重于泰山，或轻于鸿毛"，这是我们可以选择的吗？每个人都希望自己的生命是精彩的、满足，我们又可以从哪些层面入手呢？

钟南山院士已年过八旬，仍然身体健硕，仪表堂堂。在抗疫期间，他饱含热泪、目光坚定的样子，激励了无数中国儿女，而他充满了阳刚之气和正义感的形象，也让人们感觉到了旺盛的生命力。

在哲学层面上，我们把生命的属性分为自然属性、自我属性、社会属性和精神属性。而生命展开的过程，也是一个从自然属性逐渐发展和丰富自我属性、社会属性和精神属性的过程。

1. 生命的自然属性

生命的自然属性是身体层面的，包括健康、体力、耐力、力量、柔韧性、爆发力、心肺功能、代谢功能、免疫系统等，与生理机能有关。生命的自然属性是生命力的基础，可以说自然属性是"1"，而其他的属性都是"0"，在自然属性保持比较好的情况下，其他的属性才有意义。如果身体健康遭遇重大威胁或者生命不存在了，那么生命的自然属性就停止了，生命的其他属性也随之消解。对于生命的自然属性，也需要用一种生命叙事的态度来建构它，维护它，每天运动、合理饮食、作息规律、自我照顾，从叙事的层面看，这也是自我建构、自我照顾的基础。

2. 生命的自我属性

生命的自我属性是心理层面的，包括人的认知、情感、意志等心理活动，也包括稳定的、习惯化的行为方式所构成的人格。如果说自然属性是生命的硬件，那么自我属性就是生命的软件，是连接生命自然属性和社会属性的纽带，也是它们的中间者和协调者。生命的自然属性是生而有之的，但生命的自我属性是随着生命的发展逐渐形成的。我们首先会发展出感知觉，随后发展出注意、记忆、思维、想象、语言等心理属性，进而发展出理想、信念、兴趣爱好、价值观等生命自我属性的核心要素。在我们的成长过程中，可能会拥有幸福美满的关系，或刻骨铭心的恋爱，或功成名就的巅峰，或穷困潦倒的落魄，但这些是在生命的自然属性之外发展起来的。

我们的认知是不是客观的？是不是有逻辑的、辩证的、灵活的、有创造性的？

我们的情感是不是丰满的？我们有没有慈悲之心、仁爱之心、恻隐之心、羞愧之心？我们的意志力是否是坚定的？我们有没有目标、韧性、力量和勇气？钟南山院士爱运动、爱生活、爱工作，珍惜自己的健康，有创造性、有责任、有担当，这些都是他的自我属性。

3. 生命的社会属性

生命的社会属性是关系层面的，是指我们在社会关系中的生命状态和生命特征，比如合群、利他、公正、合作、担当等。在人与人沟通互动的过程中，我们的生命所呈现出来的特点和状态就是生命的社会属性。比如，我们是否热情，是否有助人精神，是否公正，在做决定、获取利益时是否考虑到我和他人之间的利益平衡，是否愿意合作，是否愿意分享，是否有担当等，这些都反映了生命的社会属性。

复旦大学华山医院张文宏医生，风趣幽默，情商极高。在疫情最严重时，他说："大家现在待在家里，你不是简单地待在家里，你在家里可以把病毒给闷死。"他的叙述，让简单无聊的居家隔离变得有意义，变成了一种"贡献"，让彼此孤立的居家隔离产生了心灵上的联系。这是叙事理论的灵活运用，是高境界的社会关系的呈现，是非常有力量的叙事表述。

4. 生命的精神属性

生命的第四个属性是精神属性，这是哲学、伦理学、宗教神学、社会学等不同学科都关心的生命状态。这些学科都关注真、善、美，关注幸福、灵性、智慧。其中最核心的是精神信念，假如全世界都觉得你没有希望时，你是否还对自己有信心，是否还觉得自己有希望？当全国人民都看不到胜利的希望时，毛泽东说："星星之火可以燎原"，这就是伟大领袖给我们带来的激励力量。毛泽东对于全国的革命形势，有他独特的叙事方式。井冈山精神、长征精神，是生命的精神属性与特定的社会历史文化结合的产物。

总之，生命的自然属性、自我属性、社会属性和精神属性，是生命存在的根本，也是人之为人的基本维度。

14.4 如何展开和丰富生命

生命是一个不断展开和丰富的过程，也是"成为你自己"的过程。

1. 展开生命的基本原则

主体性、平衡性、实践性、连续性、发展性是展开和丰富生命必须遵循的基本原则。

第一是主体性。就是把自己当成生命的主人公,用导演、编剧或主角的生命态度看待自己的生活和生命,并以此照亮自己的人生经历。这是一种思想意识的自我启蒙,是意识到"我"才是自己的生命主体的过程。不仅在思想上意识到,而且在行动上不断追求自我,为自己的思想负责,为自己的行动负责,更为自己的成长负责。

第二是平衡性。首先应表现在我们的自然属性、自我属性、社会属性和精神属性的平衡作用和发展,也表现在各个属性的内部各要素之间的平衡作用和发展。比如,要平衡博弈关系,平衡自我与他人、与社会的关系,平衡现在与未来的关系,平衡工作与家庭的关系,也要平衡真、善、美的关系。比如钟南山院士仗义执言,是个求真务实的人;他用大爱普惠了全国人民,是一个善良的人;他帅气爽朗,体形健美,是一个对美有追求的人。钟南山院士的一生,是平衡的人生,也是开挂的人生。

第三是实践性。实践出真知,实践促发展。我们不仅需要叙事的生命态度,还需要有叙事的生命行动。

你有没有持续锻炼、改善营养、调整作息,努力让自己的自然属性保持得更好呢?你有没有不断学习和反思,不断激发自己的智慧、充盈自己的情感、磨炼自己的意志,从而实现自我属性的不断整合呢?你有没有不断参与社会活动,做公益,主动付出爱、感受爱,融入团队中去合作、互动、共享,从而不断扩展自己的社会属性呢?

在最深层次的精神属性上,你有没有不断总结得失,不断澄清自己的价值观,对自己的生命属性有没有高度的觉察,对自己的生命意义有没有清晰的感知和行动方向,充分挖掘自己真、善、美的潜力,主动放空自我、开放自我、创造自我,从而发展自己的精神属性呢?

第四是连续性。生命是一个连续的过程,每一个当下都是一段经历,这些经历各自是一个独立的故事,这些独立的故事串在一起,构成了我们生命的集合。这个生命集合是不是完整的、自洽的、连续的?这取决于我们的四个生命属性之间是否协调联系,我们的价值观念是否自洽以及不同时间节点的经历是否连续和相对一致。在思想上,意识到生命的过去、现在、未来是一个整体,在实践和行动中追求经验的一致性和时间的连贯性,有助于我们整合自己,发展自己。

第五是发展性。一方面我们要有成长和结果思维,要反思我们的行动是否有收获、有成长,另一方面我们要看到发展的潜力,相信岁月,相信未来。这是一种成长性的思维,是思想上相信自己成长、行动上努力为了成长、社会关系上促进彼此成长的过程。

2. 展开生命的基本向度

如何展开我们的生命,让我们的生命更旺盛、更有活力?在发展最快、可能性最大也最精彩的青年阶段,展开生命有生命旺盛、情趣博雅、研学创新、公益担当、行走四方五个重要的发展向度。

生命旺盛,指的是我们的自然属性。情趣博雅,指我们是否有高雅的审美情趣和崇高的精神追求,也指琴棋书画、美食、运动等兴趣爱好。研学创新是指终身学习、日新又新的生命态度和生命行动。公益担当是指公益精神和社会责任,是我们与他人、与社会形成连接。行走四方,指我们从游历四方中增长见识、拓展生命,也指我们不断提升自己的国际视野和国际交流能力,有胸怀天下的气度和胸襟。

这些都显得比较抽象,我们是否可以通过具体的行动来促进生命的成长呢?以大学生为例,如何促进发展自己?不妨来尝试一个"从1到1000万"的成长挑战,即跑1次马拉松,交10个志同道合的朋友,完成100小时志愿公益服务,早起1000次,学习1万小时,每年书写10万字,开创100万价值的事业,行走1000万步!

其实,这个生命游戏适用于所有年轻人。我们可以把自己的生命以四年为一个基本周期,规划自己的发展,检视自己的成长。

跑1次马拉松并不简单,你需要3~6个月的系统训练和准备,才能有可能一次跑完42.195公里。跑马拉松是对体力、智力、时间管理、节奏、毅力、目标管理与分解的综合挑战,它有助于我们提升问题解决能力、团队合作能力和生活平衡能力,是一种全方位的挑战,不仅仅是体力和耐力的挑战。跑一次马拉松,会极大地增强我们的自信,你会知道你的人生有力量、有韧性、有方向。

交10个志同道合的朋友,看起来要求不高,其实是一件挺不容易的事。有句话说:"人生得一知己足矣",更何况是10个知己。这不仅涉及社交技巧,涉及我们的同理心和互帮互助的能力,还涉及我们的人生规划、人生理想和人生愿景。两个志同道合的人,不用彼此承诺,也相信对方会陪自己走下去,会在自己遇到困难时伸出援助之手。这种相互信任、相互激励的关系,可以丰富和提升我们的社会性,也可以让我们更有方向和力量。

完成100小时志愿公益服务。或捐钱捐物,或给周围的朋友提供力所能及的帮助,或投身于国家和社会急需的事业如国防或西部教育事业等,这些都是公益的范畴。做公益不用等我们富有了、有时间了,只要愿意,随时都可以开始。做公益是精神富足的表现,与其说做公益可以帮助别人,不如理解为是帮助自己寻找价值、融入社会。能理解别人和社会的需要,发挥自身的价值和优势,感受生命的力量和意义,是做公益给我们的最大帮助。

4年早起1000次。对于职场人士来说,这是基本要求,但凡要上班的人,4年下来都需要早起1000个工作日以上。但对于大学生来说,熬夜好像是常态,早起变成了一件稀有和困难的事情。从心态上看,好像睡懒觉变成了一种奢侈的享受。早起与我们的自律性有关,也与我们的作息规律有关。如何调节我们的作息,提升学习和工作效率,管理和把握好自己的时间,是拓展生命的基本要求。

4年累计学习1万个小时。心理学家发现,要成为某一领域的专家,需要练习1万个小时。如果平均分配到每天,也就是每天6.85个小时,其实并不难做到。每天都能够充分投入,就不那么容易了。每天6.85个小时,4年累计1万个小时,可以提升我们的终身学习能力,是帮助我们成为学习专家的重要历练。

每年书写至少10万字,可以是读书笔记、随笔、日记、学习笔记、实验报告。其实每年写10万字,平均每天300字不到,字数要求不算多。写作是最好的智力训练,可以提升我们的文字运用能力、表达能力、思维能力,也可以疏导情绪、沉淀美好回忆,帮助我们梳理事情的轻重缓急、促进学习和工作效率的提升。

开创价值100万的事业。100万只是一个象征,就像"百万富翁"这个说法一样,并不代表具体的数字,代表的是财务自由和社会地位。开创价值100万的事业,对于大多数年轻人来说似乎很遥远,但其实与年轻人的学习、工作和发展息息相关。开创百万事业的思想意识,代表了关心社会需要、服务社会需要的成长导向。价值意识和结果导向,可以激发我们的行动力和学习力,也鼓励我们努力改变社会或者为社会做一些贡献。

累计行走1000万步,乍看之下,这似乎是一个不可能完成的任务。但平均到4年的每一天,也就是6800步而已,这是绝大多数人都能做到的。只要你不断坚持,一定能做到。

推荐阅读书目

1. (美)欧文·亚隆. 成为我自己. 机械工业出版社,2019.
2. (奥)埃尔温·薛定谔. 生命是什么. 北京大学出版社,2018.

Chapter 15
第15讲

习惯与品格

　　如何理解"习惯决定性格,性格决定命运"?习惯是什么?如何养成好习惯?品格是什么?如何养成积极品格?

　　习惯是后天习得的心理或行为惯性,是稳定的反应模式。良好的习惯,让人受益一生,正如亚里士多德所说"优秀是一种习惯"。品格,是积极、高尚的心理品质,是学习生活经历内化于心的结晶。养成良好习惯,培育积极品质,是生命成长的本质追求。

这本书分享和讨论了很多概念,但最后要分享的最核心的意思是、真正健康的生活不是依靠概念来驱动的,而是依靠生活中的行动构成的。

这些概念理论是重要的,但是它远远不如生活本身重要。对我们自己来说,生活、健康、幸福、发展都是需要自己创造的,而不是这些概念赋予的。生活是一种经历或体验,生命就是自我驱动、自我觉察、自我总结和自我反思的生物体所体验过的各种经历的集合。

经历才是构成了生命的最重要的元素。也可以用另外一个词来表述,即叙事,其中最核心的观念是:我们是我们生命的主人,我们在创造自己的生命,在书写自己的故事,述说我们的情怀和情节,与他人形成连接,从而赋予我们回报和意义。

不管从叙事的角度,还是从经验哲学的角度,我们所经历过的事情,串在一起结合成一个整体,就构成了我们的生命本身,至少是生命经验的部分本身。从这个意义上说,生活比概念重要,实践比理论重要。

美国生物学家、教育家乔丹说过:"没有正确的生活,就没有卓越的人生。"正确的生活、正确的行为不断重复,就会固化为习惯。习惯决定性格,性格决定命运。

15.1 习惯是什么

生活是与我们的生命息息相关的组成部分。我们总是通过基本的生理需要,如饮食、睡眠等去表现我们生命原本的样貌,通过衣食住行满足我们的基本需求,通过学习工作娱乐与社会连接、与他人连接。

我们在生活中发展兴趣爱好,培养习惯,呈现个性。某种程度上,生活的节律就是生命的节律,生活之美就是生命之美,生活的困境就是生命的困境,生活的精彩就是生命的精彩。因此追求好的生活,沉淀好的习惯,就是在呈现生命的精彩,呈现生命之美。

那么习惯到底是什么呢?习惯是知识、技能和态度相互交织的结果,是不断重复的行为组合。我们的行动总是有指向的,知识让我们明确我们的行动在做什么,而意愿表示我们想要做,技能帮助我们做得到。在习惯尚未养成时,知识、意愿和技能可能是相互割裂或关系松散的。习惯养成的过程,也是知识、意愿和技能相互整合的过程,它们三者之间的重合度或整合度,决定了习惯的稳定性和持续性。

知识是习惯的基础。以跑步锻炼身体为例,缺乏基本的健康知识,认为运动越多越好,不仅不会促进身体健康,反而损害身体健康。改变自我、提升自我,须从观念着手。思想觉悟一旦改变,对外界看法自然不同。因此,丰富的知识、深刻的反思、开放的交流,是自我成长、相互促进的基础,是新习惯养成的开始。

但知识并不是构成习惯的基本要素,缺乏知识也能养成习惯。从过程上看,大多数习惯是行为不断重复的结果。在这个过程中，个人的动机、对行为结果都奖励或惩罚、对他人的观察和模仿、他人行为对我们的间接激励或警示作用，也会影响习惯的形成。但是，如果缺乏有关习惯的知识，对于习惯的形成过程没有足够的觉察和了解，对于自身的行为习惯对自己所产生的影响没有足够的认识，那么就很难改变坏的习惯和养成好的习惯。

意愿是习惯的动力。没有强烈的意愿和持续的动力，行动难以见效，习惯也难以养成。减肥的行动以"想要减肥"的意愿为前提，健身的行动以"想要健康"的意愿为前提。人们常以"思想的巨人，行动的矮子"形容那些想得很多却很少行动的人。究其原因，还是因为缺乏足够的动力。动力有外在赋予的，也有内在生成的。良好习惯的养成，建立在内部动力的基础之上。在大学的学习生活中，转变"要我学"为"我要学"是一大挑战，在初入职场时，转变"完成任务"为"主动担当"的心态也是一大挑战。只有养成主动学习的习惯，才能更好地体会到学习的乐趣；也只有养成主动担当的习惯，才能体会工作的乐趣。

技巧是习惯的保障。如果跑步的姿势不对，可能会损害我们的膝盖；如果总结概括的能力水平不够，则会影响课堂笔记的速度和效果；如果缺少必要的社交礼仪技能，人际交往可能会遇到困难，甚至产生误会。技巧、技能是进行实践活动的基本条件，是顺利参与和完成实践活动的必要前提。

当然，在日常生活中，很多习惯并不是知识、意愿和技能有效整合的结果，而是行为不断重复的结果。甚至很多人因为他们缺乏观察总结和反思，对于自己的习惯并不觉察。也可以理解为他们在某种程度上缺乏关于行为养成的知识，缺乏关于自己、关于人的知识。

某种程度上，习惯是人的基本的存在方式，是人的成长经历的"记忆"。生命随着时间的延续而变化，而行为习惯就是生命变化的印记。通过行为习惯，我们可以了解一个人，了解他的成长经历，甚至思想认识和素养。一个彬彬有礼的人，我们会认为他接受过良好的教育，也会认为他有很好的素养。而一个自私自利的人，会让人们对他有负面的道德评价，也会让人联想到他可能有不幸的童年，或者长期生活在家庭关系、人际关系不和睦的环境中。

另外，一个好的习惯，如果不是基于好的意图，也会产生不良的后果。勤奋可以说一种好的习惯，但如果"勤奋"地偷盗、抢劫、剽窃、报复，那么这"勤奋"就有可能变成恶贯满盈。

15.2 如何养成好习惯

威尔·鲍温的《不抱怨的世界》是一本很有意思的书。抱怨对我们自己和人际关系都会造成一些伤害。为了帮助人们养成不抱怨、积极面对的习惯,威尔·鲍温发起了一个运动,倡导大家过一种不抱怨的生活。他鼓励参加活动的人套一根皮筋在手上,如果抱怨一次,就把皮筋拉起来弹自己一下,他们会感觉到轻微的痛,是一种提醒,也是一种可以承受的小小的惩罚。

参加者根据自己的情况来设定目标,比如每天抱怨不超过 6 次,每抱怨一次就弹自己一下。如果同一天抱怨超过 6 次,就把皮筋换到另外一只手上,表示今天没有完成目标,挑战就要重来,挑战者要在第二天重新开始挑战自己。如果连续 21 天抱怨没有超过 6 次,那么就完成了第一个阶段的挑战,接下来就可以挑战每天抱怨不超过 5 次。逐渐减少每天抱怨的次数,直到连续 21 天做到一次抱怨都没有,那么就说明参加者已经养成了不抱怨的习惯。完成这项不抱怨的挑战,参加者在自我意识、自我觉察、行为调整层面,都会收获长足的进步。

据说全球有上百万人参加了"不抱怨挑战",如果你有兴趣,也不妨去尝试一下。

不抱怨是一种很好的习惯,那么什么样的习惯是好的呢?

好习惯应该具有什么样的特点或者特性呢?在日常经验层面,好习惯来源于生活,扎根于生活。而人也总是存在于生活之中,存在于社会关系和社会交往之中。从这个意义上,好习惯促进个人和群体的平衡发展,促进社会的繁荣和进步。

从根本上,好习惯应该扎根于事物发展的基本原则,符合自然规律,促进我们的生长发展和关系的建立。揠苗助长的农夫,显然不了解禾苗生长的自然规律,没有耐心等待。这位农夫不一定有懒惰的习惯,但他的行为确实违反了禾苗生长的自然规律,所以无论他如何努力地拔高禾苗,都不会得到他想要的结果。

相对而言,早睡早起是一个比较好的习惯。因为早上的打扰相对比较少,通常人们的头脑比较清醒,所以早上是一天中学习效率和工作效率相对比较高的时段。但对于青春年少的大学生来说,好像就很少体验到早上神清气爽的状态,很多同学会熬夜,希望早上能够美美地睡个懒觉,至少是睡到自然醒,有些同学即使勉强起来,也是哈欠连天、一脸疲惫。

当然习惯的好坏是相对的,有些人喜欢熬夜,晚睡晚起,但一样有很好的学习和工作效果。总体而言,那些晚睡晚起但学习工作效果不错的人,作息都比较规律。在这个意义上,作息规律可能比早睡早起更重要一些。

在史蒂芬·柯维看来,好习惯符合原则和自然规律,它促进我们的生长和发展,也促进我们的社会关系的建构和形成。

自然规律到底是什么呢?植物生长有它的自然规律,需要阳光、养分、合适的土质和一定的矿物质的合理搭配、适宜的温度、气候等。对于我们的工作来说,在目标合理的情况下,只有不断的努力才会得到好的结果。并不是只要努力就一定有好的结果,方向不对,努力白费。可以说,目标导向、天道酬勤,是影响工作成果的基本原则。自然规律是物理世界、化学世界、生物世界的自然法则,事物关系和事物变化的基本规律,对于自然界和人类社会都有非常重要的支配或者影响作用。

那么如何养成良好的习惯呢?"思想决定行动,行动决定习惯,习惯决定性格,性格决定命运。"不管你是否认同这句话,我们都无法否认,从思想观念到实际行动,再到行为习惯和性格品质,这个转化逻辑已经算是一个公认的常识。改变往往从思想观念开始,从丰富和拓宽我们的知识开始。

思维指我们的思想观念和人生信念。比如对于时间安排,有人认为要事第一,而有人认为急事第一,人们在思维上的差异会直接导致行为层面的差异。如果对于学习的重要性认识不足,如果还是习惯以任务期限作为安排学习任务的依据,那么我们在学习上可能会疲于奔命。

如果认为学习很重要,认为我们应该主动完成学习任务,那么我们在行动上可能会提前预习、认真听课、记录和整理笔记、及时完成作业、与同学讨论、向老师求助,久而久之就养成了主动学习的习惯。

主动学习的习惯,给我们带来的回报是良好的学习成绩、笃定的学习心态,还有平衡的学习生活状态。

这个从思维到行为、再到结果的形成逻辑,简单明了,是我们养成新的好习惯的逻辑基础,也为我们反思和改变坏习惯提供了思考视角。

良好行为习惯的养成过程,是一个由内而外的完全自我修炼的过程。一个消极被动的人,会把自身的不良行为习惯以及自身所遭遇的困难和挫折,归罪于父母教养方式、家庭氛围或外部环境。一个主动积极的人,会主导自身行为习惯的形成,而不是任由自身的行为习惯影响自己。一个相信"生命在于运动"的人,会选择合适的方式锻炼身体,会收获健康的身体状况和充沛的生活精力。一个看重家庭、看重朋友的人,会惦记家人和朋友的生活状况,会本着尊重、诚信、互助互爱的原则与他们相处,也会收获更多关心和支持,建立起有意义有价值的人际关系。

培养良好的习惯,应该着眼于整合提升生命的属性。你不妨静下来,找一张纸,尽可能多地罗列出你的行为习惯,再想想这些习惯可以对应于生命哪方面的属性?自然属性、自我属性、社会属性和精神属性,是否都有对应的习惯提供支撑?

具体来看,有没有行为习惯维持和提升你的自然属性?比如做有氧运动,如瑜伽、慢跑等?每周有没有一次以上的无氧运动,如跑马拉松、踢足球等?或者有没有寻求健身教练的系统指导,以提升自身的身体健康状况?

有没有丰富和整合自我属性的行为习惯,如阅读、写作、反思、发展积极的兴趣爱好等?

有没有拓展和整合社会属性的行为习惯,如参与公益活动、与家人和睦相处、与朋友互帮互助等?

有没有有意识地发展自己精神属性的行为习惯?有没有参与到一项超越自身力量的伟大事业中去?有没有在人类历史的经典著作中感受文化的力量?有没有对于真、善、美的深切体悟和执着追求?

15.3 品格是什么

托马斯·杰弗逊曾说:"幸福是生活的目的,美德是幸福的基础。"中国传统文化也特别重视德的作用,"以德为先","以德育人"。儒家政治上也强调德治与法治的平衡。品格是值得提倡的性格,或者可以直观地理解为有品位的性格。

1. 优势性格

积极心理学家塞里格曼总结归纳了6种核心美德,共24种优势性格,它们分别是:

智慧和知识优势(strengths of wisdom and knowledge):具体包括创造力、好奇心、热爱学习、开放的头脑、洞察力。这是与获取和使用信息为美好生活服务有关的积极特质,即认知优势。认知是心理活动中最基础的部分,决定了我们理解和解决问题的水平。对新事物保持开放和好奇,主动学习、主动创造,可以帮助我们提升对事物的洞察和理解,提升我们的思维和智慧。

勇气优势(strengths of courage):具体包括诚实、勇敢、恒心、热忱。这是面对内外阻力时努力达成目标的意志。勇气是一种精神力量,是"明知山有虎,偏向虎山行"的傲气,是"知其不可为而为之"的决心,是临危不乱、处变不惊的决断,是能屈能伸、有舍有得的抉择。有勇气,才有"积跬步以至千里"的可能;有勇气,才有超越逆境的韧性。

人道优势(strengths of humanity):具体包括友善、爱、社会智力。这是关心并与他人建立积极关系的品格优势,其核心是基于同理心的情感反应。同理心,可以帮助我们理解他人情绪,觉察自身情绪。如果把人际关系理解为有生命力的状态,那么爱与善意就是保持这种生命力的"新鲜空气"。

正义优势(strengths of justice):具体包括公平、领导力、团队合作。这是在社会性的团体中保持最优互动的性格优势。公平是正义的基础,领导与合作是正义的升华。绝对的公平是极少存在的,但通过合作追求共同目标是可行的,合作让彼此的收益不断扩大,这是另外一种形式的"公平"。

节制优势(strengths of temperance):具体包括宽容/怜悯、谦虚/谦卑、审慎、自我调适。这是保护我们免于过度的积极特质。对于仇恨,宽容与怜悯可以保护我们;对于自大,谦卑与自谦可以保护我们。这是一种自我调适的性格优势,与人的意志有关,也与我们的认知素养和情绪有关。儒家倡导慎独,即审慎的态度与独立的人格,是"达则兼善天下、穷则独善其身"的胸怀。有节制的人,不妄自尊大,也不妄自菲薄。

超越优势(strengths of transcendence)：欣赏、感激、希望、幽默。超越是对超出自身的精神力量和价值导向的追随，当我们所追求的这些美好事物内化为我们的性格时，我们就具有了超越性的品格优势。比欣赏、感激、希望和幽默更高的是灵性与慈悲。它们指向更大的整体，比如宇宙与自然；它们超越人类的存在，倡导众生平等。具有超越品格的人，容易体会到自己与世间万物和宇宙苍生的连接，这并不是神秘主义的魅惑，而是慈悲之心与敬畏之心的自然呈现。人为万物之灵，是因为人可以超越自己而存在。

2. 积极品格

管理学家路森斯进一步提出了心理资本理论，他把 24 种优势性格凝练为乐观、韧性、希望、自我效能等 4 种核心品格。需要注意的是，心理资本理论的着眼点在于提升组织绩效，而不是提升个人的幸福与福祉。

我们可以从两个层面来反思和总结自己。从学习效能和学习效果的角度看，你有没有足够的心理资本支撑你完成高水平、研究型的学习？面对挑战，你是否能看到积极乐观的一面？面对挫折和打击，你是否能找到资源和方法，适应和恢复到最初的状态？面对无助和迷茫的状态，你是否坚信自己是有希望的，是否有足够的资源和方法帮助自己找到希望？当你被否定、怀疑时，你有没有可行的策略，帮助自己一步一步恢复自信？

另外更重要的是从个人发展和个人福祉的角度看，你是否具备了 24 种积极心理品质？如果用 1~5 分来评估你的 24 种积极心理品质的修炼水平，5 代表很完善、很满意，那么你对每一项的评分分别是多少？哪些是你自认为比较完善、比较满意的？那些是还需要改善和提升的？哪些你认为比较完善、比较满意的性格品质，为你的学习生活和个人幸福感带来了哪些促进作用？而那些你认为不完善、不满意的性格特质，对你的学习生活和个人幸福产生了什么样的阻碍作用？

中国传统文化相信天道酬勤；厚德载物；德不孤，必有邻。意思是说天道会给积极向上的事物以回报，只要我们积极修炼，就一定会有进步和成长。而德是承载万物的基础，如果德不配位，即便是帝王，也有被颠覆的风险。而有良好品德修养的君子，必然会收获尊重和认可，也会建立良好的、有意义的人际关系。

品格似乎是一个看不见、摸不着的概念。但是在真实的社会交往中，我们能真真切切地感受到它的存在，甚至能"看见"它的存在。对于自私自利、自以为是的人，我们会避而远之，对于真诚善良、热情大方的人，我们都愿意跟他成为朋友。

问问我们自己，到底要成为什么样的人？积极心理学的研究，可以启发和帮助我们成为更好的自己。

15.4 如何养成积极品格

积极品格是如何养成的呢？对于似乎看不见、摸不着的品格，如何能够通过有形的行动去建构呢？

建构是一个类比的说法，类比盖房子的过程。但养成品格，绝不可能像盖房子那样通过叠加一砖一瓦而完成。换句话说，不可能通过外力完成，只能通过内在生长完成。

那么，决定人的积极品格形成的最本原的天性是什么呢？在哲学家和心理学家看来，是好奇的认知天性、依恋的情感天性和自主的意志天性，好奇、依恋和自主平衡、协调、交织地发展，分化出积极品格。

1. 顺应天性培养个性

认知的天性是好奇，而激发和培育好奇的手段是问题和探索，终极品质是真与诚，也就是追求真理和诚实待人。具体包括创造力、好奇心、学习热情、开放的头脑、洞察力等。

比如说，我们是否对新事物抱有好奇心？是否愿意接受新挑战、学习新知识、认识新朋友、创造新事物、发展新思想？日新又新的生命态度，让我们不断成长。

情感的天性是依恋，而激发和培育依恋的手段是爱和关系，终极品质是美与和，也就是有追求审美与和谐的关系。具体包括友善、爱、社会智力、欣赏、感激、希望、幽默等。

比如说，我们有没有有品味的兴趣爱好或者艺术爱好？有没有充盈完满的情感生活？有没有能力和方法让自己保持相对持久的、愉悦的状态？能不能给周围的人带来美好或希望的感受？

意志的天性是自主，终极品质是恒与善，也就是恒心与善良。具体包括公平、领导力、团队合作、诚实、勇敢、恒心、热忱、宽容/怜悯、谦虚/谦卑、审慎、自我调适等。

比如说，我们愿不愿意投入风险追求一生的理想？有没有坚韧不拔的勇气和百折不挠的毅力？遇到困难是否有韧性，处境两难时是否保持良知与善意？

2. 回归生活塑造品格

回归到心理健康与整合的层面，我们都希望成为身体健康、理性客观、情绪稳定、意志坚定、人格健全、社会适应良好、人际关系和谐、自我评价客观、身心年龄一致、自我建构与整合的人。这些修炼回归到生活层面,能够通过学习生活中的点点滴滴促进自我完善与整合。

活力方面,强健体魄,热情阳光。在生活中,我们可以坚持锻炼,培养兴趣爱好,进而提升我们的活力。

适应方面,包容开放,顺势有为。在生活中,我们不断追求自己的目标,尝试新事物,主动挑战自己,与人合作,进而提升适应能力。

成长方面,学而时习,智慧创生。阅读、写作、自我反思与总结,是提升理性客观状态的重要途径,也是最重要的自我成长方式。

情绪方面,乐观同理,积极和谐。可以从提升自我认识、调适情绪、自我激励、同理心沟通、人际关系等方面入手,逐渐提高我们的情绪素养,也就是情商。

意志方面,志远意深,坚韧相济。努力做有安全感、方向感、力量感和智慧的人。

自我方面,觉察独立,自我整合。我们可以通过个人成长日志提升觉察,通过扮演社会角色和承担社会责任促进自我整合。

关系方面,分享互助,人际和谐。

责任方面,身心合一,为所当为。不乱于心、不困于情、不畏将来、不念过往,努力做一个通透的人。

生命有无数的挑战,也有无限的成长和可能。

自我成长,是一生的历程。自我整合,不仅仅是一个概念,更应该成为一种感性、美好、个性、多元的生活方式!

推荐阅读书目

1. (美)克里斯托弗·彼得森.打开积极心理学之门.机械工业出版社,2021.
2. (美)斯蒂芬·柯维.高效能人士的七个习惯.中国青年出版社,2018.

结　语

在不确定性中书写自己

一

2019年末,新型冠状病毒肺炎(以下简称"新冠")疫情突如其来。两年多的时间过去了,我们原本以为像非典疫情那样半年结束的情况并没有发生。不过,春天如期而至,美好生活还在,诗和远方也在。

不可否认,这个世界已经大不相同了。口罩成为了人们生活的必备品,虽有不便,但它养成了全民健康意识,感冒及其他以口鼻为传播途径的疾病传播率也大大降低。健康码和行程码成为出行的通行证,没有它寸步难行,这给老年人带来了很多不便,但客观上也促使老年人去接受新事物、学习新事物。在这样的条件下,人们对出行安排更加谨慎,计划也更加周详,风险意识和安全意识大大提高。

从全球范围内来看,某些国家或地区已经"躺平",他们或放弃与新冠做斗争,或放弃创造更安全的环境。群体免疫可能是某些国家或地区不得已而为之的策略,目标是在某种程度上实现人类与大自然共处,但代价可能是数以亿计的人感染新冠,数以百万的人死于新冠。

谁不会死呢?很多人会这样问。谈论别人的死亡,我们总会淡定从容很多。但我们面临自己或亲人的死亡时,还可以这么淡定,这么无动于衷吗?

二

在思想和情感层面,新冠带给我们最大的影响,我认为是它深刻重塑了人与自己、人与人、人与世界的关系。很多人不得不面对应激与适应、生存与死亡、意义与价值等问题,或规矩与自由、民主与集中、当下与长远、不变与万变等矛盾。

回望过去的两三年,一幕一幕,就像是魔幻现实主义电影,那么虚幻又那么真实，那么无奈又充满力量和创造性。当我们以观察者的视角去感知这个世界，我们会觉得陌生，很不习惯，甚至很有意见。当我们以亲历者的身份去触摸这个世界，我们体验到生命的脆弱与坚强、生活的艰辛与美好，也更感受到人与人之间的疏离与联结、孤独与亲密、冲突与合作。这些，大多与人的复杂性有关，或激发了人的天性，或影响了人的个性，或凸显了人的脆弱甚至不堪，或彰显了人性的美好和温暖。

在不断探索中安放自己，在不确定性中书写自己。就像在新冠流行的两年中，寻求新的生活方式和存在状态，建立新的人际互动和社会秩序，发展新的兴趣爱好和人生追求。一切都已不同，一切又似乎不变。不同的是时过境迁，物换星移。不变的是人性的复杂与温暖，是人类的适应和创造，是人们追求安身立命和成为自己的共同愿望。尽管每个人的愿望本身各不相同，但期待成为自己并实现自我的动力和性质是相同的。

三

这本书，与如何做自己有关，与如何建构与整合自我有关。也许，这本书不能够提供一个让大多数人都觉得受益的方法，但梳理了大多数人都要面对的重要问题。这些问题，绕不过去，消除不了，只要人在，人生在，它就在。

如何发展智商与情商，如何处理焦虑和抑郁情绪，如何应对拖延提升效能，如何建立自我拓展关系，如何消解虚无建议价值，如何面对孤独发展亲密关系，这些都是重要的人生问题。处理好了，它们会成就一座座人生丰碑，处理不好，我们可能会在某个人生阶段停滞不前。

某种意义上，人就像是一本书，一本可以自己书写、自己阅读的书。有人觉得人的一生，是注定了的，个人再多的努力也改变不了太多。我常常觉得这样想的人很无力，我猜想他们的生活可能很无趣，但我偶尔也会这样想。人就是这么矛盾。也许，在这样的挣扎和矛盾中，我们才逐渐确立了自己。也是在这样的左右挣扎、上下挤压中，在充满不确定性的变化环境中，我们逐渐看清自己，看清来时的路和要走的方向。

不确定性的世界，多样性的自我，在共同创作人生之舞，共同书写人生华章。虽然很多时候，这舞蹈并不美，这人生也不可能处处是华章。但是，我们要心存念想，塑造希望。

很多时候，我们靠希望活着，靠希望面对不确定性的世界。有希望，我们书写的人生才有可能是彩色的。没有希望，我们书写的人生几乎注定是黑暗的。当然，也有人享受黑暗，感受黑暗之美，我们对此并不反对，也不强求他们走向"光明"。

四

面对复杂性，尊重多样性，追求完整性，是我们常常要面对的课题。这本书不追求真正回答这些课题，而是激发我们思考这些问题，或激励我们用行动化解这些问题。

找对问题，可能比解决问题本身更重要。对的问题，是解决问题的前提。我们不可能靠修理刹车解决发动机的问题，也不可能靠上海外滩的地图找到天安门。

对于健康和成长，对于自我与社会，什么是对的问题，什么样的问题是重要的问题？我想，但凡影响到"人之为人"以及"何以为人"的问题，影响到"完整的自己"以及"何以成为完整的自己"的问题，就是真问题，就是重要的问题。

对了，何为完整？书中似乎有答案，但又不一定适合你。可以的话，邀请你再回到这本书的开头，回到这本书的目录，回到目录里提的每一个问题，提出你自己的见解，试试用你的行动回答它们。

试试用行动提升自己的智商与情商，用行动应对挑战和适应变化，用行动处理焦虑与抑郁，用行动克服拖延提升效能……也可以试试，用叙事的态度和行动书写属于你的精彩人生，用良好习惯和优秀品格为人生奠基。

更重要的是，做你自己，做完整的自己。

后　　记

2014年初,在我为自己的博士论文苦苦寻找方向时,在23万字的博士论文初稿被导师以"研究问题不聚焦"驳回重写时,在无数次想要放弃但内心总有一个声音告诉自己继续坚持时,终于有一天,马克思的"完整的人"这个概念给了我希望和曙光。

一个理科背景学心理学的人,却对教育学、管理学和哲学也都有点兴趣。一个在本科和硕士阶段都学心理学的人,在博士阶段却要挑战自己对于哲学的向往。这一任性的决定,让我自己陷入了苦苦的挣扎,不过事后证明这些挣扎也都值得。

一个曾经习惯于用数据思考问题,用数据间的关系和规律来解决问题的人,在博士阶段必须学会用概念和理论来思考和解决问题。这种客观的学科差异,给我的主观感受带来了巨大的冲击,让我感觉自己被割裂了。

好在我的导师朱永新教授给了我很好的学术滋养。他发起的新教育实验,倡导"过一种幸福完整的教育生活"。2006年开始,"幸福"和"完整"这两个词已经深深地印刻在我的脑海中。只不过一开始的这种印象,更像是一种乌托邦式的美好愿望。

我曾经自嘲,博士读了5年,也闭关了5年。从2009年到2014年这5年时间里,除了正常的教学和服务工作,我所有的业余时间几乎都泡在图书馆里。最初,我选取的博士论文方向是"心灵的教育"。由于题目太大,尽管我努力写到23万字,但感觉还是没有把问题说清楚,更别说真正解决这个问题了。论文初稿被导师以"研究问题不聚焦"驳回重写也就成了一件自然而然的事。

好在,曾经付出的努力,终于还是给了我回报。曾经在图书馆看过一本书,书名是《论完整的人》,它原本是一篇研究马克思的"完整的人"这个概念产生过程的博士论文。这个概念启发了我,何不以"完整的人"为焦点,从教育哲学的视角研究"完整的人"的生成机制呢?

这一想法获得了导师的认可。经过大半年的努力,我终于在2014年底通过了博士论文答辩。

更幸运的是,我于2015年7月接受了新的工作挑战,作为首任行政副院长加入了南方科技大学,负责筹建树德书院行,开启了自己的教育实践探索。同时我还兼任学生心理成长中心的负责人,负责构建全校的心理健康教育体系。这给了我一片大大的"实验田",让我有机会践行自己的教育理念,探索如何帮助人成为"完整的自己"。

我们发起了"常青计划",包括"生命旺盛、情绪博雅、研学创新、公益担当、行走四方"等五大项目,希望把学生培养成"完整的人"。为了更形象直观地传递"完整的人"的理念,我还发起了"从1到1000万的成长挑战",希望书院的学生四年内完成一系列成长挑战,即跑1次马拉松,交10个志同道合的朋友,完成100小时志愿公益服务,4年早起1000次,4年累计学习1万个小时,每年书写10万字,完成价值100万的发明创造,累计行走1000万步。

其实,不仅是学生可以从"从1到1000万的成长挑战"中受益,所有人都可以从中受益。谁不希望拥有强健的体魄和成熟的心理呢?谁不希望拥有志同道合的朋友?谁不希望实现自我呢?

心理的成长,是贯穿一生的生命议题,是我们发现自我、实现自我的基础。心理的成长,不一定让我们获得成就,但一定可以帮助我们成为更好的自己。心理的成长,不仅需要我们掌握有关心理的知识,更需要我们在实践中磨炼自己的心理,在成全别人和实现自我的平衡中获得滋养。

从博士论文的理论建构,到书院通识教育的实践探索,再到课程中与同学们的交流与对话,历时八年。贯穿始终的,是"完整的人"这一理论概念,更是"完整的自己"这一心理成长愿景。从象牙塔中大学生的心理健康与发展,到年轻人在职场上必然会经历的人生历练,再到如何面对诸如死亡、孤独、自由和无意义这样的终极生命挑战,贯穿始终的,是"自己"这个活生生的人,是每一个鲜活的生命。

何为"完整的自己",如何成为"完整的自己"?在个体的层面上,没有标准答案,只有不断地感悟和实践。正如一千个读者眼中有一千个哈姆雷特,一千个想要成为"完整的自己"的人也有一千个关于自己的愿景。重要的不是那个确定的、所谓的"完整状态",而是不断追求完整、追求成为独特的自己的过程。

比较少有人感到自己很圆满,对自己很满意。但一定有很多人对自己不断追求、不断探索的过程感到骄傲。同样,我对自己的这本书并不满意,总觉得还有很多问题没想清楚,有很多想表达的思想没写明白。但是,我对自己努力写作的过程、不断改进的态度满意。

虽然已年过四十,但这是我真正意义上的第一本书。我以一种"初生牛犊不怕虎"的生命态度,挑战一个很玄妙又很抽象的生命议题,即"如何成为完整的自己"。

我不觉得我找到了这个问题的答案,甚至我深深知道我的思考离真正接近这个问题的答案还很远。这本书的价值也不在于提供答案本身,而在于提出了重要的问题。

每一个读这本书的人,都可以"重写"这本书,都可以尝试找出属于你自己的答案。同时我想说的是,仅仅在思想层面思考和总结书中涉及的诸多重要生命问题

后　记

的答案,是远远不够的。更重要的是,在感性的现实生活中,在每一天的生命中,丰富自己的体验,觉察自己的状态,感悟生命的美好,追求生命的成长。

在哲学层面,所谓生命的自然属性、自我属性、社会属性和精神属性,是抽象的。但在生活层面,它们是实实在在的。当我们失去了健康,甚至面临着死亡的威胁时,我们就会切切实实感受到生命的生物属性(即自然属性)之重要。其他的几个属性是人之为人的根本,在此我就不再赘述了,也许你可以回到书中再品味一番。

成为完整的自己,像是一个说不清、道不明永远也说不完的话题。前一篇"后记"被我写成了结语,再这样写下去,我担心把这篇后记又写成了结语。就此打住吧。话题没完,我还在路上。

感谢一路走来,在工作中、生活中给予了我很多帮助、支持和鼓励的师长亲友。

杨再勇

2022 年 2 月 26 日

于南方科技大学